JN016795

第二次検定

新版 管工事施工管理技士 実戦セミナー

市ケ谷出版社

ま え が き

１級管工事施工管理技術検定は，建設業法に基づき，建設工事に従事する施工技術の確保，向上を図ることにより，資質を向上し，建設工事の適正な施工の確保に資するもので，国土交通大臣指定試験機関である一般財団法人全国建設研修センターが実施する国家試験です。令和３年度から第一次検定及び第二次検定によって行われ，第一次検定に合格すれば必要な実務経験年数を経て，第二次検定の受検資格が得られます。

第二次検定合格者は，所要の手続き後「１級管工事施工管理技士」と称することができます。

１級管工事施工管理技士の資格取得は，本人のキャリアアップはもちろんですが，所属する企業にあっては，管工事において施工計画を作成し，工程管理，品質管理，安全管理を行う場合は１級管工事施工管理技士の資格が絶対条件で，専任の技術者や工事現場ごとに置かなければならない主任技術者及び監理技術者になることができます。また，経営事項審査においても，１級資格取得者には最大６点が付与され，企業の技術力評価や公共工事の発注の際の目安とされるなど，この資格を持つ技術者の役割はますます重要になってきています。

１級管工事施工管理技術検定の第二次検定は，「学科記述問題」と「経験した管工事の施工経験記述問題」の２つの分野になります。

① **学科記述問題**

過去の問題は類似例が多く出題されていますので，過去10年間について，出題傾向の分析と全出題問題について模範解答記述文例で解説しています。

なお，重複して出題されている基礎知識，ネットワーク工程表及び法規（労働安全衛生法）に関しては，別途基礎知識として丁寧に解説しています。

② **経験した管工事の施工経験記述問題**

「施工管理の技術面」と「施工検査等」の２つのそれぞれの設問の課題テーマに沿って，受験者が実際に経験した管工事の施工内容について，簡潔で，かつ要領よく解答できるように，各分野の記述具体例をわかりやすく解説しています。

第二次検定では，学科記述問題では，これまで学習・習得してきた知識があれば十分解答ができ，また施工経験記述問題は，自身の経験に基づいて管工事の施工経験が正確に，かつ簡潔にまとめることができれば，必ず合格できます。

なお，最新情報ですが，令和６年２月26日 （一財）全国建設研修センター 管工事試験部より，「令和６年度以降の管工事施工管理技術検定試験問題の見直しについて」が公表されていますので，詳細はホームページでご確認下さい。

・第二次検定：１級と２級の第二次検定において，工程管理，安全管理の設問を必須とする。また，受験者自身の経験に基づかない解答を防ぐ観点から，経験に基づく解答を求める設問をとりやめ，空調・衛生の施工に関する選択問題において，経験で得られた知識・知見を幅広い視点から確認するものとして見直しを行う。

本書を有効に活用され，「１級管工事施工管理技術検定 第二次検定」に合格されることを祈念しております。

令和６年５月

横手 幸伸

本書の構成と利用のしかた

１級管工事施工管理技士の第二次検定は，第一次検定と同じ分野の問題を記述形式で解答する「学科記述問題」と，出題された課題について解答する形で受験者の施工体験を記述する「経験した管工事の施工経験記述問題」とがあります。

本書は，それぞれについて十分学習できるように，４章構成になっています。
第１章は，出題傾向分析です。過去10年間分を問題分野別に分析しています。

第２章は，基礎知識です。基礎知識として重複して出題されている施工要領・施工上の留意事項，ネットワーク工程表及び法規（労働安全衛生法）において，学習しておくべき要点をまとめてあります。ネットワーク工程表では，問題の解き方を解説しています。

第３章は，過去10年間の試験問題と模範解答です。平成26年～令和５年のすべての問題について，模範解答を示し，解説をしています。

第４章は，経験した管工事の施工経験記述です。施工経験記述に関して，全般についてまとめてあります。設問形式や施工経験記述の書き方について，正確に，かつ簡潔に記述できるように注意すべき事項などを丁寧に解説しました。
合格するための基本的な基準を示し，実際の受験にあたり対応できるようにしました。

学科記述問題は，施工管理に必要な基礎知識及び施工要領図の必須問題１問，空調設備または給排水衛生設備いずれかの施工上の留意事項の選択問題１問，ネットワーク工程表または法規（労働安全衛生法）のいずれかの選択問題１問です。ネットワーク工程表を選択すると法規に比べ相当時間を要しますので，留意してください。いずれにしても何もかも全部覚えようとせずに選択を上手に利用し，自分の得意な分野に限定して確実に得点できるように学習することをお奨めします。取捨選択も大切な受験テクニックになり得ます。

経験した管工事の施工経験記述問題は，自身の施工経験を記述する必須問題です。設問は，施工管理の技術面（工程管理，安全管理）と施工検査等（総合的な試運転調整，完成に伴う自主検査または材料・機器の現場受入検査）から各１問が出題されるので，各施工管理記述上のキーワード例を参考にして，上手に自身の施工経験に折り込んで記述します。

試験日が近づきましたら，リハーサルを兼ねて試験日の時間に合わせて，過去３年分の問題を再度解いてみるとよいでしょう。検定は60％以上の正答で合格できると思われますので，リハーサルで80％以上の正答であれば，合格への自信となると思います。
なお，目前で新規のテキストに手を出し，総花的に学習することは避けてください。百害あって一利なしです。本書で，徹底して学習することをお奨めします。

目　次

第1章　出題傾向分析　3

1・1　出題傾向分析 …… 4
1・2　問題1　必須問題　設備全般の施工要領 …… 8
1・3　問題2　選択問題　留意事項（空気調和・換気設備）…… 11
1・4　問題3　選択問題　留意事項（給排水衛生設備）…… 13
1・5　問題4　選択問題　ネットワーク工程表 …… 15
1・6　問題5　選択問題　法規（労働安全衛生法）…… 17
1・7　問題6　必須問題　施工経験した管工事の記述 …… 18

第2章　基礎知識　19

2・1　重複して出題されている基礎知識 …… 20
2・1・1　ポンプの並列運転 …… 20
2・1・2　送風機の調整 …… 20
2・1・3　飲料水の配管設備及び排水のための配管設備の構造 …… 21
2・1・4　冷温水管の配管方式 …… 23
2・1・5　熱による配管の伸縮措置 …… 24
2・1・6　通気管 …… 25
2・1・7　呼び番号2以上の送風機の天吊り方法 …… 26
2・1・8　防振装置のストッパーボルト …… 27
2・1・9　防火ダンパと防煙ダンパの設置基準 …… 28
2・1・10　ポンプを用いる加圧送水装置まわり配管（屋内消火栓設備）…… 28
2・2　ネットワーク工程表 …… 31
2・2・1　ネットワーク工程表の概要 …… 31
2・2・2　ネットワーク工程表の基礎知識 …… 31
2・2・3　演習 …… 33
（1）最早開始時刻（EST）…… 33
（2）最遅完了時刻（LFT）…… 34
（3）トータルフロート …… 34
（4）クリティカルパス …… 36
（5）最遅開始時刻（LST）…… 37
（6）山積み図 …… 38
（7）山崩し …… 40
（8）タイムスケール表示形式の工程表 …… 41
2・3　法規（労働安全衛生法）…… 43
2・3・1　特別教育を必要とする業務 …… 43
2・3・2　作業主任者 …… 44
2・3・3　総括安全衛生管理者 …… 46

2・3・4　安全管理者，衛生管理者，安全衛生推進者，産業医……47
2・3・5　安全委員会……47
2・3・6　就業制限……48
2・3・7　統括安全衛生責任者……49
2・3・8　元方安全衛生管理者……49
2・3・9　特定元方事業者等の講ずべき措置……49
2・3・10　安全規則等……50
2・3・11　石綿障害予防規則……52
2・3・12　酸素欠乏症等防止規則……53
2・3・13　クレーン等安全規則……53
2・3・14　暑さ指数……53

第3章　過去10年間の試験問題と模範解答　55

3・1　令和5年度　試験問題……56
3・2　令和4年度　試験問題……73
3・3　令和3年度　試験問題……91
3・4　令和2年度　試験問題……110
3・5　令和元年度　試験問題……125
3・6　平成30年度　試験問題……142
3・7　平成29年度　試験問題……154
3・8　平成28年度　試験問題……165
3・9　平成27年度　試験問題……178
3・10　平成26年度　試験問題……196

第4章　施工経験した管工事の記述　211

4・1　心構え……213
4・2　施工経験記述上の留意事項……214
4・3　〔設問1〕の「経験した管工事の概要」の書き方……215
4・4　〔設問2〕・〔設問3〕の「経験した施工経験記述」の書き方……218
4・4・1　〔設問2〕の「施工管理の技術面」に対する記述上の注意点……219
4・4・2　〔設問3〕の「施工検査等」に対する記述上の注意点……220
4・5　各施工管理記述上のキーワード例……221

受験のためのガイダンス

❶ 第二次検定とは

1.1 第二次検定の目的

「1級管工事施工管理技士」になるためには,「1級管工事施工管理技術検定」の「第一次検定」に合格したあと,「第二次検定」に合格しなければなりません。

第二次検定は，検定科目として施工管理法スキルを判定する検定となります。

① 監理技術者として，管工事の施工の管理を適確に行うために必要な知識を有すること。

② 監理技術者として，設計図書で要求される設備の性能を確保するために設計図書を正確に理解し，設備の施工図を適正に作成し及び必要な機材の選定，配置等を適切に行うことができる応用能力を有すること。

「第一次検定」では択一式問題として出題されていますが，第二次検定ではほとんどが記述形式の問題ですので，より確かな知識を身につけていないと解答ができないことになります。

最近の合格率の傾向をみると，60％を中心に前後しており，令和５年度は62.1％でした。

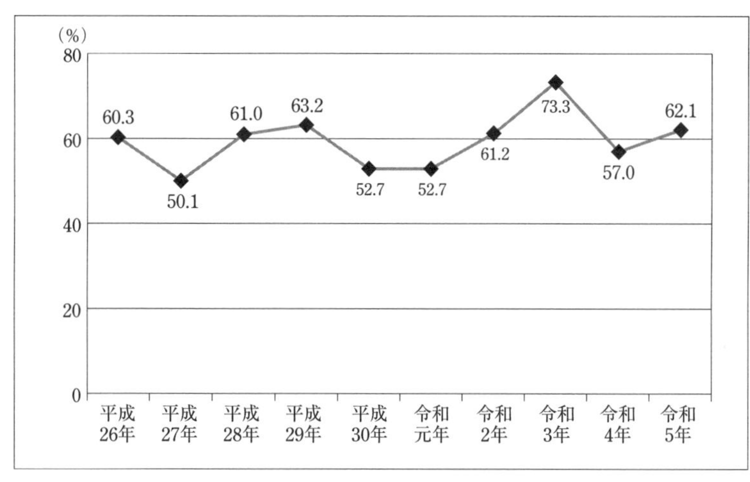

図１　最新10年間の合格率の推移

1.2 試験場

札幌，仙台，東京，新潟，名古屋，大阪，広島，高松，福岡，那覇の10地区

1.3 試験時間の配分と合格基準

第二次検定は，２時間45分で実施され，経験した管工事の施工経験記述１問（必須問題，400～500字程度）と学科記述５問が出題され，５問中必須問題１問，選択問題２問計３問を解答することになりますので，日頃から時間配分を考慮した学習への取り組みが必要です。

第二次検定における配点は，公表されていませんが，合格基準については「得点が60％以上」と，（一財）全国建設研修センターのホームページに掲載されています。確実に合格するために，経験した管工事の施工経験記述，学科記述ともに，80％以上の正答を目標値におくと良いと思われます。

1.4　技術検定合格証明書交付申請

めでたく合格されましたら，「試験合格通知書」とともに送付されてくる「交付手数料納付書」に手数料相当の収入印紙を貼り，（一財）全国建設研修センターに郵送すれば，国土交通大臣から本人宛に「1級管工事施工管理技士技術検定第二次検定合格証明書」が交付されます。

❷ 合格までの流れ

令和6年度の場合，第一次検定・第二次検定の受験手続と，試験・合格発表までの流れは，**図2**に示したようになります。

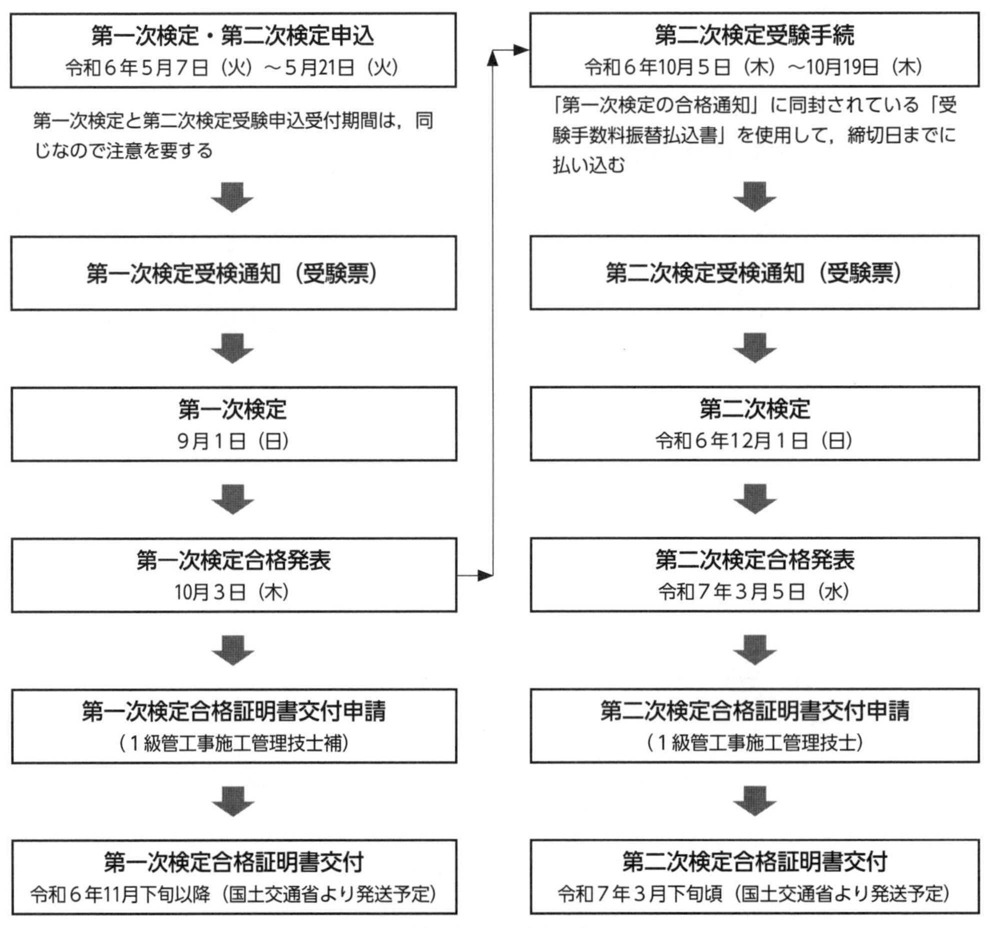

図2　合格までの流れ

❸ 第二次検定の受検資格

受検資格は，学歴または資格の面からと，管工事施工管理に関する実務経験の両面から審査されます。

令和６年度より第二次検定の受検資格が変更となっていますので注意してください。

「技術検定不正受検防止対策検討会提言」（令和２年11月10日）及び「技術者制度の見直し方針」（令和４年５月31日）を踏まえ，以下のような考え方により技術検定受検資格その他の制度改正・運用見直しを行う。

- 監理技術者等として施工管理を行うためには一定の実務経験が必要であることを前提とし，試験制度を知識面及び経験面から再構成する。
- 基礎的な知識及び能力の判定を目的とする技術検定の第一次検定は，試験内容の充実を図った上で，一定年齢以上の全ての者に受検資格を認める。併せて，専門性の高い学校課程修了者には試験の一部免除を可能とする。
- 第一次検定合格後の実務経験を，施工管理に関する基礎的な知識及び能力を有した上での実務経験として評価する。
- 技術上の管理及び指導監督に係る知識及び能力の判定を目的とする第二次検定は，基礎的な知識及び能力を有した上での施工管理に関する一定の実務を経験していることを前提とし，この経験を有する者に受検資格を認める。
- 受検資格として必要な実務経験の最低期間は，従来の指定学科卒業者（１級は大学，２級は高校相当）と同程度を基本としつつ，１級はその経験する工事の性質に応じてその期間を加減する。
- 不正受検の事例として「認められない実務経験による受検」，「実務経験期間の不足」，「実務経験期間の重複」が多く発生したことから，実務経験として認められる範囲とその証明方法について見直しを行い，明確化と厳格化を図る。

なお，詳しくは，一般財団法人全国建設研修センター発行の「受験の手引き」を参照してください。

3.1 受検資格

第二次検定受検者は，次の**表１**に示した学歴または資格に該当する者です。

表１ 第二次検定受検資格

- １級第一次検定合格後，実務経験５年以上
- ２級第二次検定合格後，実務経験５年以上（１級一次検定合格者に限る）
- １級第一次検定合格後，特定実務経験１年以上を含む実務経験３年以上
- ２級第二次検定合格後，特定実務経験１年以上を含む実務経験３年以上（１級第一次検定合格者に限る）
- １級第一次検定合格後，監理技術者補佐としての実務経験１年以上

※１　ここでいう「特定実務経験」というのは，以下の内容です。

　請負金額4500万円（建築一式工事は7000万円）以上の建設工事において，監理技術者・主任技術者（当該業種の監理技術者資格者証を有する者に限る）の指導の下，または自ら主任技術者として請負工事の施工管理を行った経験（発注者側技術者の経験，建設業法の技術者配置に関する規定の適用を受けない工事の経験等は特定実務経験には該当しない）

要するに「大きな工事で主任技術者もしくは主任技術者的な立場で施工管理を行った経験」ということになります。
※2　ここでいう「実務経験」というのは，以下の内容です。
管工事施工管理における「実務経験」とは，管工事の実施にあたり，その施工計画の作成及び当該工事の工程管理，品質管理，安全管理等工事の施工の管理に直接的に関わる技術上のすべての職務経験をいい，具体的には次の①～③をいいます。
①　受注者（請負人）として施工を指揮・監督した経験（施工図の作成や，補助者としての経験も含む）
②　発注者側における現場監督技術者等（補助者としての経験も含む）としての経験
③　設計者等による工事監理の経験（補助者としての経験も含む）
（実務経験の内容に不備があると受検できません）

3.2　経過措置による受検資格

令和10年度までの間は，制度改正前の受検資格要件による第二次検定受検が可能
・令和６年度から10年度までの間に，有効な第二次検定受検票の交付を受けた場合，令和11年度以降も引き続き同第二次検定を受検可能（旧２級学科試験合格者及び同日受検における第一次検定不合格者を除く）
・旧２級学科試験合格者の経過措置については従前どおり合格年度を含む12年以内かつ連続２回に限り当該第二次検定を制度改正前の資格要件で受検可能

（参考）制度改正前の受検資格要件
１級管工事施工管理技術検定・第二次検定
次のイ，ロ，ハのいずれかに該当する者
イ．１級管工事施工管理技術検定・第一次検定の合格者
（ただし，⑴ホ（２級合格者）に該当する者として受検した者を除く）

表２　１級管工事施工管理技術検定・第一次検定の受検資格

区分	学歴又は資格	管工事施工に関する実務経験年数	
		指定学科	指定学科以外卒業後
イ	大学卒業者 専門学校卒業者（「高度専門士」に限る）	卒業後３年以上	卒業後４年６ヶ月以上
	短期大学卒業者 高等専門学校卒業者 専門学校卒業者（「専門士」に限る）	卒業後５年以上	卒業後７年６ヶ月以上
	高等学校・中等教育学校卒業者 専修学校の専門課程卒業者	卒業後10年以上	卒業後11年６月以上
	その他の者	15年以上	
ロ	技能検定合格者	10年以上	
ハ	高等学校卒業者 中等教育学校卒業者 専修学校の専門課程卒業者	卒業後８年以上の実務経験（その実務経験に指導監督的実務経験を含み，	—

			かつ，５年以上の実務経験の後専任の監理技術者による指導を受けた実務経験２年以上を含む）	
ニ	専任の主任技術者の実務経験が１年以上ある者	高等学校卒業者 中等教育学校卒業者 専修学校の専門課程卒業者	卒業後８年以上	卒業後９年６ヶ月以上（注）
		その他の者	13年以上	
ホ	２級合格者			

※１　指定学科とは，土木工学，都市工学，衛生工学，電気工学，電気通信工学，機械工学又は建築学に関する学科をいいます。
※２　技能検定合格者とは，職業能力開発促進法（昭和44年法律第64号）による技能検定のうち，検定職種を１級の「配管」（選択科目を「建築配管作業」とするものに限る。）とするものに合格した者のことです。（職業能力開発促進法の一部を改正する省令（平成15年12月25日　厚生労働省令180号）による改正前の１級の空気調和設備配管，給排水衛生設備配管，配管工とするものに合格した者を含む。）
※３　資格区分イ，ロ，ハ，ニの受検資格の実務経験年数は，それぞれ１級第一次検定の前日（令和５年９月２日（土））までで計算してください。
※４　資格区分イ，ロの実務経験年数のうち，１年以上の指導監督的実務経験が含まれていることが必要です。
※5　専任の監理技術者による指導を受けた実務経験とは，建設業法第26条第３項の規定により専任の監理技術者の設置が必要な工事において当該監理技術者による指導を受けた実務経験をいいます。
※６　高等学校の指定学科以外を卒業した者には，高等学校卒業程度認定試験規則（平成17年文部科学省令第１号）による試験，旧大学入学試験検定規則（昭和26年文部省令第13号）による検定，旧専門学校入学者検定規則（大正13年文部省令第22号）による検定又は旧高等学校高等科入学資格試験規定（大正８年文部省令第９号）による試験に合格した者を含みます。
※７　２級合格者とは，２級管工事施工管理技術検定・第二次検定に合格した者及び令和２年度以前の２級管工事施工管理技術検定に合格した者のことです。
（注）　職業能力開発促進法による２級配管技能検定合格者，給水装置工事主任技術者に限ります。（合格証書の写しが必要です。）資格がない場合は11年以上の実務経験年数が必要です。

ロ．１級管工事施工管理技術検定・第一次検定において，⑴ホ（２級合格者）に該当する者として受検した合格者のうち⑴イ，ロ，ハ，ニまたは次のⅰ，ⅱのいずれかに該当する者

表３　２級管工事施工管理技術検定合格者の受検資格

区分	学歴又は資格		管工事施工に関する実務経験年数	
			指定学科	指定学科以外卒業後
ⅰ	２級合格後３年以上の者		合格後１年以上の指導監督的実務経験及び専任の監理技術者による指導を受けた実務経験２年以上を含む３年以上	
	２級合格後５年以上の者		合格後５年以上	
	２級合格後５年未満の者	高等学校卒業者 中等教育学校卒業者 専修学校の専門課程卒業者	卒業後９年以上	卒業後10年６カ月以上
		その他の者	14年以上	

<table>
<tr><td rowspan="4">ii</td><td rowspan="4">専任の主任技術者の実務経験が1年以上ある者</td><td rowspan="4">2級合格者</td><td colspan="2">合格後3年以上の者</td><td colspan="2">合格後1年以上の専任の主任技術者実務経験を含む3年以上</td></tr>
<tr><td rowspan="3">合格後3年未満の者</td><td>短期大学卒業者
高等専門学校卒業者
専門学校卒業者
(「専門士」に限る)</td><td>(1)イの区分</td><td>卒業後7年以上</td></tr>
<tr><td>高等学校卒業者
中等教育学校卒業者
専修学校の専門課程卒業者</td><td>卒業後7年以上</td><td>卒業後8年6カ月以上</td></tr>
<tr><td>その他の者</td><td colspan="2">12年以上</td></tr>
<tr><td colspan="7">※1　2級合格後の実務経験は，その試験の合格発表日より計算してください。
※2　資格区分 i の実務経験年数のうち，1年以上の指導監督的実務経験が含まれていることが必要です。
※3　資格区分 ii の2級合格後3年以上の者は，合格後1年以上の専任の主任技術者の実務経験が含まれていることが必要です。
※4　実務経験年数は，それぞれ1級第二次検定の前日までで計算してください。
※5　指定学科とは，土木工学，都市工学，衛生工学，電気工学，電気通信工学，機械工学又は建築学に関する学科をいいます。</td></tr>
</table>

ハ．第一次検定免除者

1)　技術士法（昭和58年法律第25号）による第二次試験のうち技術部門を機械部門（選択科目を「流体機器」又は「熱・動力エネルギー機器」とするものに限る。），上下水道部門，衛生工学部門又は総合技術監理部門（選択科目を「流体機器」，「熱・動力エネルギー機器」又は上下水道部門若しくは衛生工学部門に係るとするものに限る。）とするものに合格した者で，第一次検定の合格を除く1級管工事施工管理技術検定・第二次検定の受検資格を有する者（技術士法施行規則の一部を改正する省令（平成15年文部科学省令第36号）による改正前の第二次試験のうち技術部門を機械部門（選択科目を「流体機械」又は「暖冷房及び冷凍機械」とするものに限る。），水道部門，衛生工学部門又は総合技術監理部門（選択科目を「流体機械」，「暖冷房及び冷凍機械」又は水道部門若しくは衛生工学部門とするものに限る。）とするものに合格した者を含む。）

※　1）の実務経験年数は，1級第一次検定の前日までで計算してください。

3.3　管工事施工管理に関する実務経験

あなたの記述する予定の工事経験が，管工事と認められるか，かつ管工事施工管理に関する実務経験として認められるか判断しかねるときは，**表4**の「管工事施工管理に関する実務経験として認められる工事種別・工事内容」及び**表5**の「管工事施工管理に関する実務経験とは認められない工事・業務・作業」に照らして確認してください。それでもなお，不安なときは，下記の「(一財）全国建設研修センター　試験業務局管工事試験部　管工事試験課」に問合せをしてください。はっきりした判断が得られます。

一般財団法人　全国建設研修センター　試験業務局管工事試験部　管工事試験課
〒187-8540　東京都小平市喜平町2-1-2
TEL　042（300）6855（代）
［ホームページアドレス］　https://www.jctc.jp/

表４　管工事施工管理に関する実務経験として認められる工事種別・工事内容

工事種別	工事内容
A．冷暖房設備工事	1．冷温熱源機器据付工事　2．ダクト工事　3．冷媒配管工事　4．冷温水配管工事　5．蒸気配管工事　6．燃料配管工事　7．TES 機器据付工事　8．冷暖房機器据付工事　9．圧縮空気管設備工事　10．熱供給設備配管工事　11．ボイラー据付工事　12．コージェネレーション設備工事
B．冷凍冷蔵設備工事	1．冷凍冷蔵機器据付及び冷媒配管工事　2．冷却水配管工事　3．エアー配管工事　4．自動計装工事
C．空気調和設備工事	1．冷温熱源機器据付工事　2．空気調和機器据付工事　3．ダクト工事　4．冷温水配管工事　5．自動計装工事　6．クリーンルーム設備工事
D．換気設備工事	1．送風機据付工事　2．ダクト工事　3．排煙設備工事
E．給排水・給湯設備工事	1．給排水ポンプ据付工事　2．給排水配管工事　3．給湯器据付工事　4．給湯配管工事　5．専用水道工事　6．ゴルフ場散水配管工事　7．散水消雪設備工事　8．プール施設配管工事　9．噴水施設配管工事　10．ろ過器設備工事　11．受水槽又は高置水槽据付工事　12．さく井工事
F．厨房設備工事	1．厨房機器据付及び配管工事
G．衛生器具設備工事	1．衛生器具取付工事
H．浄化槽設備工事	1．浄化槽設置工事　2．農業集落排水設備工事　※終末処理場等は除く
I．ガス管配管設備工事	1．都市ガス配管工事　2．プロパンガス（LPG）配管工事　3．LNG 配管工事　4．液化ガス供給配管工事　5．医療ガス設備工事　※公道下の本管工事を含む
J．管内更生工事	1．給水管ライニング更生工事　2．排水管ライニング更生工事　※公道下等の下水道の管内更生工事は除く
K．消火設備工事	1．屋内消火栓設備工事　2．屋外消火栓設備工事　3．スプリンクラー設備工事　4．不活性ガス消火設備工事　5．泡消火設備工事
L．上水道配管工事	1．給水装置の分岐を有する配水小管工事　2．本管からの引込工事（給水装置）
M．下水道配管工事	1．施設の敷地内の配管工事　2．本管から公設桝までの接続工事
※公道下の本管工事は除く　上記に分類できない管工事　代表的な工事内容を実務経験証明書の『工事種別』欄と『工事内容』欄に具体的に記入してください	

表5　管工事施工管理に関する実務経験とは認められない工事・業務・作業等

<table>
<tr><td rowspan="9">工事等</td><td>管工事</td><td>管工事，管工事施工，施工管理　等（いずれも具体的な工事内容が不明のもの）</td></tr>
<tr><td>建築一式工事（ビル・マンション等）</td><td>型枠工事，鉄筋工事，内装仕上工事，建具取付工事，防水工事　等</td></tr>
<tr><td>土木一式工事</td><td>管渠工事，暗渠工事，取水堰工事，用水路工事，灌漑工事，しゅんせつ工事　等</td></tr>
<tr><td>機械器具設置工事</td><td>トンネルの給排気機器設置工事，内燃力発電設備工事，集塵機器設置工事，揚排水機器設置工事　等</td></tr>
<tr><td>上水道工事</td><td>公道下の上水道配水管敷設工事，上水道の取水・浄水・配水等施設設置工事　等</td></tr>
<tr><td>下水道工事</td><td>公道下の下水道本管路敷設工事，下水処理場内の処理設備設置工事　等</td></tr>
<tr><td>電気工事</td><td>照明設備工事，引込線工事，送配電線工事，構内電気設備工事，変電設備工事，発電設備工事　等</td></tr>
<tr><td>電気通信工事</td><td>通信ケーブル工事，衛星通信設備工事，LAN 設備工事，監視カメラ設備工事　等</td></tr>
<tr><td>その他</td><td>船舶の配管工事，航空機の配管工事，工場での配管プレハブ加工　等</td></tr>
<tr><td rowspan="9">業務・作業等</td><td colspan="2">※管工事の施工に直接的に関わらない次のような業務などは認められません。</td></tr>
<tr><td colspan="2">①工事着工以前における設計者としての基本設計・実施設計のみの業務</td></tr>
<tr><td colspan="2">②調査（点検含む），設計（積算含む），保守・維持・メンテナンス等の業務</td></tr>
<tr><td colspan="2">③工事現場の事務，営業等の業務</td></tr>
<tr><td colspan="2">④官公庁における行政及び行政指導，研究所，学校（大学院等），訓練所等における研究，教育及び指導等の業務</td></tr>
<tr><td colspan="2">⑤アルバイトによる作業員としての経験</td></tr>
<tr><td colspan="2">⑥工程管理，品質管理，安全管理等を含まない雑役務のみの業務，単純な労務作業等</td></tr>
<tr><td colspan="2">⑦入社後の研修期間（工事現場の施工管理になりません。）</td></tr>
<tr><td colspan="2">※管工事の施工に直接的に関わらない業務（受検の手引き参照）などは認められません。</td></tr>
</table>

1級管工事施工管理技術検定
第二次検定

第１章　出題傾向分析
第２章　基礎知識
第３章　過去10年間の試験問題と
模範解答
第４章　施工経験した管工事の記述

過去の出題傾向

❶ 第二次検定は，毎年，問題１～問題６の出題である。

❷ ①　問題１は，設備全般の「施工要領」に関する必須問題である。
②　問題２と問題３は，「空調設備」と「給排水衛生設備」の留意事項に関し１問を選ぶ選択問題である。
③　問題４と問題５は，「ネットワーク工程表」と「法規（労働安全衛生法)」に関し１ 問を選ぶ選択問題である。
④　問題６は，「施工経験した管工事の記述」をする必須問題である。
⑤　解答しなくてはならないのは４問（必須２問，選択２問）である。余計に解答すると減点の対象となるので注意したい。

❸「正解」は，試験機関から公表されていないので，ここでは「模範解答」とした。

第１章　出題傾向分析

▼

1・1　出題傾向分析 ……………………………………………4
1・2　問題１　必須問題　設備全般の施工要領 ………………8
1・3　問題２　選択問題　留意事項（空気調和・換気設備）…11
1・4　問題３　選択問題　留意事項（給排水衛生設備）………13
1・5　問題４　選択問題　ネットワーク工程表 ………………15
1・6　問題５　選択問題　法規（労働安全衛生法）……………17
1・7　問題６　必須問題　施工経験した管工事の記述 ………18

1・1 出題傾向分析

・過去10年間の出題内容を表1・1に示す。

表1・1 第二次検定 最近10年間の出題内容（1）

問題番号 （必須・選択）	分野	令和5年度	令和4年度
【問題1】 （必須）	設備全般の施工要領	［設問1］○×問題 (1)耐震ストッパー (2)機器のロープ吊り角度 (3)機械室内の露出の給水管の保温 (4)冷温水配管からの膨張管 (5)コイルの上流側のダクトの急拡大 ［設問2］(6)地震時に直方体の機器に加わる力 ［設問3］適切でない部分の改善策 (7)送風機（呼び番号2未満）吊り要領図 (8)給湯設備系統図	［設問1］○×問題 (1)ボイラの最上部からの距離 (2)Uボルトの固定支持 (3)鋼管溶接の余盛高さ (4)ダクトの吊り間隔 (5)シーリングディフューザ形吹出口の気流 ［設問2］ポンプ吐出量の推定 (6)遠心ポンプ並列運転 ［設問3］適切でない部分の改善策 (7)共板フランジ工法ダクトガスケット施工要領図 (8)便所換気ダクト系統図 (9)機器据付け完了後の防振架台
【問題2】 （問題2と問題3から1問選択）	留意事項（空調）	冷温水管を配管用炭素鋼鋼管（白）で施工する場合の留意事項 (1)配管の熱伸縮 (2)配管の吊り又は振れ止め支持 (3)配管の勾配又は空気抜き (4)水圧試験における試験圧力及び保持時間	空気熱源ヒートポンプユニット，ユニット形空気調和機を設置する場合の留意事項 (1)空気熱源ヒートポンプユニットの配置 (2)ユニット形空気調和機回りの冷温水管の施工 (3)ユニット形空気調和機のドレン管の施工 (4)空気熱源ヒートポンプユニットの個別試運転調整
【問題3】 （問題2と問題3から1問選択）	留意事項（給排水）	汚水槽に汚物用の排水用水中モーターポンプを設置する場合の留意事項 (1)ポンプの製作図の審査 (2)ポンプ吐出し管（汚水槽内～屋外）の施工 (3)汚水槽に通気管を設ける施工 (4)ポンプの試運転調整	飲料用受水タンク（ステンレス鋼板製パネルタンク（ボルト組立形））を設置する場合の留意事項 (1)受水タンクの製作図を審査 (2)受水タンクの配置 (3)受水タンク回りの給水管の施工 (4)受水タンク据付け完了後の自主検査
【問題4】 （問題4と問題5から1問選択）	ネットワーク工程表	［設問1］クリティカルパスの経路 ［設問2］延長日数 ［設問3］最遅完了時刻を求める ［設問4］トータルフロートを求める ［設問5］フリーフロートの用語の説明	［設問1］クリティカルパスの経路，工期 ［設問2］延長日数 ［設問3］イベント数の最も少ないクリティカルパスの経路 ［設問4］短縮する作業 ［設問5］遅れを取り戻すために行う工程管理上の具体的な方法
【問題5】 （問題4と問題5から1問選択）	法規	「労働安全衛生法」上の穴埋め問題 ［設問1］総括安全衛生管理者，安全管理者，衛生管理者，産業医 ［設問2］統括安全衛生責任者，元方安全衛生管理者，安全衛生責任者	「労働安全衛生法」上の穴埋め問題 ［設問1］墜落制止用器具，6.75m，フルハーネス型，高さが2m以上の箇所，特別の教育
【問題6】 （必須）	施工経験記述	経験した管工事1つを記述する問題 ［設問1］(1)工事名 (2)工事場所 (3)設備工事概要 (4)現場での貴方の立場 ［設問2］安全管理 ［設問3］材料・機器の現場受入検査	経験した管工事1つを記述する問題 ［設問1］(1)工事名 (2)工事場所 (3)設備工事概要 (4)現場での貴方の立場 ［設問2］工程管理 ［設問3］材料・機器の現場受入検査

表1・1　第二次検定　最近10年間の出題内容（2）

分野	令和３年度	令和２年度	令和元年度
設備全般の施工要領	［設問１］○×問題 (1)送風機の風量調節ダンパの設置 (2)サプライチャンバ点検口の扉　(3)下向給湯配管での給湯管，返湯管の勾配　(4)冷温水横走り配管の径違い管部での偏心レジューサの設置　(5)外部電源方式（電気防食）の接続 ［設問２］適切でない部分の改善策 (6)多層建物の中間階の通気配管図 (7)水道用硬質塩化ビニルライニング鋼管フランジ接合断面図 ［設問３］(8)送風機回り詳細図及び特性曲線図 ［設問４］(9)長方形ダクト用１枚羽根付きエルボ詳細図	［設問１］配管方法の名称，その利点　(1)ファンコイルユニット廻り冷温水配管図 ［設問２］配管を設ける理由　(2)ドロップ桝配管図 ［設問３］適切でない部分の改善策 (3)高置タンク電極棒取付け要領図 (4)温水配管基本回路図　(5)亜鉛鉄板製アングルフランジ工法ダクト吊り要領図	［設問１］ループ通気管及び通気立て管の図示　(1)排水系統図 ［設問２］共板フランジ工法でのフランジ押さえ間隔　(2)フランジ押え金具取り付け要領図 ［設問３］適切でない部分の改善策 (3)屋外排水平面図　(4)伸縮管継手まわり施工要領図　(5)排気ダクト防火区画貫通要領図
留意事項（空調）	多翼送風機（呼び番号３，Ｖベルト駆動）を天井吊り設置する場合の留意事項　(1)送風機の製作図を審査　(2)送風機の配置　(3)送風機の天井吊り設置　(4)送風機の個別試運転調整	開放式冷却塔を設置する場合の留意事項　(1)冷却塔の配置　(2)基礎又はアンカーボルト　(3)冷却塔廻りの配管施工　(4)冷却塔の試運転調整	空冷ヒートポンプマルチパッケージ形空気調和機の冷媒管の施工及び試運転調整での留意事項　(1)冷媒管（断熱材被覆銅管）の施工　(2)冷媒管（断熱材被覆銅管）の吊り又は支持　(3)冷媒管の試験　(4)マルチパッケージ形空気調和機の試運転調整
留意事項（給排水）	揚水ポンプ（渦巻ポンプ，２台）を設置する場合の留意事項　(1)ポンプの製作図の審査　(2)ポンプの基礎又はアンカーボルト　(3)ポンプ回りの給水管の施工　(4)ポンプの個別試運転調整	飲料用高置タンク（FRP 製一体形）を設置する場合の留意事項　(1)高置タンクの配置又は設置高さ　(2)基礎又はアンカーボルト　(3)飲料用タンクにおける水質汚染防止の観点　(4)高置タンク廻りの配管施工	汚物用水中モーターポンプ及びポンプ吐出し管の施工及び試運転調整での留意事項　(1)水中モーターポンプを排水槽内に据え付ける場合の設置位置　(2)水中モーターポンプの排水槽内での据え付け　(3)ポンプ吐出し管の施工　(4)水中モーターポンプの試運転調整
ネットワーク工程表	［設問１］クリティカルパスの経路，工期 ［設問２］作業遅れによる所要工期 ［設問３］短縮する必要がある作業内容を特定する方法 ［設問４］短縮パターン ［設問５］リミットパス	［設問１］(1)最早計画でのタイムスケール表示形式の工程表 ［設問２］(2)最遅計画でのタイムスケール表示形式の工程表　(3)クリティカルパスの経路・工期　(4)作業日となる作業　(5)出来高（%）	［設問１］最早開始時刻（EST） ［設問２］最遅開始時刻（LST） ［設問３］EST による山積み図 ［設問４］LST による山積み図 ［設問５］山崩し後作業員数
法規	「労働安全衛生法」上の穴埋め問題 ［設問１］架設通路の規定（手すり，中桟，踊場） ［設問２］石綿等の粉じんが発散する屋内作業場の規定（プッシュプル型換気装置，点検，自主検査の記録）	「労働安全衛生法」上の穴埋め問題 ［設問１］石綿等を取り扱う作業（記録，保存） ［設問２］移動式クレーン（定格荷重，定期に自主検査の期間） ［設問３］酸素欠乏等	「労働安全衛生法」上の穴埋め問題 ［設問１］(1)総括安全衛生管理者 (2)技能講習　(3)特別の教育 ［設問２］(4)暑さ指数（WBGT），暑さ指数（WBGT）の単位
施工経験記述	経験した管工事１つを記述する問題 ［設問１］(1)工事名　(2)工事場所 (3)設備工事概要　(4)現場での貴方の立場 ［設問２］工程管理 ［設問３］総合的な試運転調整	経験した管工事１つを記述する問題 ［設問１］(1)工事名　(2)工事場所 (3)設備工事概要　(4)現場での貴方の立場 ［設問２］工程管理 ［設問３］材料・機器の現場受入検査	経験した管工事１つを記述する問題 ［設問１］(1)工事名　(2)工事場所 (3)設備工事概要　(4)貴方の立場・役割 ［設問２］安全管理 ［設問３］材料・機器の現場受入検査

表1・1　第二次検定　最近10年間の出題内容（3）

問題番号（必須・選択）	分野	平成30年度	平成29年度
【問題1】（必須）	設備全般の施工要領	〔設問1〕ポンプ並列運転時の揚程曲線と水量　(1)ポンプの特性曲線　(2)ポンプ2台の並列運転図 〔設問2〕適切でない部分の改善策　(2)洋風便器8個を受け持つ排水横枝管の通気方式図　(3)吹出口取付け要領図　(4)冷温水管保温要領図（天井内隠ぺい）　(5)屋内消火栓設備の加圧送水装置まわり図	〔設問1〕汚水槽での排水管と通気管　(1)排水，通気設備系統図 〔設問2〕送風機の運転調整　(2)特性曲線及び送風機廻り詳細図 〔設問3〕配管施工での適切でない部分の改善策　(3)冷温水コイル廻り配管要領　(4)地上式タンクにおける揚水ポンプ廻り施工要領　(5)複式伸縮管継手の取付け要領
【問題2】（問題2と問題3から1問選択）	留意事項（空調）	中央式の空気調和設備を施工する場合の留意事項　(1)冷凍機まわりの配管施工　(2)冷温水配管施工時の熱伸縮対応　(3)冷温水配管の吊り又は支持の熱伸縮対応　(4)冷温水配管の勾配又は空気抜き	厨房排気用長方形ダクトを製作並びに施工する場合の留意事項
【問題3】（問題2と問題3から1問選択）	留意事項（給排水）	中央式の強制循環式給湯設備を施工する場合の留意事項　(1)貯湯槽の配置　(2)給湯配管施工時の熱伸縮対応　(3)給湯配管の吊り又は支持の熱伸縮対応　(4)給湯配管の勾配又は空気抜き	給水ポンプユニットの製作図を審査する場合の留意事項
【問題4】（問題4と問題5から1問選択）	ネットワーク工程表	〔設問1〕クリティカルパスの経路，工期 〔設問2〕最早開始時刻 〔設問3〕クリティカルパスの作業増加日数 〔設問4〕山積み図を作成する目的 〔設問5〕最早開始時刻（EST）による山積み図	〔設問1〕クリティカルパスの経路，工期 〔設問2〕延長工期 〔設問3〕最早開始時刻（EST） 〔設問4〕短縮する作業 〔設問5〕遅れを取り戻すために行う工程管理上の方法
【問題5】（問題4と問題5から1問選択）	法規	「労働安全衛生法」上の穴埋め問題 〔設問1〕(1)既設の汚水槽の内部で作業開始時の記録（硫化水素，3年間保存）　(2)技能講習 〔設問2〕(3)石綿作業主任者（1月を超えない期間ごとに点検，保護具）	「労働安全衛生法」上の穴埋め問題 〔設問1〕(1)総括安全衛生管理者　(2)ガス等の容器（40℃）　(3)安全委員会 〔設問2〕(1)作業主任者　(2)特別の教育
【問題6】（必須）	施工経験記述	経験した管工事1つを記述する問題 〔設問1〕(1)工事名　(2)工事場所　(3)設備工事概要　(4)現場での貴方の立場 〔設問2〕工程管理 〔設問3〕総合的な試運転調整・完成に伴う自主検査	経験した管工事1つを記述する問題 〔設問1〕(1)工事名　(2)工事場所　(3)設備工事概要　(4)現場での貴方の立場 〔設問2〕安全管理 〔設問3〕材料・機器の現場受入検査

表1・1 第二次検定 最近10年間の出題内容（4）

分野	平成28年度	平成27年度	平成26年度
設備全般の施工要領	〔設問1〕適切でない部分の改善策 (1)重量機器のアンカーボルトの施工要領 (2)ダクト施工要領 (3)器具排水管と排水横枝管の施工要領 (4)防火区画を貫通する配管の施工要領 〔設問2〕リバースリターン方式の配管図と長所 (5)ダイレクトリターン方式の配管図	〔設問1〕排水トラップに発生するおそれのある現象 (1)排水状況図 〔設問2〕適切でない部分の改善策 (2)建物エキスパンションジョイント部の配管要領 (3)給水タンクまわり状況図 (4)天井吊り送風機（#4）の設置要領 (5)排気チャンバーまわり状況図	〔設問1〕適切な防火ダンパの配置 (1)換気ダクト系統図 〔設問2〕逃がし配管，逃がし配管を設ける目的 (2)屋内消火栓設備の加圧送水装置まわり図 〔設問3〕適切でない部分の改善策 (3)単式伸縮管継手の取付け要領図 (4)機器据付け完了後の防振架台 (5)排水・通気配管系統図
留意事項（空調）	直だきの吸収冷温水機の据付けにおける施工上の留意事項，単体試運転調整における確認・調整事項	マルチパッケージ形空気調和機における冷媒配管の施工上の留意事項	片吸込み多翼送風機（＃4）を据え付ける場合の留意事項
留意事項（給排水）	揚水用渦巻ポンプの単体試運転調整における確認・調整事項	飲料用の高置タンクを据え付ける場合の施工上の留意事項	強制循環式給湯設備の給湯管を施工する場合の留意事項
ネットワーク工程表	〔設問1〕クリティカルパスの経路，工期 〔設問2〕ネットワーク工程表の変更 〔設問3〕変更後の最早開始時刻(EST) 〔設問4〕変更後の所要工期 〔設問5〕変更後の工期の短縮	〔設問1〕クリティカルパスの経路，工期 〔設問2〕最早計画でのタイムスケール表示形式の工程表 〔設問3〕波線のフロートの名称 〔設問4〕フォローアップ後の工期 〔設問5〕タイムスケール表示形式の工程管理上の利点	〔設問1〕クリティカルパスの経路 〔設問2〕最早開始時刻（EST） 〔設問3〕最遅完了時刻（LFT） 〔設問4〕最早開始時刻（EST）と最遅完了時刻（LFT）の計算の目的 〔設問5〕最早開始時刻（EST）による山積み図
法規	「労働安全衛生法」上の穴埋め問題 〔設問1〕(1)安全委員会の記録保管 (2)元方安全衛生管理者 (3)地山の掘削作業主任者 (4)足場における高さが3mの作業場所の作業床仕様 〔設問2〕汚水槽内部の濃度測定：酸素，硫化水素	「労働安全衛生法」上の穴埋め問題 〔設問1〕(1)石綿作業主任者 (2)高所作業車の運転の業務 (3)特別の教育 (4)作業場所の巡視 (5)総括安全衛生管理者	「労働安全衛生法」上の穴埋め問題 〔設問1〕(1)安全管理者 (2)安全委員会の記録保管 (3)ガス等の容器(40℃) (4)特別の教育 〔設問2〕作業主任者
施工経験記述	経験した管工事1つを記述する問題 〔設問1〕(1)工事名 (2)工事場所 (3)設備工事概要 (4)現場での貴方の立場 〔設問2〕安全管理 〔設問3〕総合的な試運転調整又は完成に伴う自主検査	経験した管工事1つを記述する問題 〔設問1〕(1)工事名 (2)工事場所 (3)設備工事概要 (4)現場での貴方の立場 〔設問2〕工程管理 〔設問3〕材料・機器の受入検査	経験した管工事1つを記述する問題 〔設問1〕(1)工事名 (2)工事場所 (3)設備工事概要 (4)貴方の立場・役割 〔設問2〕工程管理 〔設問3〕総合的な試運転調整又は完成に伴う自主検査

1・2　問題1　必須問題　設備全般の施工要領

問題1は必須問題です。必ず解答してください。解答は**解答用紙**に記述してください。

出題傾向

・「設備全般の施工要領」に関する出題分析を，**表1・1**に示す。過去10年間では，同じ内容の出題はない。

・類似の出題では，ポンプ特性曲線図（並列運転の流量），送風機回り詳細図及び特性曲線図（吐出側ダンパ調整法・回転数調整法），リバースリターン方式，防火ダンパ・防煙ダンパの選択，耐震ストッパーの締め付け，伸縮管継手の取付け要領，排水・通気設備系統図，屋内消火栓設備の加圧送水装置まわり図等である。第2章の基礎知識を参照されたい。

・「適切でない部分と改善策」が，各年度とも3～4問出題されている。

・基本的な知識を問う問題が，各年度とも1問程度出題されている。

・文章の適否（○×）を問う問題が，令和3・4・5年に出題されている。

表1・1　「設備全般の施工要領」に関する出題分析

分類	出題箇所	R5	R4	R3	R2	R1	H30	H29	H28	H27	H26
文章の適否（適当：○、適当でない：×）	ボイラの最上部からの距離		○								
	機器を吊り上げる場合のワイヤーロープの吊り角度	○									
	防振基礎の耐震ストッパー	○									
	冷温水配管からの膨張管	○									
	Uボルトの固定支持		○								
	下向給湯配管での給湯管，返湯管とも先下がり			○							
	冷温水横走り配管の径違い管を偏心レジューサ			○							
	鋼管溶接の余盛高さ		○								
	機械室内の露出の給水管の保温	○									
	コイルの上流側のダクトが30度を超える急拡大	○									
	ダクトの吊り間隔		○								
	シーリングディフューザ形吹出口の気流		○								
	送風機の風量調節ダンパ			○							
	サプライチャンバ点検口の扉			○							
	外部電源方式（電気防食法）			○							

分類	出題箇所	R5	R4	R3	R2	R1	H30	H29	H28	H27	H26
知識	地震時に直方体の機器に加わる力	○									
	ポンプ特性曲線図（並列運転の流量）		○				○				
	送風機回り詳細図及び特性曲線図（吐出側ダンパ調整法・回転数調整法）			○				○			
	FCU 廻り冷温水配管図（リバースリターン方式の利点）				○						
	冷温水配管図（リバースリターン方式に変更）								○		
	共板フランジ工法フランジ押さえ金具取付要領図					○					
	換気ダクト系統図（防火ダンパ・防煙ダンパの選択）										○
	排水系統図（ループ通気，通気立て管）					○					
	排水状況図（トラップの破封現象）									○	
	ドロップ桝配管図（桝内に配管を設ける理由）				○						
	屋内消火栓設備の加圧送水装置まわり図（逃がし配管記入，逃がし配管を設ける目的）										○

分類	出題箇所	R5	R4	R3	R2	R1	H30	H29	H28	H27	H26
適切でない部分と改善策	重量機器のアンカーボルトの施工要領								○		
	機器据付け完了後の防振架台（耐震ストッパの締め付け）		○								○
	送風機（呼び番号２未満）吊り要領図	○									
	天井吊り送風機（＃4）の設置要領（形鋼据付）									○	
	建物エキスパンションジョイント部の配管要領									○	
	冷温水コイル廻り配管要領（カウンターフロー）							○			
	温水配管基本回路図（膨張管）				○						
	複式伸縮管継手の取付け要領							○			
	単式伸縮管継手の取付け要領図					○					○
	冷温水管保温要領図（天井内隠ぺい）						○				
	共板フランジ工法ダクトガスケット施工要領図（ガスケットのラップ位置）		○								
	フランジ押え金具取り付け要領図（取付ピッチ）					○					
	長方形ダクト用１枚羽根付き消音エルボ詳細図（寸法）			○							
	ダクト施工要領（VD・消音）								○		
	排気ダクト防火区画貫通要領図（FD の４点支持）					○					
	便所換気ダクト系統図（防火ダンパ・防煙ダンパの選択）		○								
	排気チャンバーまわり状況図（ミキシングロス，逆流）									○	
	吹出口取付け要領図（コーンの位置）						○				
	亜鉛鉄板製アングルフランジ工法のダクト吊り要領図				○						
	給水タンクまわり状況図（保守点検スペース）									○	
	高置タンク電極棒取付け要領図（満水警報）				○						
	揚水ポンプ廻り施工要領（フレキ・CV・GV）							○			
	給湯設備系統図	○									
	水道用硬質塩化ビニルライニング鋼管フランジ接合断面図			○							
	防火区画を貫通する配管の施工要領（VP 管）								○		
	器具排水管と排水横枝管の施工要領（器具排水管45°以内）								○		
	屋外排水平面図（雨水トラップます）					○					
	排水・通気設備系統図					○		○			○
	多層建物の中間階の通気配管			○							
	洋風便器８個を受け持つ排水横枝管の通気方式図（逃がし通気）						○				
	屋内消火栓設備の加圧送水装置まわり図（流量測定装置）						○				

1・3　問題2　選択問題　留意事項(空気調和・換気設備)

問題2と問題3の2問題のうちから1問題を選択し，解答は**解答用紙**に記述してください。
選択した問題は，解答用紙の**選択欄に○印**を記入してください。

先入観ではなく，問題2と問題3をさらっと解いてみて，正答を多く導けそうな問題の方を選択するのがよい。どちらか1問を選択すること。

出題傾向

・「留意事項（空気調和・換気設備）」に関する出題分析を，**表1・2**に示す。過去10年間では，同じ内容の出題はない。
・留意事項の記述に際して，工程管理及び安全管理に関する事項は除くこと。
・平成30年以降は，記述条件（4つのサブテーマ）が与えられている。
・4つの留意事項を具体的，かつ簡潔に記す。

表1・2 「留意事項（空気調和・換気設備）」に関する出題分析

出題箇所	R5	R4	R3	R2	R1	H30	H29	H28	H27	H26
直だきの吸収冷温水機据付け及び単体試運転調整								○		
屋上に開放式冷却塔の設置（記述条件あり※）				○						
屋上に空気熱源ヒートポンプユニットを設置し，各階の空調機械室にユニット形空気調和機の設置（記述条件あり※）		○								
中央式の空気調和設備の施工（記述条件あり※）						○				
中央機械室の換気用として多翼送風機（＃3，Vベルト）の天井吊り設置（記述条件あり※）			○							
屋上機械室に，＃4の片吸込み多翼送風機の据付け										○
中央式の空気調和設備において，冷温水管を配管用炭素鋼鋼管（白）の施工（記述条件あり※）	○									
空冷ヒートポンプマルチパッケージ形空気調和機の冷媒管の施工及び試運転調整（記述条件あり※）					○					
マルチパッケージ形空気調和機における冷媒配管の施工									○	
厨房排気用長方形ダクトの製作並びに施工							○			

※記述条件

R5：中央式の空気調和設備において，冷温水管を配管用炭素鋼鋼管（白）の施工に関する留意事項

(1) 配管の熱伸縮
(2) 配管の吊り又は振れ止め支持
(3) 配管の勾配又は空気抜き
(4) 水圧試験における試験圧力及び保持時間

R4：屋上に空気熱源ヒートポンプユニットを設置し，各階の空調機械室にユニット形空気調和機を設置に関する留意事項

(1) 空気熱源ヒートポンプユニットの配置（運転の観点）
(2) ユニット形空気調和機回りの冷温水管の施工
(3) ユニット形空気調和機のドレン管の施工
(4) 空気熱源ヒートポンプユニットの個別試運転調整

R3：中央機械室の換気用として多翼送風機（#3，Vベルト）を天井吊り設置に関する留意事項

(1) 送風機の製作図を審査
(2) 送風機の配置（運転又は保守管理の観点）
(3) 送風機の天井吊り設置
(4) 送風機の個別試運転調整

R2：屋上に開放式冷却塔を設置に関する留意事項（記述条件あり）

(1) 冷却塔の配置（運転又は保守管理の観点）
(2) 基礎又はアンカーボルト
(3) 冷却塔廻りの配管施工
(4) 冷却塔の試運転調整

R1：空冷ヒートポンプマルチパッケージ形空気調和機の冷媒管の施工及び試運転調整に関する留意事項。ただし，冷媒管の接続は，ろう付け又はフランジ継手とする。

(1) 冷媒管（断熱材被覆銅管）の施工（吊り又は支持を除く）
(2) 冷媒管（断熱材被覆銅管）の吊り又は支持
(3) 冷媒管の試験
(4) マルチパッケージ形空気調和機の試運転調整

H30：中央式の空気調和設備を施工に関する留意事項

(1) 冷凍機まわりの配管施工（運転又は保守管理の観点）
(2) 冷温水配管の施工（管の熱伸縮の観点）（吊り又は支持は除く）
(3) 冷温水配管の吊り又は支持（管の熱伸縮の観点）
(4) 冷温水配管の勾配又は空気抜き

1・4　問題３　選択問題　留意事項（給排水衛生設備）

問題２と問題３の２問題のうちから１問題を選択し，解答は**解答用紙**に記述してください。
選択した問題は，解答用紙の**選択欄に〇印**を記入してください。

先入観ではなく，問題２と問題３をさらっと解いてみて，正答を多く導けそうな問題の方を選択するのがよい。どちらか１問を選択すること。

出題傾向

・「留意事項（給排水衛生設備）」に関する出題分析を，**表１・３**に示す。過去10年間では，飲料用受水タンクを設置に関する内容が３回出題されている。
・留意事項の記述に際して，工程管理及び安全管理に関する事項は除くこと。
・平成30年以降は，記述条件（４つのサブテーマ）が与えられている。
・４つの留意事項を具体的，かつ簡潔に記す。

表１・３　「留意事項（給排水衛生設備）」に関する出題分析

出題箇所	R5	R4	R3	R2	R1	H30	H29	H28	H27	H26
飲料用受水タンク（ステンレス鋼板製パネルタンク（ボルト組立形））の設置（記述条件あり※）		○								
屋上に飲料用高置タンク（FRP 製一体形）の設置（記述条件あり※）				○						
飲料用の高置タンクを据え付ける場合の施工									○	
揚水ポンプ（渦巻ポンプ，２台）の受水タンク室に設置（記述条件あり※）			○							
揚水用渦巻ポンプの単体試運転調整								○		
給水ポンプユニットの製作図の審査							○			
汚物用水中モーターポンプ及びポンプ吐出し管の施工及び試運転調整（記述条件あり※）					○					
汚水槽に汚物用の排水用水中モーターポンプの設置（記述条件あり※）	○									
中央式の強制循環式給湯設備の施工（記述条件あり※）						○				
強制循環式給湯設備の給湯管の施工										○

※記述条件

R5: 汚水槽に汚物用の排水用水中モーターポンプの設置に関する留意事項

(1) ポンプの製作図（承諾図）の審査
(2) ポンプ吐出し管（汚水槽内～屋外）の施工
(3) 汚水槽に通気管を設ける施工
(4) ポンプの試運転調整

R4：飲料用受水タンク（ステンレス鋼板製パネルタンク（ボルト組立形））を設置に関する留意事項

(1) 受水タンクの製作図の審査
(2) 受水タンクの配置
(3) 受水タンク回りの給水管の施工（水質汚染防止の観点）
(4) 受水タンク据付け完了後の自主検査（配管及び保守点検スペースは除く）

R3：揚水ポンプ（渦巻ポンプ，２台）を受水タンク室に設置に関する留意事項

(1) ポンプの製作図の審査
(2) ポンプの基礎又はアンカーボルト
(3) ポンプ回りの給水管を施工
(4) ポンプの個別試運転調整

R2：屋上に飲料用高置タンク（FRP 製一体形）を設置に関する留意事項

(1) 高置タンクの配置又は設置高さ
(2) 基礎又はアンカーボルト
(3) 飲料用タンクの水質汚染防止
(4) 高置タンク廻りの配管施工（水質汚染防止を除く）

R1：汚物用水中モーターポンプ及びポンプ吐出し管の施工及び試運転調整に関する留意事項

(1) 水中モーターポンプの設置位置
(2) 水中モーターポンプの排水槽内での据付け（設置位置は除く）
(3) ポンプ吐出し管（排水槽内～屋外）の施工
(4) 水中モーターポンプの試運転調整

H30：中央式の強制循環式給湯設備を施工に関する留意事項

(1) 貯湯槽の配置（保守管理の観点）
(2) 給湯配管の施工（管の熱伸縮の観点）（吊り又は支持は除く）
(3) 給湯配管の吊り又は支持（管の熱伸縮の観点）
(4) 給湯配管の勾配又は空気抜き

1・5　問題4　選択問題　ネットワーク工程表

問題4と問題5の2問題のうちから1問題を選択し，解答は**解答用紙**に記述してください。
選択した問題は，解答用紙の**選択欄に〇印**を記入してください。

先入観ではなく，問題4と問題5をさらっと解いてみて，正答を多く導けそうな問題の方を選択するのがよい。どちらか1問を選択すること。

出題傾向

・「ネットワーク工程表」に関する出題分析を，**表1・4**に示す。
・ほぼ毎年，クリティカルパスの経路及び所要工期を求める問題が出題されている。解き方をマスターしておきたい。
　クリティカルパスの経路は，表示形式が2種類あり，どちらの形式で解答するのか見極める。
　　①　作業名を矢印でつなぐ形式
　　　例：A→B→C
　　②　イベント番号を矢印（ダミーは破線）でつなぐ形式
　　　実線矢印とダミーの破線矢印を使い分ける。
　　　例：①→②⇢③
・平成28年にネットワーク工程表を完成せる問題が出題されている。
・平成27，令和2年にタイムスケール表示形式の工程表を完成させる問題が出題されている。
・平成26，28，29，30，令和1，2年にイベントの最早開始時刻（EST），最遅開始時刻（LST），最遅完了時刻（LFT）を求める問題が出題されている。求め方をマスターしておきたい。
・平成30，令和元年に山積み図，山崩し図を作成する問題が出題されている。
・平成28，29，令和3年に工期短縮に関する問題が出題されている。
・最早開始時刻（EST）と最遅完了時刻（LFT）を計算することの目的，タイムスケール表示形式の工程表の破線部分のフロートの名称，タイムスケール表示形式の工程表の利点，山積み図作成の目的，工期短縮をしなくてはならない作業を特定する方法，遅れを取り戻す工程管理上の方法に関する問題が出題されている。

表1・4　「ネットワーク工程表」に関する出題分析

課題	R5	R4	R3	R2	R1	H30	H29	H28	H27	H26
クリティカルパスの経路	○	○	○	○		○	○	○	○	○
所要工期	○	○	○	○		○	○	○	○	
リミットパス			○							
最早開始時刻（EST）					○	○	○	○		○
最遅開始時刻（LST）				○	○					
最遅完了時刻（LFT）	○									○

課題	R5	R4	R3	R2	R1	H30	H29	H28	H27	H26
最早開始時刻（EST）と最遅完了時刻（LFT）を計算することの目的										
ネットワーク工程表作成								○		
タイムスケール表示形式の工程表作成				○					○	
破線部分のフロートの名称									○	
トータルフロート	○									
フリーフロート	○									
タイムスケール表示形式の工程表の利点									○	
工事開始から○○日目の作業名				○						
山積み図作成の目的						○				
山積み図（最早開始時刻（EST））					○	○				○
山積み図（最遅開始時刻（LST））					○					
山崩し図					○					
工期短縮する作業名		○					○	○		
作業の出来高				○						
工期短縮をすべき作業を特定する方法			○							
遅れを取り戻す工程管理上の方法		○					○			

1・6　問題5　選択問題　法規（労働安全衛生法）

問題4と問題5の2問題のうちから1問題を選択し，解答は**解答用紙**に記述してください。
選択した問題は，解答用紙の**選択欄に○印**を記入してください。

先入観ではなく，問題4と問題5をさらっと解いてみて，正答を多く導けそうな問題の方を選択するのがよい。どちらか1問を選択すること。

出題傾向

・「法規（労働安全衛生法）」に関する出題分析を，**表1・5**に示す。
・出題法規は，すべて労働安全衛生法からである。
・平成26，27，29，令和元，4年に特別教育を必要とする業務に関する問題が出題されている。
・平成27，29，令和元，5年に，総括安全衛生管理者に関する問題が出題されている。
・平成26，28，29年に，安全委員会に関する問題が出題されている。
・平成26，27，28，29年に，作業主任者に関する問題が出題されている。
・平成27，30，令和元年に，就業制限に関する問題が出題されている。
・平成30，令和2，3年に，石綿障害予防規則に関する問題が出題されている。
・平成26，28，29年に，安全委員会に関する問題が出題されている。

表1・5　「法規（労働安全衛生法）」に関する出題分析

課題	R5	R4	R3	R2	R1	H30	H29	H28	H27	H26	頻度
総括安全衛生管理者	○				○		○		○		4
安全管理者・衛生管理者	○									○	2
安全委員会							○	○		○	3
作業主任者							○	○	○	○	4
就業制限					○	○			○		3
特別教育を必要とする業務		○			○		○		○	○	5
特定元方事業者等の講ずべき措置									○		1
統括安全衛生責任者	○										1
安全衛生責任者	○										1
元方安全衛生管理者	○							○			2
架設通路			○								1
作業床								○			1
ガス容器等の取扱い							○			○	2
墜落制止用器具		○									1
石綿障害予防規則			○	○		○					3
酸素欠乏症等防止規則				○		○					2
クレーン等安全規則				○							1
暑さ指数（WBGT）					○						1

1・7　問題６　必須問題　施工経験した管工事の記述

問題６は必須問題です。必ず解答してください。解答は**解答用紙**に記述してください。

出題傾向

・「〔設問２〕の**施工管理**の技術面の指定課題」に関する出題分析と「〔設問３〕の**施工検査等**の指定課題」に関する出題分析を，それぞれ**表１・６**　⑴，**表１・６**　⑵に示す。

表１・６　⑴　「〔設問２〕の施工管理の技術面の指定課題」に関する出題分析

課題	R5	R4	R3	R2	R1	H30	H29	H28	H27	H26
工程管理		○	○	○		○			○	○
安全管理	○				○		○	○		

表１・６　⑵　「〔設問３〕の施工検査等の指定課題」に関する出題分析

課題	R5	R4	R3	R2	R1	H30	H29	H28	H27	H26
材料・機器の現場受入検査	○	○		○	○		○		○	
総合的な試運転調整又は完成に伴う自主検査			○			○		○		○

第２章　基礎知識

▼

２・１　重複して出題されている基礎知識 …………………………20
２・２　ネットワーク工程表 ……………………………………………31
２・３　法規（労働安全衛生法） ………………………………………43

2・1　重複して出題されている基礎知識

2・1・1　ポンプの並列運転

図2・1に，同一特性のポンプの並列運転特性曲線を示す。今，単独運転揚程曲線のポンプを2台同時並列運転した場合は，同一揚程における吐出し量が2倍になるので，2台同時運転揚程曲線となる。

また，配管路の抵抗曲線は，右上がりの曲線となり，ポンプはこの抵抗曲線と揚程曲線との交点で運転することになる。単独運転の場合は，揚程12m，吐出し量は76.5L/minであるが，2台同時並列運転の場合は，揚程16m，吐出し量は140L/minとなり，損失水頭の増加によって単独運転の時の揚程を少し上回るので，吐出し量は単純に2倍とはならない。すなわち，ポンプが2台になっても吐出し量は2倍にはならない。

ポンプが3台の時や異なる特性のポンプの時も同様にして揚程，吐出し量を求める。

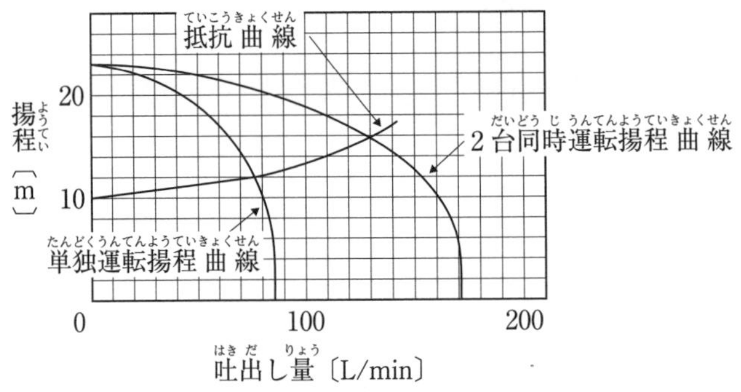

図2・1　同一特性のポンプの並列運転特性曲線

2・1・2　送風機の調整

図2・2に示す送風機の圧力曲線と送風系の抵抗曲線が与えられたときの調整法は次の通りである。

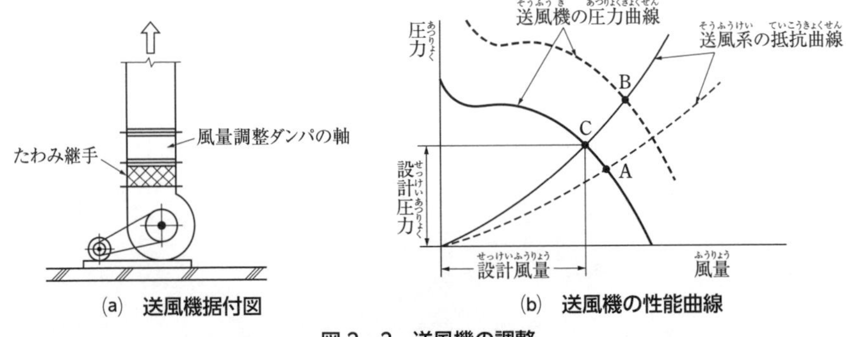

(a)　**送風機据付図**　　(b)　**送風機の性能曲線**

図2・2　送風機の調整

① **吐出ダンパを絞る方法（吐出側ダンパ調整法）**

送風機がA点で運転されている場合，設計点Cで運転するように調整する方法で，吐出側の風量調整ダンパを絞り，送風系の抵抗を増加させて風量を減少させる方法である。

② **送風機の回転数を変化させる方法（回転数調整法）**

送風機がB点で運転されている場合，設計点Cで運転するように調整する方法で，プーリーダウン等を行い送風機の回転数を減じ，圧力と風量を減じる方法である。インバーター制御で回転数を減じることも簡単にできるようになった。

その他に，サクションベーンの調整による方法，吸込み口のダンパの調節による方法がある。

送風量の調整に関する送風機の性能曲線の一例を**図2・3**に示す。

(イ)　回転数を変化したとき　　(ロ)　サクションベーンを絞ったとき

(ハ)　吐出ダンパを絞ったとき　　(ニ)　吸込ダンパを絞ったとき

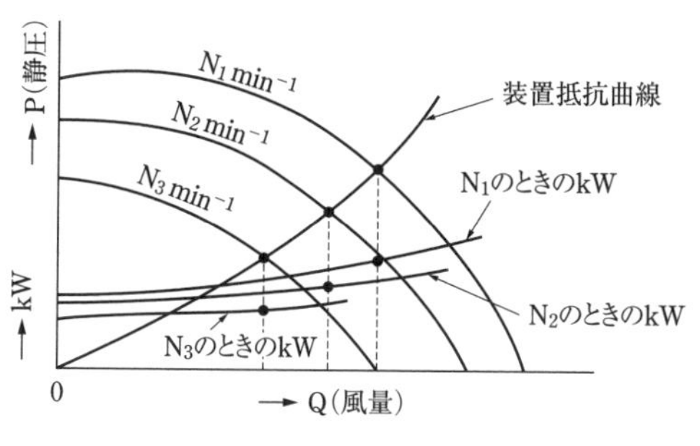

（イ）回転数を変化したとき

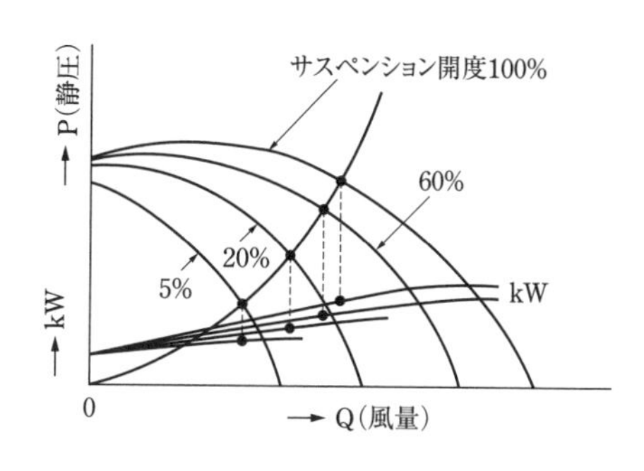

（ロ）サクションベーンを絞ったとき

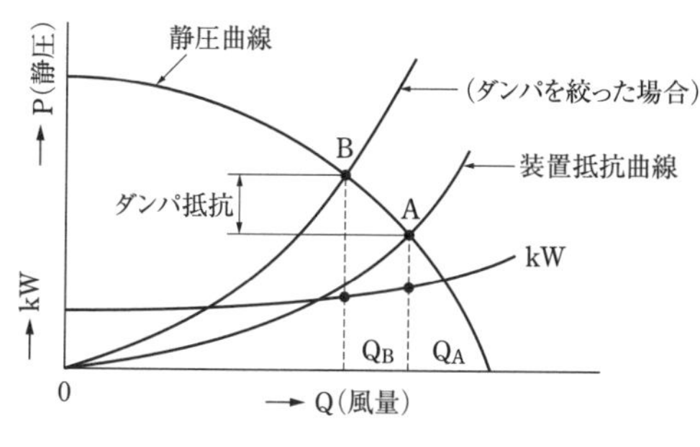

（ハ）吐出ダンパを絞ったとき

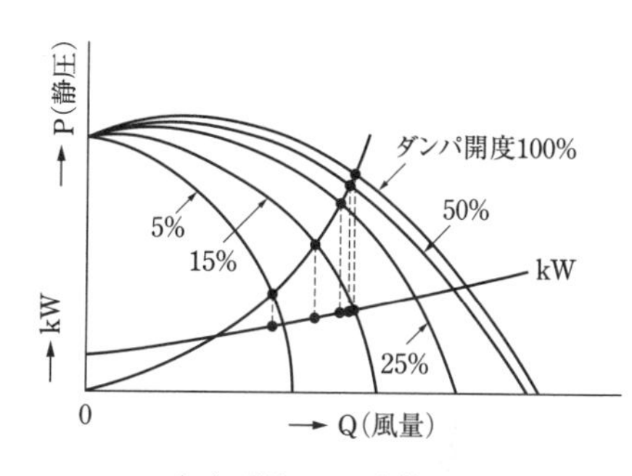

（ニ）吸込ダンパを絞ったとき

図2・3　送風機の各種調整方法における性能曲線

2・1・3　飲料水の配管設備及び排水のための配管設備の構造

建築物に設ける飲料水の配管設備及び排水のための配管設備の構造方法を定める件

(建設省告示第1597号)

第一　飲料水の配管設備の構造は，次に定めるところによらなければならない。

一　給水管

イ　ウォーターハンマーが生ずるおそれがある場合においては，エアチャンバーを設ける等有効なウォーターハンマー防止のための措置を講ずること。

ロ　給水立て主管からの各階への分岐管等主要な分岐管には，分岐点に近接した部分で，かつ，操作を容易に行うことができる部分に止水弁を設けること。

二　給水タンク及び貯水タンク

イ　建築物の内部，屋上又は最下階の床下に設ける場合においては，次に定めるところによること。

(1)　外部から給水タンク又は貯水タンク（給水タンク等）の天井，底又は周壁の保守点検を容易かつ安全に行うことができるように設けること（図2・4）。

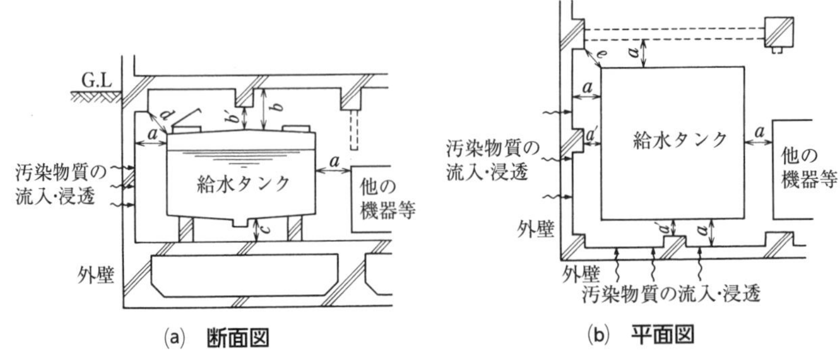

(a)　断面図　　(b)　平面図

a，b，cのいずれも保守点検が容易に行い得る距離とする。（標準的にはa，c≧60cm，b≧100cm）。また，梁・柱等がマンホールの出入りに支障となる位置としてはならず，a´，b´，d，eは保守点検に支障のない距離とする（標準的にはa´，b´，d，e≧45cm）。

図2・4　給水タンクの周囲保守スペース

(2)　給水タンク等の天井，底又は周壁は，建築物の他の部分と兼用しないこと。

(3)　内部には，飲料水の配管設備以外の配管設備を設けないこと。

(4)　内部の保守点検を容易かつ安全に行うことができる位置に，次に定める構造としたマンホールを設けること。ただし，給水タンク等の天井がふたを兼ねる場合においては，この限りでない。

(ろ)　直径60cm以上の円が内接することができるものとすること。ただし，外部から内部の保守点検を容易かつ安全に行うことができる小規模な給水タンク等にあっては，この限りでない。

(5)　(4)のほか，水抜管を設ける等内部の保守点検を容易に行うことができる構造とすること。

(6)　圧力タンク等を除き，ほこりその他衛生上有害なものが入らない構造のオーバフロー管を有効に設けること。

(7)　最下階の床下その他浸水によりオーバフロー管から水が逆流するおそれのある場所に給水タンク等を設置する場合にあっては，浸水を容易に覚知することができるよう浸水を検知し警報する装置の設置その他の措置を講ずること。

(8)　圧力タンク等を除き，ほこりその他衛生上有害なものが入らない構造の通気のための装置を有効に設けること。ただし，有効容量が2 m^3 未満の給水タンク等については，この限りでない。

(9)　給水タンク等の上にポンプ，ボイラー，空気調和機等の機器を設ける場合においては，飲料水を汚染することのないように衛生上必要な措置を講ずること。

第二　排水のための配管設備の構造は，次に定めるところによらなければならない。

一　排水管

イ　掃除口を設ける等保守点検を容易に行うことができる構造とすること。

ロ　次に掲げる管に直接連結しないこと。

(1)冷蔵庫，水飲器その他これらに類する機器の排水管　(2)滅菌器，消毒器その他これらに類する機器の排水管　(3)給水ポンプ，空気調和機その他これらに類する機器の排水管　(4)給水タンク等の水抜管及びオーバフロー管

ハ　雨水排水立て管は，汚水排水管若しくは通気管と兼用し，又はこれらの管に連結しないこと。

二　排水槽（排水を一時的に滞留させるための槽をいう。以下この号において同じ。）

イ　通気のための装置以外の部分から臭気が洩れない構造とすること。

ロ　内部の保守点検を容易かつ安全に行うことができる位置にマンホール（直径60cm以上の円が内接することができるものに限る。）を設けること。ただし，外部から内部の保守点検を容易かつ安全に行うことができる小規模な排水槽にあっては，この限りでない。

ハ　排水槽の底に吸い込みピットを設ける等保守点検がしやすい構造とすること。

ニ　排水槽の底の勾配は吸い込みピットに向かつて1/15以上1/10以下とする等内部の保守点検を容易かつ安全に行うことができる構造とすること。

ホ　通気のための装置を設け，かつ，当該装置は，直接外気に衛生上有効に開放すること。

三　排水トラップ（排水管内の臭気，衛生害虫等の移動を有効に防止するための配管設備をいう。以下同じ。）

イ　雨水排水管（雨水排水立て管を除く。）を汚水排水のための配管設備に連結する場合においては，当該雨水排水管に排水トラップを設けること。

ロ　二重トラップとならないように設けること。

ハ　汚水に含まれる汚物等が付着し，又は沈殿しない措置を講ずること。ただし，阻集器を兼ねる排水トラップについては，この限りでない。

ニ　排水トラップの深さ（排水管内の臭気，衛生害虫等の移動を防止するための有効な深さをいう。）は，5cm以上10cm以下（阻集器を兼ねる排水トラップにあっては，5cm以上）とすること。

ホ　容易に掃除ができる措置を講ずること。

2・1・4　冷温水管の配管方式

冷温水管の配管方式には，リバースリターン方式とダイレクトリターン方式の２つがある（**図2・5**）。

(1)　ダイレクトリターン方式

ダイレクトリターン方式とは最も近い機器から順に冷温水往き管及び冷温水還り管を順に接続していくことを示す。結果最も近い位置に設置されている機器に冷温水が流れやすく，最も遠い位置に設置されている機器には冷温水が流れづらい性質を持つ配管方式である。

(2)　リバースリターン方式

ダイレクトリターン方式の欠点を改善するため，リバースリターン方式は，各機器への往き管と還り管の長さの和を等しくし，各機器に対する配管摩擦損失を等しくすることで，各機器に対する流量が均等となる配管方式である。

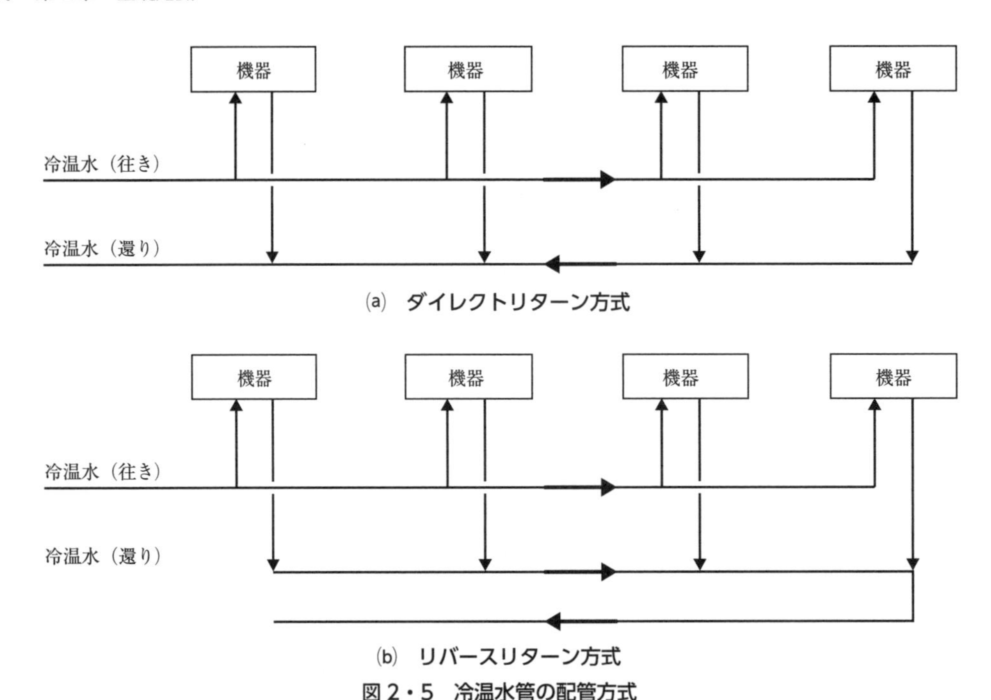

(a)　ダイレクトリターン方式

(b)　リバースリターン方式

図2・5　冷温水管の配管方式

2・1・5　熱による配管の伸縮措置

給湯管，冷温水管の熱伸縮措置として，単式伸縮管継手や複式伸縮管継手が使用される（図2・6）。

(1)　単式伸縮管継手の場合

本体に固定箇所が設けてないので，形鋼架台より伸縮管継手の片方近傍の配管を固定し，他方は配管の座屈防止としてガイドを設ける。

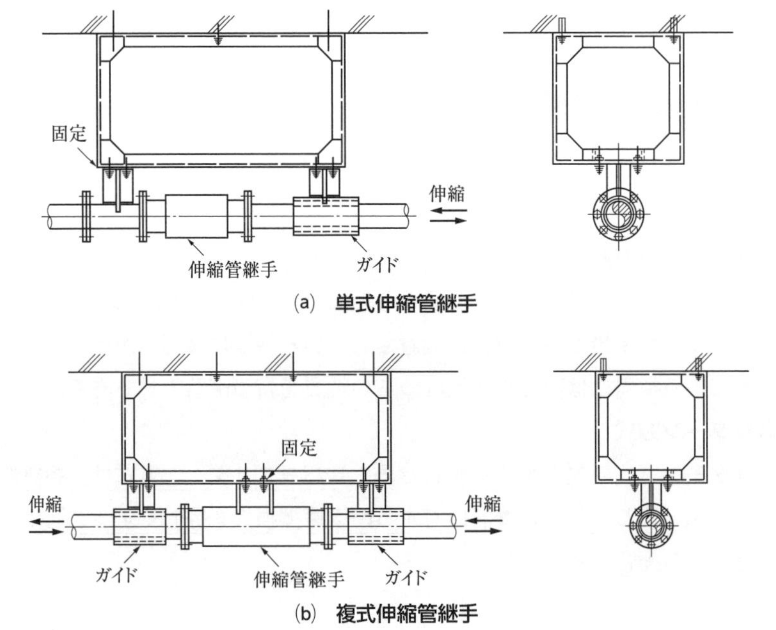

(a)　単式伸縮管継手

(b)　複式伸縮管継手

図2・6　伸縮管継手の要領図（固定とガイド）

⑵　複式伸縮管継手の場合

伸縮管継手本体を形鋼架台より固定し，両端の配管の座屈防止としてガイドを設ける。

2・1・6　通気管

通気立て管，通気管の大気開口，ループ通気管に関する事項を理解する。

⑴　通気立て管

最下部の排水横枝管より下部に始点を設け，通気立て管を立ち上げ，その排水系統の最高位の器具あふれ縁より150mm以上の位置で，排水管を延長した伸頂通気管に接続する（図2・7）。

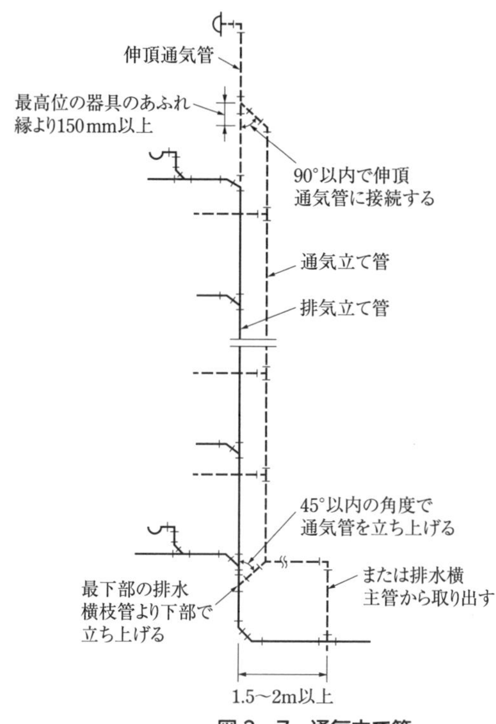

図2・7　通気立て管

⑵　通気管の大気開口

塔屋で通気管を大気開口する場合，通気管の末端は外気取り入れ口の上部より少なくとも600mm以上，又は水平距離で3m以上離して開口する（図2・8）。

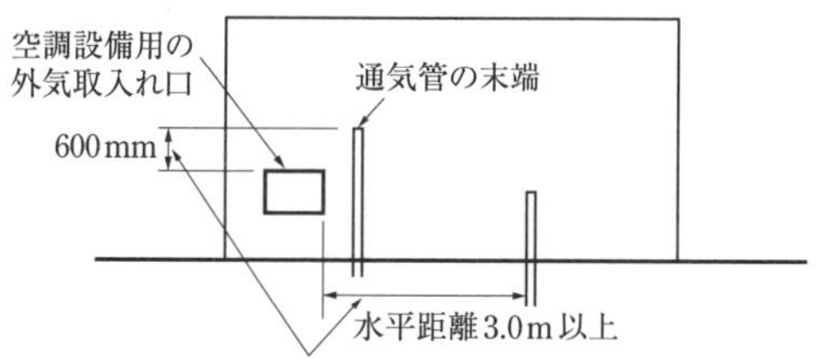

図2・8　塔屋における通気開口

⑶　ループ通気管

①　洋風便器等8個未満の場合

排水横枝管の最上流の器具排水管接続箇所より下流の直近を始点として，ループ通気管を同系統の最高位の器具あふれ縁より150mm 以上の位置まで立ち上げ，上り勾配で横引きし，通気立て管に接続する。同一階でいくつかの排水系統がある場合，それぞれのループ通気管を設ける（**図2・9** ⑴，⑵）。

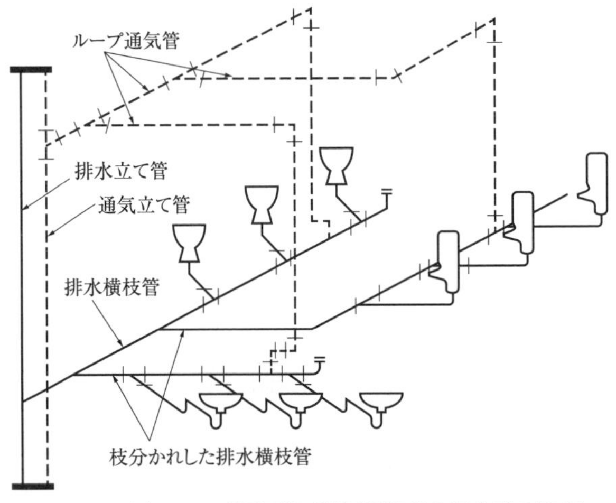

図2・9 ⑴ ループ通気管（洋風便器等8個未満の場合）

② 洋風便器等8個以上の場合

洋風便器8個以上を受け持つ排水横枝管の通気は，ループ通気管だけでは，通気が十分ではない。最下流の大便器が接続されている排水横枝管の直近の下流から「逃がし通気管」を取り出し，ループ通気管に接続する。

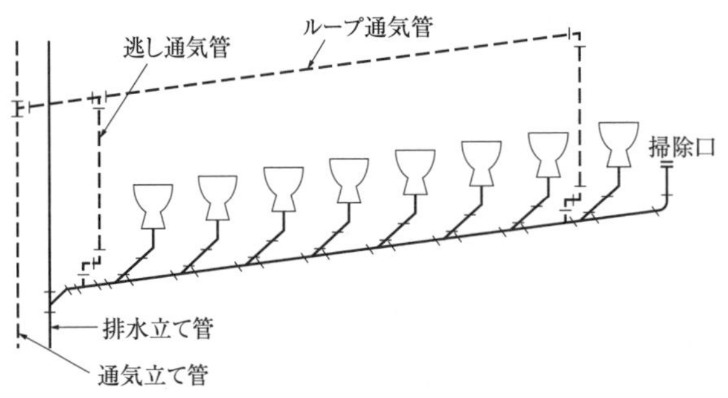

図2・9 ⑵ ループ通気管（洋風便器等8個以上の場合）

2・1・7 送風機の天吊り方法

⑴ 呼び番号2以上の場合

呼び番号2以上の送風機は，ラーメン構造の型鋼架台をスラブに固定し，その架台上に送風機を据え付ける（**図2・10**）。

※ 羽根車の直径150mm の送風機を，呼び番号1としている。

⑵ 呼び番号2未満の場合

機器の振れ止め対策として，機器側の各吊り金具の固定箇所（4か所）に，新たにターンバックル付きの斜材（全ねじボルト）を取り付け，機器の揺れを防止する（B 種耐震では，機器支持の吊りボルトと斜材との角度は45°±15°）（**図2・11**）。

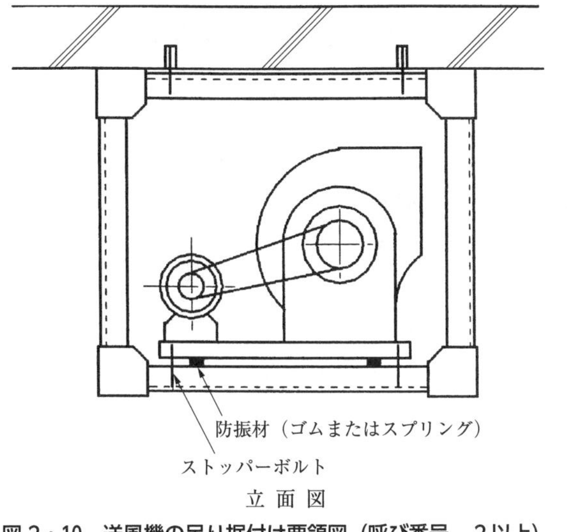

図 2・10　送風機の吊り据付け要領図（呼び番号　2 以上）

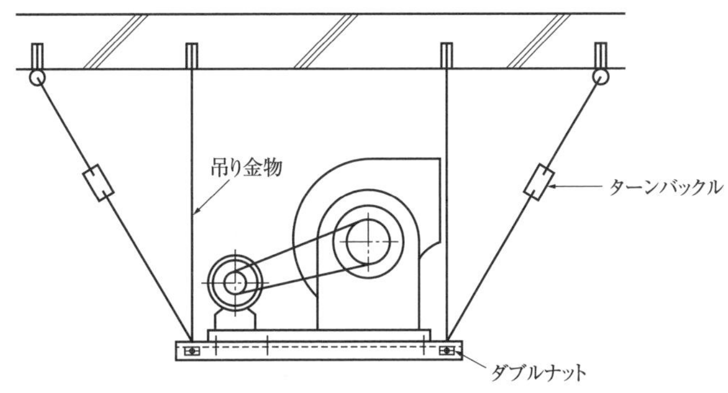

図 2・11　送風機の吊り据付け要領図（呼び番号　2 未満）

2・1・8　防振装置のストッパーボルト

防振装置上に機器が設けてあると，地震時に防振材により機器の揺れが増幅する。この揺れを規制するためにストッパーボルトが用いられる。すなわち，ストッパーボルトは防振に悪影響を与えずかつ地震時の揺れを抑えるため，防振基礎とダブルナットのすき間を 2 ～ 3 mm 開けるか又はゴムブッシュを介してナットを緩く締めつける（図 2・12）。

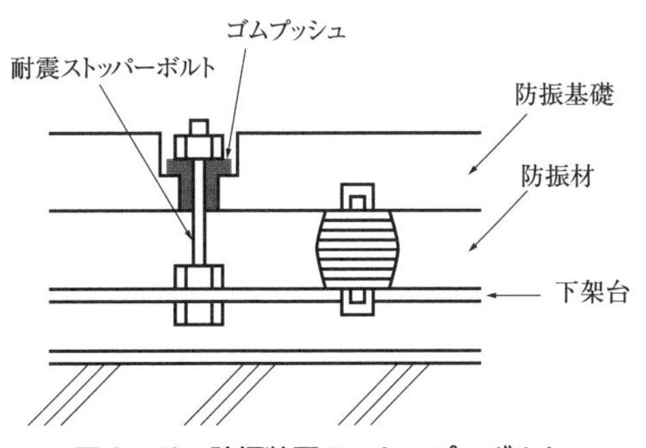

図 2・12　防振装置のストッパーボルト

2・1・9　防火ダンパと防煙ダンパの設置基準

図2・13で，防火ダンパと防煙ダンパの設置基準を理解する。

火災により煙が発生した場合又は火災により温度が急激に上昇した場合に自動的に閉鎖するダンパの基準の制定について（抜粋）

昭和56年6月15日，建設省住指発第165号

1．火災により煙が発生した場合に自動的に閉鎖する構造のダンパとすべき場合は，風道がいわゆる竪穴区画又は異種用途区画を貫通する場合及び風道そのものが竪穴的な構造である場合とした。これは火災時に煙が他の階又は建築物の異る用途の部分へ，伝播，拡散することを防止する趣旨で定めたものである。

また，第1項1号本文の括弧書きについては，建築物又は風道の形態等によっては，煙の他の階への流出のおそれが少ない等避難上及び防火上支障がないと認められる場合もあることから設けた規定であり，次の点に留意の上，柔軟に運用することとされたい。なお，**図2・13**に掲げた例は，いずれも適法妥当なものであるので参考とされたい。

(1)　煙は基本的には上方にのみ伝播するものであり，特に最上階に設けるダンパには，煙感知器連動とする必要のないものがあること。

(2)　火災時に送風機が停止しない構造のものにあっては，煙の下方への伝播も考えられうることから，空調のシステムを総合的に検討する必要があること。

(3)　同一系統の風道において換気口等が1の階にのみ設けられている場合にあっては，必ずしも煙感知器運動ダンパとする必要のないものがあること。

2．火災により煙が発生した場合に自動的に閉鎖するダンパの構造基準及び火災により温度が急激に上昇した場合に自動的に開鎖するダンパの構造基準については，従来と同様，昭和48年建設省告示第2563号に準じて定めたものであるが，次の点が異なっているので注意されたい。

(1)　第1第1号により設けるダンパの煙感知器は，当該ダンパに係る風道の換気口等がある間仕切壁等（防煙壁を含む。）で区画された場所ごとに設けることが必要であり，第1第2号により設けるダンパの煙感知器と設置場所が異なっていること。

(2)　温度ヒューズは，当該温度ヒューズに連動して閉鎖するダンパに近接した場所で風道の内部に設けることとした。

2・1・10　ポンプを用いる加圧送水装置まわり配管（屋内消火栓設備）

定格負荷運転時のポンプの性能を試験するための配管設備，締切運転時における水温上昇防止のための逃し配管に関する事項等を理解する。ポンプを用いる加圧送水装置まわりの要領図を**図2・14**に示す。

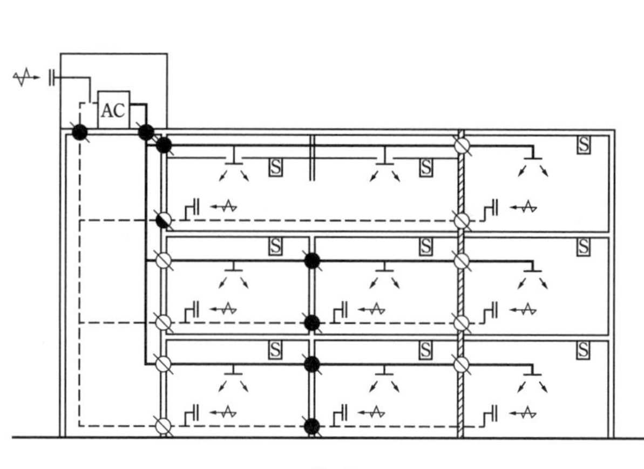

例−1

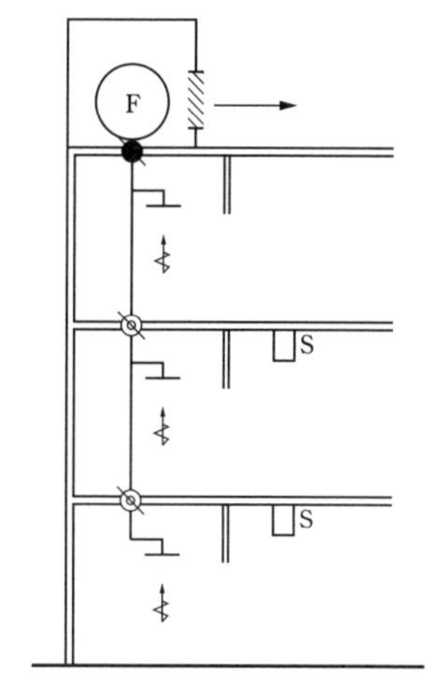

例−3(湯沸室系統)

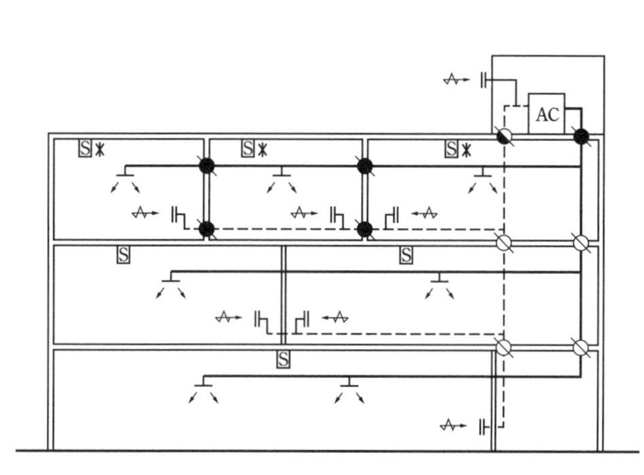

例−2

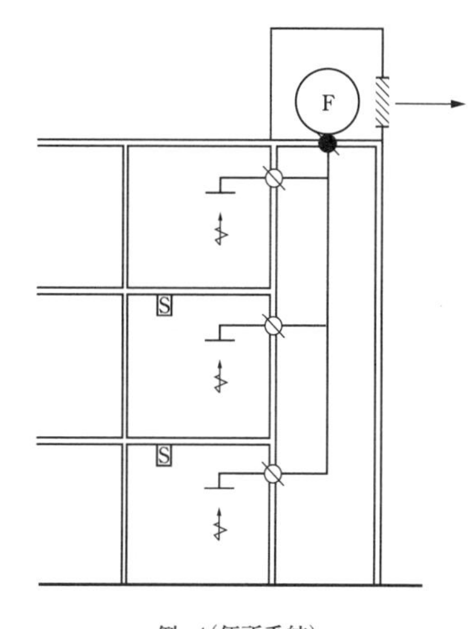

例−4(便所系統)

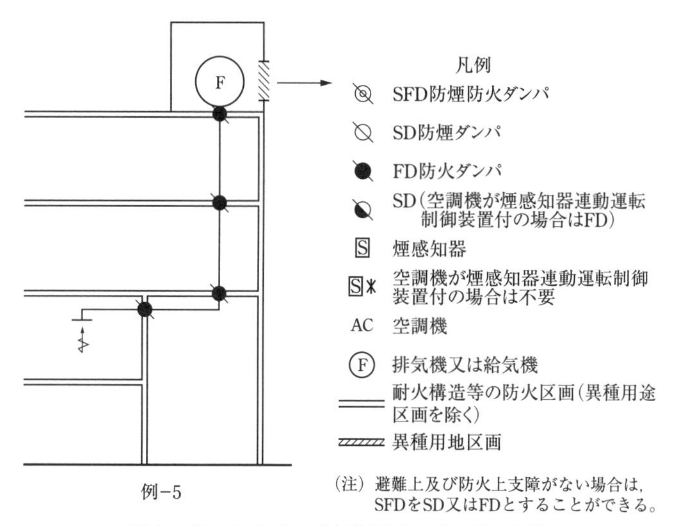

例−5

(注) 避難上及び防火上支障がない場合は，SFDをSD又はFDとすることができる。

図 2・13 防火ダンパと防煙ダンパの設置基準

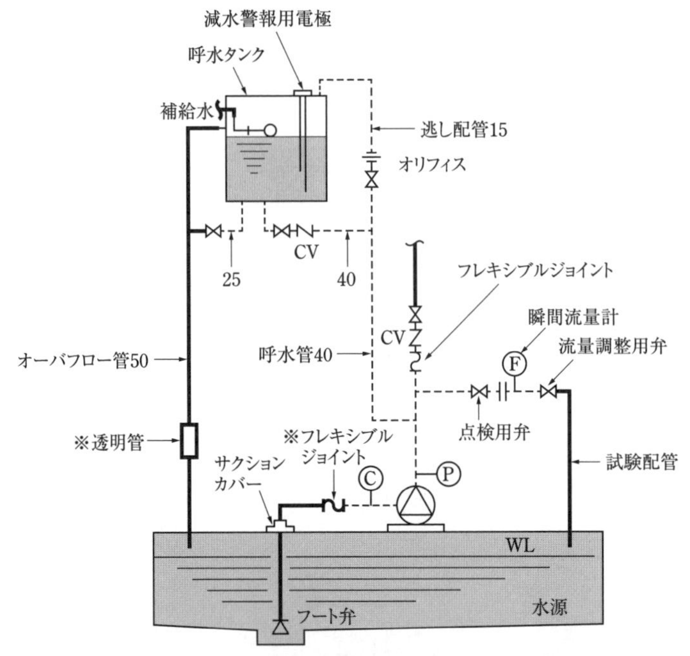

図2・14　ポンプを用いる加圧送水装置まわりの要領図

解　説　**消防法施行規則第十二条（屋内消火栓設備に関する基準の細目）**屋内消火栓設備の設置及び維持に関する技術上の基準の細目は，次のとおりとする。

七・ハ　ポンプを用いる加圧送水装置は，次の(イ)から(チ)までに定めるところによること（一部掲載）。

(ハ)　ポンプの吐出量が定格吐出量の150％である場合における全揚程は，定格全揚程の65％以上のものであること。

(ニ)　ポンプは，専用とすること。ただし，他の消火設備と併用又は兼用する場合において，それぞれの消火設備の性能に支障を生じないものにあっては，この限りでない。

(ホ)　ポンプには，その吐出側に圧力計，吸込側に連成計を設けること。

(ヘ)　加圧送水装置には，定格負荷運転時のポンプの性能を試験するための配管設備を設けること。

(ト)　加圧送水装置には，締切運転時における水温上昇防止のための逃し配管を設けること。

(チ)　原動機は，電動機によるものとすること。

2・2　ネットワーク工程表

2・2・1　ネットワーク工程表の概要

(1)　ネットワーク工程表とは

ネットワーク工程表は，建設工事現場において使用されている工程表の1つであり，主に建築工事・土木工事・管工事・電気工事など建設工事全般で利用されている。

ネットワーク工程表には次の特徴があり，施工管理者においては必須のスキルとなる。

① 工事全体の流れが明確にわかる。

② 工事が問題なく順調に進行した場合の施工期間が算出できる。

③ 多種多様な工事が複雑に絡み，並行して進捗する中，最も時間を要する工事ルートが明確にわかる。

④ 各工事の関連性（工事開始予定日・工事完了予定日）が明確にわかる。

(2)　ネットワーク工程表を作成するメリット

ネットワーク工程表を作成するメリットには，主に次があげられる。

① 工事の順番の可視化。

② 各工事に必要な日数の可視化。

ネットワーク工程表は，各工事に要する日数を可視化することができる。大きなプロジェクトになればなるほど工程が複雑になり，同時並行させる工事ルートが複数生じ，各工事ルートに要する日数も異なってくる。その場合，最も工事日数を要する工事ルートを重点的に管理することにより，その工事ルートの工事期間を短縮化することができ，他の工事ルートの待ち時間の削減にも繋がるため，工事全体の工期の短縮化が図れる。

また，工事日数が明確になることで近隣説明の際に根拠を提示しながら説明することができるという点も，ネットワーク工程表のメリットであるといえる。

③ 工事全体のスケジュールの可視化

ネットワーク工程表は工事全体の流れを可視化できるため，工事の進捗状況に応じた対策を取ることができる。

各工事工程や順番を一目で確認できると品質を保持し易くなり，工期の短縮にも繋がる。工程管理による工期の短縮化は原価管理にも貢献し，経費を削減して利益率を向上させる。また，天候の悪化や事故発生などのトラブルが生じた場合も，ネットワーク工程表において見直しなどの調整が行いやすく，工事現場の状況に合わせて作業順序の入れ替えや短縮できる工事などのプロセスを再構築できる。

2・2・2　ネットワーク工程表の基礎知識

ネットワーク工程表に関する問題を解くためには，使用する専門用語やネットワーク工程表作成のルールを把握しておく必要がある。

(1) 専門用語の説明

ネットワーク工程表を読み解くために必要な主な専門用語を**表2・1**に示す。

表2・1 主な専門用語とその意味

専門用語	専門用語の意味
イベント	・イベント番号 ①，②……をさす。 ・○の中には整数で記入，左から順に数字が入る。
アクティビティ	・作業内容でイベントとイベントをつなぐ矢線で表す。──►
ダミー	・架空作業の意味で作業の前後関係のみを表し，作業及び時間の要素は含まない。 ・破線矢印で表す。┈┈►
最早開始時刻（EST） Earliest Start Time	・各イベントにおいて，すべての先行作業が完了して，次の作業が最も早く開始できる時刻（日数）。[ ] で表す。
最早完了時刻（EFT） Earliest Finish Time	・最も早い完了可能時刻（日数）。
最遅開始時刻（LST） Latest Start Time	・この時刻までに作業を開始すれば，工期に遅れが発生しない時刻（日数）。〈 〉で表す。
最遅完了時刻（LFT） Latest Finish Time	・各イベントにおいて，所要時間内に作業が完了するために，すべての先行作業が遅くとも完了していなくてはならない時刻（日数）。
クリティカルパス	・全体工程の開始から完了までの所要時間が，最も長くなる経路。 ・最も重要で遅れることができない最重要経路（作業）。 ・クリティカルパスは，1ルートだけとは限らない。 ・最早開始時刻と最遅完了時刻が等しくなるイベントを通る。（トータルフロートが「0」のアクティビティの経路）
フロート	・それぞれ到達時間の異なる2つ以上の作業が1つのイベントに集まる時に，最も遅く到達する作業以外は，余裕時間があることになり，この余裕時間（日数）のこと。 ・フロートが「0」は，クリティカルパス上の経路。
トータルフロート	・作業の経路で，取ることのできる最も大きな余裕時間（日数）のこと。最大余裕時間（日数）。 ・トータルフロートが「0」は，クリティカルパス上の経路。
フリーフロート	・ある1つの作業を最早開始時刻で始めて完了させたあと，次の作業を最早開始時刻で始めるまでに存在する余裕時間（日数）。
フォローアップ	・工事の進捗状況を把握し，トラブルなどが発生した場合に工程に与える影響を考慮して対策（計画の修正）を適切に行う作業をいう。
リミットパス	・トータルフロートがマイナスの経路で，クリティカルパスを短縮した場合に，次のクリティカルパスになる可能性のある経路。 ・工期を短縮するためには，クリティカルパスだけでなく，リミットパスについても短縮する。
タイムスケール 表示形式の工程表	・タイムスケール（暦日目盛）に表示したネットワーク工程表。

専門用語	専門用語の意味
山積み図	・横軸に時間の経過を取り，縦軸にその時間に使用を割り当てられている資源（人員など）の数量を積み上げ棒グラフにした図（ヒストグラム）。
山崩し図	・山積み図の資源（人員など）の凹凸を割付けた人員などの不均衡を平滑化した図。

⑵　ネットワーク工程表の読み方

図2・15　ネットワーク工程表の例を使って読み方の解説をする。

図2・15　ネットワーク工程表の例

①　イベント①が作業の開始地点で，イベント②，③，④に向かって，同時にA，B及びCの作業を行い，4日，5日及び12日の所要日数で作業が完了する。

②　イベント②は，先行作業Aが完了してから，次の作業Dとイベント③への作業（ダミー）を同時に開始することができる。作業は左から右に，矢印の方向に進む。

③　イベント③は，先行作業A（ダミー）と先行作業Bが完了してから，次の作業Eを開始することができる。

④　イベント④は，先行作業Cが完了してから，次の作業Gとイベント⑤への作業（ダミー）を同時に開始することができる。

⑤　イベント⑤は，先行作業D，先行作業E及び先行作業C（ダミー）が完了してから，次の作業Fを開始することができる。

⑥　イベント⑥は，先行作業F，先行作業Gが完了したら工事完了となる。

2・2・3　演　習

Ⅰ．令和3年度の問題4のネットワーク工程表を用いて，演習を行う（**図2・16**）。

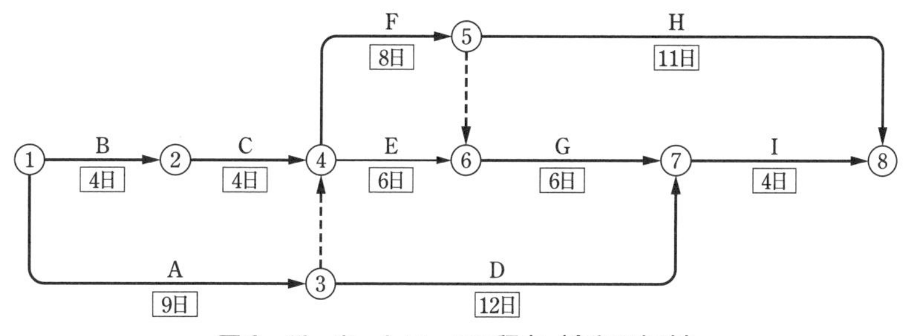

図2・16　ネットワーク工程表（令和3年度）

⑴　最早開始時刻（EST）

各イベントにおいて，すべての先行作業が完了していて，次の作業が最も早く開始できる時刻（日数）のこと。[　] で表す。

次の**表2・2**のように計算をする。

1) イベント①の最早開始時刻を0とする。

2) イベント②では，アクティビティは①→②となり，計算式は①の最早開始時刻0＋作業日数4＝4となり，最早開始時刻は4となる。

3) 同様にして，イベント③を求める。

4) イベント④では，アクティビティは2ルートあり，最早開始時刻は，2ルートの計算結果を比較して「**大きい数字**」とする。

5) 以下同様にして，各イベントの計算をする。

表2・2 最早開始時刻

イベント	作業内容	アクティビティ	計算	最早開始時刻
①				0
②	B	①→②	0+4=4	4
③	A	①→③	0+9=9	9
④	C ダミー	②→④ ③⇢④	4+4=8 9+0=9 } 9>8	9
⑤	F	④→⑤	9+8=17	17
⑥	E ダミー	④→⑥ ⑤⇢⑥	9+6=15 17+0=17 } 17>15	17
⑦	D G	③→⑦ ⑥→⑦	9+12=21 17+6=23 } 23>21	23
⑧	H I	⑤→⑧ ⑦→⑧	17+11=28 23+4=27 } 28>27	28

⑵ 最遅完了時刻（LFT）

各イベントにおいて，所要時間内に作業が完了するために，すべての先行作業が遅くとも完了していなくてはならない時刻（日数）のこと。また，この時刻までに作業を完了すれば，工期に遅れが発生しない時刻（日数）ともいえる。

次の**表2・3**のように計算をする。工期は28日である。

1) イベント⑧の最遅完了時を工期である28とし，最早開始時刻とは逆に前に戻りながら計算をする。

2) イベント⑦では，アクティビティは⑦→⑧となり，計算式は⑦の最遅完了時刻28－作業日数4＝24となり，最遅完了時刻は24となる。

3) 同様にして，イベント⑥を求める。

4) イベント⑤では，アクティビティは2ルートあり，最遅完了時刻は2ルートの計算結果を比較して「**小さい数字**」とする。

5) 以下同様にして，各イベントを計算する。

6) イベント①は，最遅完了時刻は0となる。0とならなければ，途中で計算ミスがあったことになる。

⑶ トータルフロート

作業の経路で，取ることのできる最も大きな余裕時間（日数）のこと。最大余裕時間（日数）

表２・３　最遅完了時刻

イベント	作業内容	アクティビティ	計算	最遅完了時刻
⑧				28
⑦	I	⑦→⑧	28−4=24	24
⑥	G	⑥→⑦	24−6=18	18
⑤	H ダミー	⑤→⑧ ⑤···→⑥	28−11=17 18−0=18 } 17<18	17
④	E F	④→⑥ ④→⑤	18−6=12 17−8=9 } 9<12	9
③	D ダミー	③→⑦ ③···→④	24−12=12 9−0=9 } 9<12	9
②	C	②→④	9−4=5	5
①	A B	①→③ ①→②	9−9=0 5−4=1 } 0<1	0

である。なお，余裕の範囲内で時間を自由に使っても，後続作業に影響を与えない余裕時間（日数）ともいえる。

トータルフロートは次の式で求められる。

> **トータルフロート＝**
> **後続イベント最遅完了時刻−（先行イベント最早開始時刻＋作業日数）**

⑴と⑵の計算結果を用いて，トータルフロートを計算する（**図２・４**）。

1）　作業内容Ｂアクティビティ①→②では，後続イベント②の最遅完了時刻は５，（先行イベント①の最早開始時刻＋作業Ｂの日数）は（0＋4）であるので，トータルフロートは，５−4＝1となる。

2）　以下同様にして，各作業内容を計算する。

表２・４　トータルフロートの計算

作業内容	アクティビティ	計算	トータルフロート
B	①→②	5−（0+4）	1
A	①→③	9−（0+9）	0
C	②→④	9−（4+4）	1
ダミー	③···→④	9−（9+0）	0
D	③→⑦	24−（9+12）	3
F	④→⑤	17−（9+８）	0
E	④→⑥	18−（9+6）	3
ダミー	⑤···→⑥	18−（17+0）	1
H	⑤→⑧	28−（17+11）	0
G	⑥→⑦	24−（17+6）	1
I	⑦→⑧	28−（23+4）	1

(4) クリティカルパス

a．一般的な方法

クリティカルパスは，最早開始時刻と最遅完了時刻が等しくなるイベントを通るルートである。トータルフロートが「0」のアクティビティの経路でもある。最も重要で遅れることができない最重要経路（作業）でもあり，全体工程の開始から完了までの所要時間が，最も長くなる経路である。なお，クリティカルパスは，1ルートだけとは限らないので注意すること。

(3)の**表2・4**トータルフロートの計算で，トータルフロートが「0」となるルートを探す。これが，クリティカルパスの経路である。

① 作業内容での表示　　　A→F→H

② アクティビティでの表示　①→③→④⇢⑤→⑧

ネットワーク工程表で示すと**図2・17**となる。太矢印はクリティカルパスを示す。

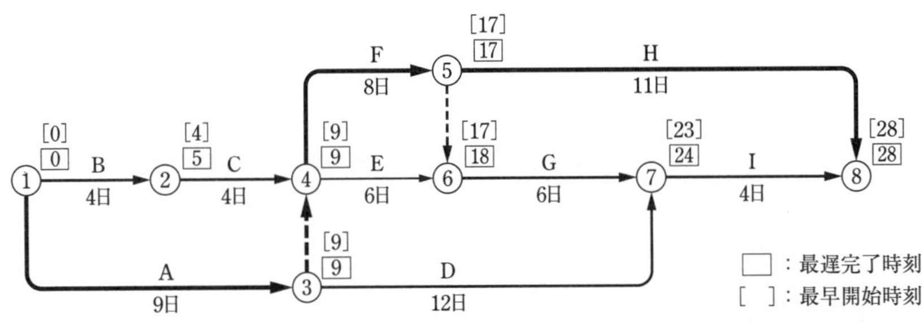

図2・17　ネットワーク工程表（クリティカルパス，最早開始時刻，最遅完了時刻）

b．安易に求める方法

最早開始時刻，最遅完了時刻を計算していたら時間を要するので，もっと簡単にクリティカルパスが求められないか？

クリティカルパスは，全体工程の開始から完了までの所要時間が，最も長くなる経路であることから，単純にイベント①からイベント⑧までのすべてのルートの所要日数を加算することで求められる（**表2・5**）。クリティカルパスはルート「ハ」である。

表2・5　すべてのルートの所要日数を単純に加算

ルート	経路	計算	所要日数
イ	①→②→④→⑤→⑧	4+4+8+11=27	27
ロ	①→②→④→⑤→⑥→⑦→⑧	4+4+8+6+4=26	26
ハ	①→③⇢④→⑤→⑧	9+8+11=28	28
ニ	①→③⇢④→⑤⇢⑥→⑦→⑧	9+8+6+4=27	27
ホ	①→③⇢④→⑥→⑦→⑧	9+6+6+4=25	25
ヘ	①→③→⑦→⑧	9+12+4=25	25

Ⅱ．令和元年度の問題４のネットワーク工程表を用いて，演習を行う（**図２・18**）。

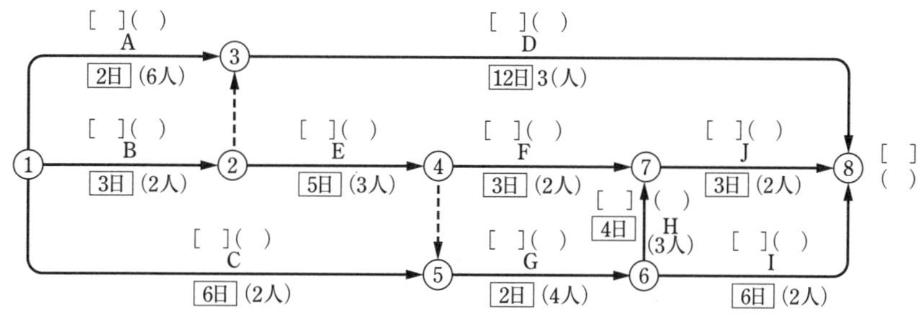

図２・18　ネットワーク工程表（令和元年度）

⑸　最遅開始時刻（LST）

各イベントにおいて，この時刻までに作業を開始すれば，工期に遅れが発生しない時刻（日数）のこと。

次の**表２・６**のように計算をする。工期は17日である。

1)　イベント⑧の最遅開始時刻を工期である17とし，最早開始時刻とは逆に前に戻りながら計算をする。

2)　イベント⑦では，アクティビティは⑦→⑧となり，計算式は⑧の最遅開始時刻17－作業日数３＝14となり，最遅開始時刻は14となる。

3)　同様にして，イベント⑥では，アクティビティは２ルートあり，最遅開始時刻はそれぞれの２ルートの計算結果とする。

4)　イベント④でも，アクティビティは２ルートあるが，ダミーに関しては最遅開始時刻を求めない。「－」で表示する。

5)　以下同様にして，各イベントを計算する。

表２・６　最遅開始時刻（LST）の計算

イベント	作業内容	アクティビティ	計算	最遅開始時刻
⑧				17
⑦	J	⑦→⑧	17－3＝14	14
⑥	I	⑥→⑧	17－6＝11	11
	H	⑥→⑦	14－4＝10	10
⑤	G	⑤→⑥	10－2＝8	8
④	F	④→⑦	14－3＝11	11
	ダミー	④⇢⑤	8－0＝8	－
③	D	③→⑧	17－12＝5	5
②	E	②→④	8－5＝3	3
	ダミー	②⇢③	５－0＝5	－
①	A	①→③	5－2＝3	3
	B	①→②	3－3＝0	0
	C	①→⑤	８－6＝2	2

(6) 山積み図

山積み図とは，横軸に時間の経過（月・週・日など）を取り，縦軸にその時間に使用を割り当てられている資源（人員・設備など）の数量を積み上げ棒グラフにした，ヒストグラムである。

プロジェクトでは，どの資源がどの時期にどれだけ必要になるかを事前に計画することが求められるので，これらの計画・管理活動に用いられるツールが山積み図である。

先ず，ゴールの実現に必要なすべての作業を洗い出し，それを実施するメンバー（人的資源）に割り当てる。割り当てられた作業を，作業内容・担当者・開始日・終了日・作業間の関連などを置き，横軸に日時（時間）をとって，工程計画（進捗状況などを視覚的に示す）を作成すると，同じ時期に作業が集中してしまう場合がある。これを避けるため，作業負荷の状況を把握する手法として山積み図が用いられる。

山積みの計算は要員計画の基本となるものである。山積みの出し方には，最早時刻の場合と，最遅時刻の場合の２つを行うことができる。その手順は次の通りである。

① 日程計算を行い，いつどういう職種の人員が何人必要かを表す。

② 日程計算の結果を最早時刻又は最遅時刻に合わせて，タイムスケールで表示する。

③ 縦軸の作業で必要な人員について集計する。

④ 山積み図を描く。

山積み図を作成したら，次にその期間ごとの生産能力を反映させた「能力線」を引く。この能力線から溢れている負荷は，負荷配分が必要となる。

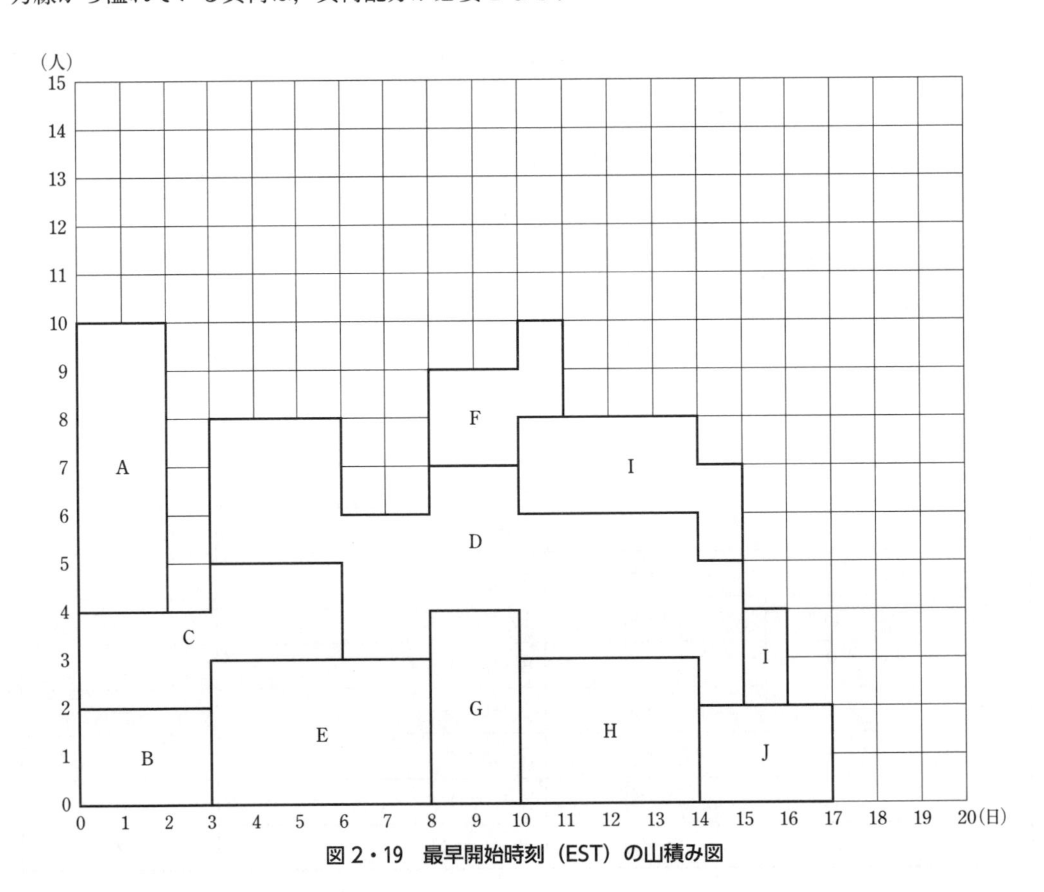

図２・19　最早開始時刻（EST）の山積み図

a．最早開始時刻（EST）の山積み図

クリティカルパスは，B→E→G→H→J　である。

山積み図（最早開始時刻）の作図手順を示す。

1）最下段の横軸の0を起点に，日程調整ができないクリティカルパスを左詰めして，作業の枠（作業日数と作業員数）で配置する。

2）1）の上に最早開始時刻の早い作業の順に，最早開始時刻に合わせ左詰めした作業の枠で積み上げる。

3）最早開始時刻が同じ作業は，作業日数が多い順に作業の枠で積み上げる。

図2・19に最早開始時刻（EST）の山積み図を示す。

b．最遅開始時刻（LST）の山積み図

山積み図（最遅開始時刻）の作図手順を示す。最早開始時刻（EST）の山積み図とは逆の工期日からの作図となる。

1）最下段の横軸の工期日（この例では17）を起点に，日程調整ができないクリティカルパスを逆方向の工期日から右詰めして，作業の枠（作業日数と作業員数）で配置する。結果的には，最早開始時刻（EST）の山積み図の最下段と同じになる。

2）1）の上に，最遅開始時刻の完了時刻に合わせて右詰めした作業の枠を積み上げる。

3）最遅開始時刻が同じ作業は，作業日数が多い順に作業の枠を積み上げる。

図2・20に最遅開始時刻（LST）の山積み図を示す。

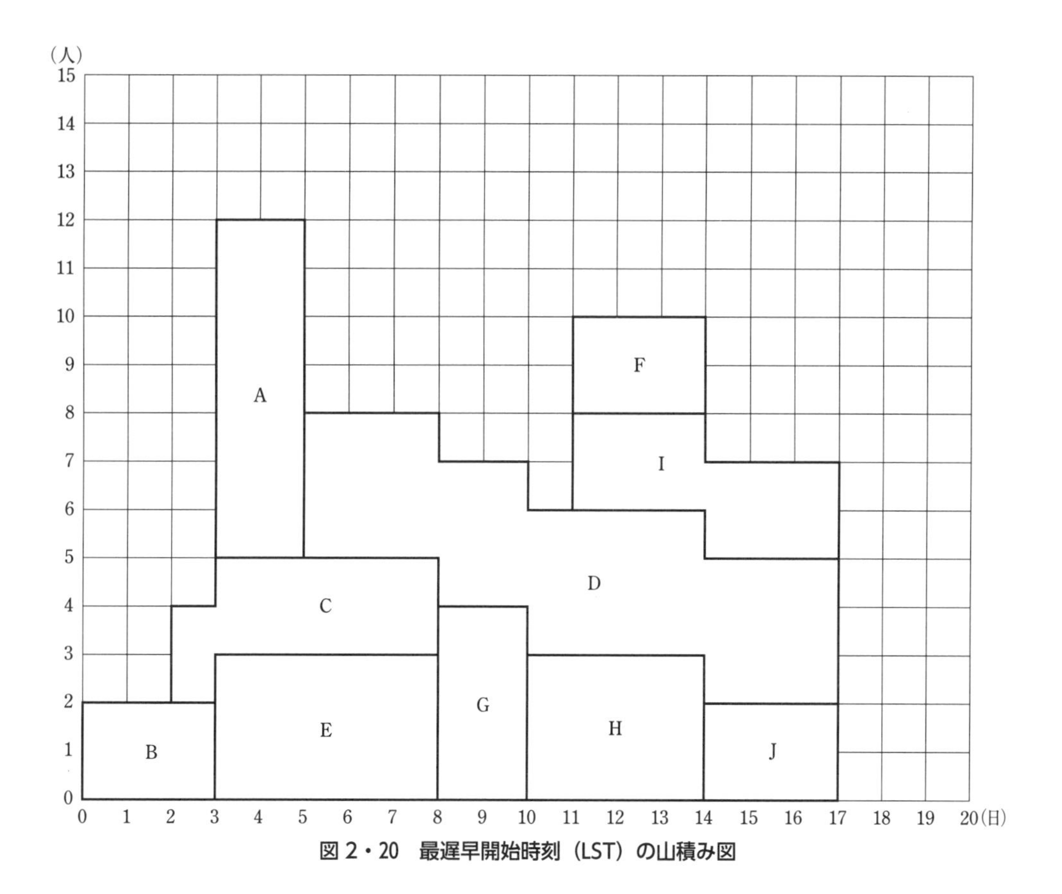

図2・20　最遅早開始時刻（LST）の山積み図

⑺　山崩し

山積み表を作成してみると，多くの場合凸凹があり極めて効率の悪い計画であることがわかる。その凸凹を平均化させるのが山崩しの目的である。山崩し計算は，日程計算でわかっている作業の余裕日数を利用して，いくつかの作業の開始を遅らせることで平均化を図ることになる。つまり，最早開始計画と最遅開始計画の間で，可能な範囲内で余裕を移動すればよい。

ここでは，**図２・20**最遅開始時刻（EST）の山積み図を基に，突出した作業を中心に作業の山崩しを行う。手順は次のとおりである。

1）　クリティカルパス経路以外の作業に対して山崩しを検討する。

2）　先ず，突出した作業Ａは，５日目までに完了していればよく，２日連続作業であるので１～２日目の作業にする。

3）　次に突出した作業Ｆは，８日目から14日目の間で，連続３日の作業であるので，作業Ｉとダブらないように前にずらす。

4）　作業Ｃは，そのままとする。

5）　作業Ｄは，３日目から17日目までの間で連続12日間の作業であるので，２日前にずらす。

6）　作業Ｉは，そのままとする。

図２・21に最遅開始時刻（LST）の山積み図を基にした山崩し図を示す。

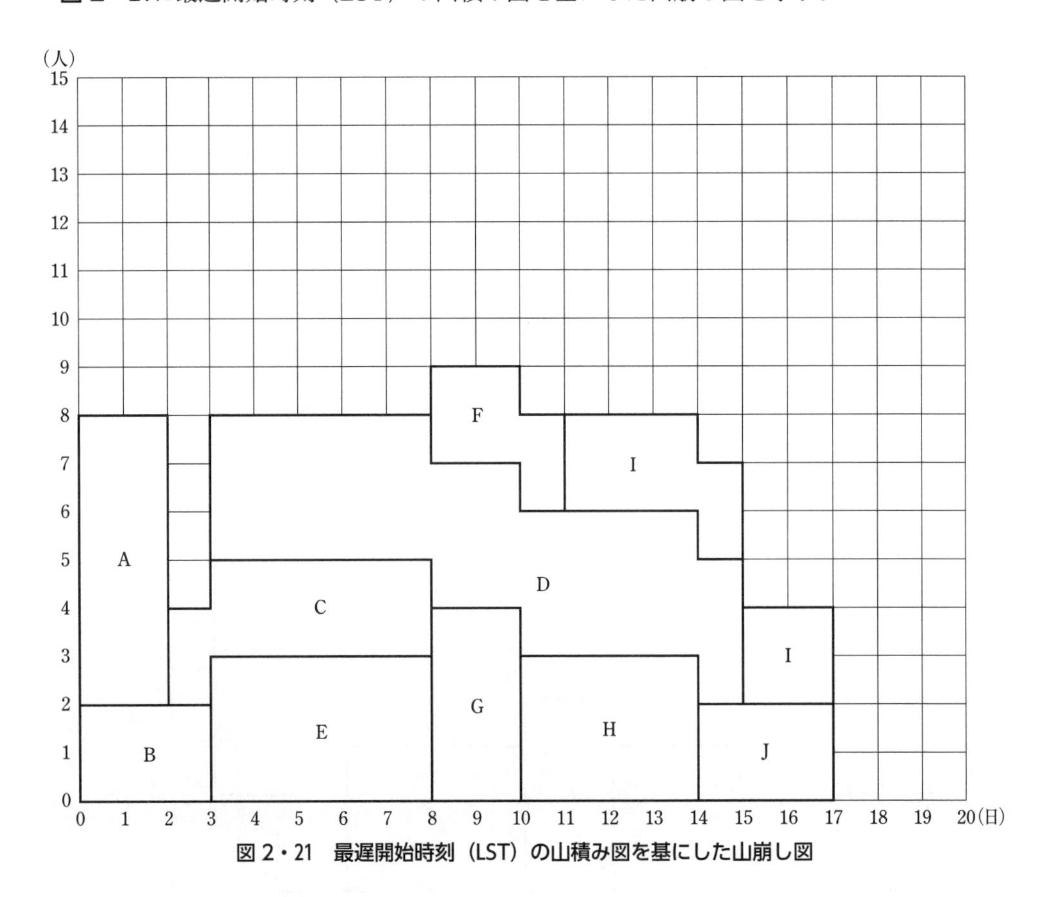

図２・21　最遅開始時刻（LST）の山積み図を基にした山崩し図

Ⅲ．令和２年度の問題４のネットワーク工程表を用いて，演習を行う（**図２・22**）。

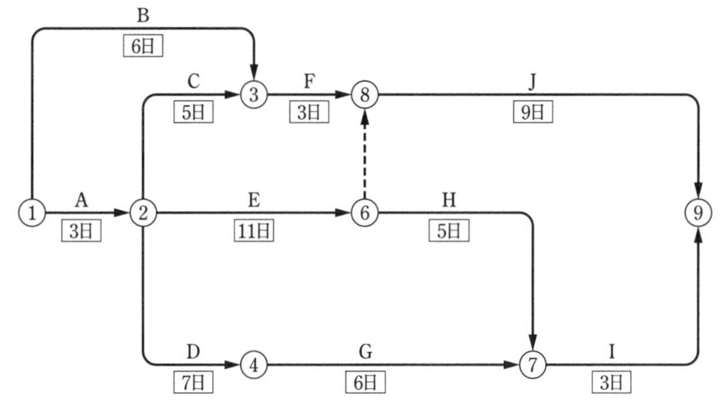

図２・22　ネットワーク工程表（令和２年度）

(8) タイムスケール表示形式の工程表

タイムスケール（暦日目盛）に表示したネットワーク工程表である。

a．最早計画（すべての作業を，最早開始時刻で開始して最早完了時刻で完了する）でのタイムスケール表示形式の工程表

作図は次による。

1）先ずクリティカルパスＡ→Ｅ→Ｊのイベントを暦日目盛で書く。

2）各イベントを余裕時間なしで，実線の矢印でつなぐ。

3）各作業共通で，最早開始とし実線の矢印でつなぐ。完了の後に余裕時間が出る場合，破線でつなぐ。これをフロートという。

図２・23に最早計画でのタイムスケール表示形式の工程表の一例を示す。

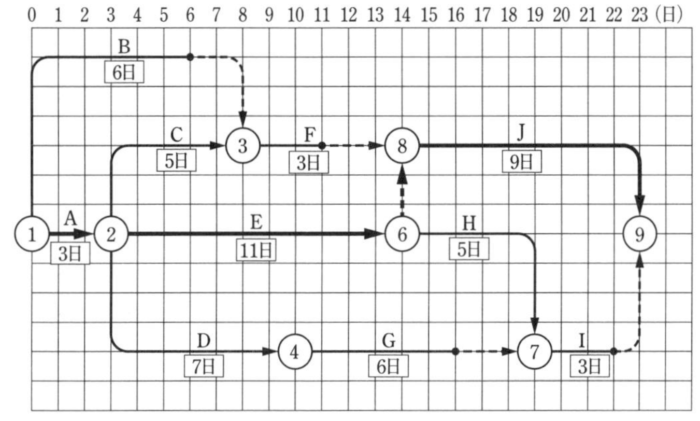

図２・23　最早計画でのタイムスケール表示形式の工程表の一例

b．最遅計画（すべての作業を，最遅開始時刻で開始して最遅完了時刻で完了する）でのタイムスケール表示形式の工程表

作図は次による。

1）先ずクリティカルパスＡ→Ｅ→Ｊのイベントを暦日目盛で書く。

2）各イベントを余裕時間なしで，実線の矢印でつなぐ。

3)　各作業共通で，最遅完了とし実線の矢印でつなぐ。開始の前に余裕時間が出る場合，破線でつなぐ。これをフロートという。

図 2・24に最早計画でのタイムスケール表示形式の工程表の一例を示す。

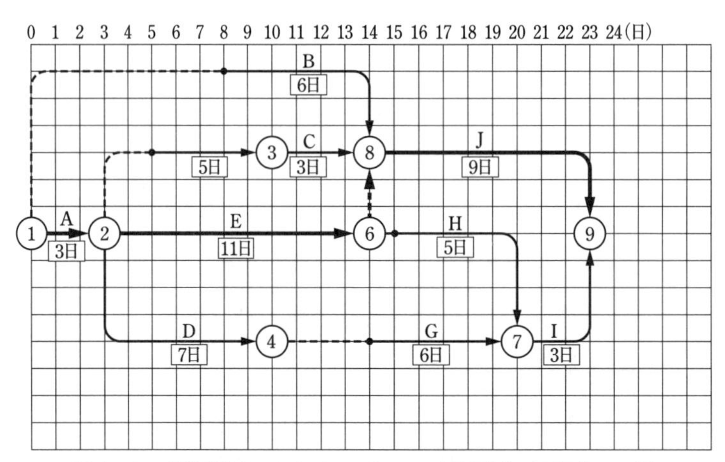

図 2・24　最遅計画でのタイムスケール表示形式の工程表の一例

2・3　法規（労働安全衛生法）

出題傾向

① 全問，「労働安全衛生法」に定められている語句又は数値が穴埋めとなっている問題であった。語句又は数値を正確にマスターする必要がある。

② 過去10年間に出題された穴埋め箇所を○○で示す。

2・3・1　特別教育を必要とする業務（R4・R1・H29・H27・H26）

⑴　安全衛生教育（法第五十九条）

事業者は，労働者を雇い入れたときは，当該労働者に対し，厚生労働省令で定めるところにより，その従事する業務に関する安全又は衛生のための教育を行なわなければならない。

2　前項の規定は，労働者の作業内容を変更したときについて準用する。

3　事業者は，危険又は有害な業務で，厚生労働省令で定めるものに労働者をつかせるときは，厚生労働省令で定めるところにより，当該業務に関する安全又は衛生のための特別の教育を行なわなければならない。

⑵　特別教育を必要とする業務（規則第三十六条）

法第五十九条第３項の厚生労働省令で定める危険又は有害な業務は，次のとおりとする（抜粋）。

一　研削といしの取替え又は取替え時の試運転の業務

二　動力により駆動されるプレス機械（以下「動力プレス」という。）の金型，シヤーの刃部又はプレス機械若しくはシヤーの安全装置若しくは安全囲いの取付け，取外し又は調整の業務

三　アーク溶接機を用いて行う金属の溶接，溶断等（以下「アーク溶接等」という。）の業務

六　制限荷重５トン未満の揚貨装置の運転の業務

十の四　建設工事の作業を行う場合における，ジャッキ式つり上げ機械の調整又は運転の業務

十の五　作業床の高さ（令第十条第四号の作業床の高さをいう。）が10m 未満の高所作業車の運転（道路上を走行させる運転を除く。）の業務

十一　動力により駆動される巻上げ機（電気ホイスト，エヤーホイスト及びこれら以外の巻上げ機でゴンドラに係るものを除く。）の運転の業務

十四　小型ボイラーの取扱いの業務

十五　次に掲げるクレーン（移動式クレーンを除く。）の運転の業務

　イ　つり上げ荷重が５トン未満のクレーン

　ロ　つり上げ荷重が５トン以上の跨線テルハ

十六　つり上げ荷重が１トン未満の移動式クレーンの運転（道路上を走行させる運転を除く。）の業務

十九　つり上げ荷重が１トン未満のクレーン，移動式クレーン又はデリックの玉掛けの業務

二十六　令別表第六に掲げる酸素欠乏危険場所における作業に係る業務

三十七　石綿障害予防規則（平成17年厚生労働省令第21号）第四条第１項に掲げる作業に係

る業務

三十九 足場の組立て，解体又は変更の作業に係る業務（地上又は堅固な床上における補助作業の業務を除く。）

四十一 高さが2m以上の箇所であって作業床を設けることが困難なところにおいて，墜落制止用器具のうちフルハーネス型のものを用いて行う作業に係る業務

受験のガイダンス
第1章 傾向分析
第2章 基礎知識
第3章 試験問題
第4章 経験記述

2・3・2 作業主任者（H29，H28，H27，H26）

(1) 作業主任者（法第十四条）

事業者は，高圧室内作業その他の労働災害を防止するための管理を必要とする作業で，政令で定めるものについては，都道府県労働局長の免許を受けた者又は都道府県労働局長の登録を受けた者が行う技能講習を修了した者のうちから，厚生労働省令で定めるところにより，当該作業の区分に応じて，作業主任者を選任し，その者に当該作業に従事する労働者の指揮その他の厚生労働省令で定める事項を行わせなければならない。

(2) 作業主任者を選任すべき作業（令第六条）

法第十四条の政令で定める作業は，次のとおりとする（抜粋）。

二 アセチレン溶接装置又はガス集合溶接装置を用いて行う金属の溶接，溶断又は加熱の作業

四 ボイラー（小型ボイラーを除く。）の取扱いの作業

九 掘削面の高さが2m以上となる地山の掘削（ずい道及びたて坑以外の坑の掘削を除く。）の作業（第十一号に掲げる作業を除く。）

十 土止め支保工の切りばり又は腹起こしの取付け又は取り外しの作業

十四 型枠支保工（支柱，はり，つなぎ，筋かい等の部材により構成され，建設物におけるスラブ，桁等のコンクリートの打設に用いる型枠を支持する仮設の設備をいう。以下同じ。）の組立て又は解体の作業

十五 つり足場（ゴンドラのつり足場を除く。以下同じ。），張出し足場又は高さが5m以上の構造の足場の組立て，解体又は変更の作業

十七 第一種圧力容器（小型圧力容器及び次に掲げる容器を除く。）の取扱いの作業

イ 第一条第五号イに掲げる容器で，内容積が5 m^3 以下のもの

ロ 第一条第五号ロからニまでに掲げる容器で，内容積が1 m^3 以下のもの

十八 別表第三に掲げる特定化学物質を製造し，又は取り扱う作業

十九 別表第四第一号から第十号までに掲げる鉛業務（遠隔操作によって行う隔離室におけるものを除く。）に係る作業

二十一 別表第六に掲げる酸素欠乏危険場所における作業

二十二 屋内作業場又はタンク，船倉若しくは坑の内部その他の厚生労働省令で定める場所において別表第六の二に掲げる有機溶剤（当該有機溶剤と当該有機溶剤以外の物との混合物で，当該有機溶剤を当該混合物の重量の5％を超えて含有するものを含む。第二十一条第十号及び第二十二条第1項第六号において同じ。）を製造し，又は取り扱う業務で，厚生労働省令で定めるものに係る作業

二十三 石綿若しくは石綿をその重量の0.1％を超えて含有する製剤その他の物を取り扱う作業（試験研究のため取り扱う作業を除く。）又は石綿等を試験研究のため製造する作業若し

くは第十六条第１項第四号イからハまでに掲げる石綿で同号の厚生労働省令で定めるもの若しくはこれらの石綿をその重量の0.1％を超えて含有する製剤その他の物を製造する作業

⑶　作業主任者の選任（規則第十六条）

法第十四条の規定による作業主任者の選任は，別表第一の上欄に掲げる作業の区分に応じて，同表の中欄に掲げる資格を有する者のうちから行なうものとし，その作業主任者の名称は，同表の下欄に掲げるとおりとする。

別表第一（規則第十六条，規則第十七条関係）（抜粋）

作業の区分	資格を有する者	名称
令第六条第二号の作業	ガス溶接作業主任者免許を受けた者	ガス溶接作業主任者
令第六条第四号の作業のうち取扱うボイラーの伝熱面積の合計が$500m^2$以上の場合における当該ボイラーの取扱いの作業	特級ボイラー技士免許を受けた者	ボイラー取扱作業主任者
令第六条第四号の作業のうち取扱うボイラーの伝熱面積の合計が$25m^2$以上$500m^2$未満の場合における当該ボイラーの取扱いの作業	特級ボイラー技士免許又は一級ボイラー技士免許を受けた者	
令第六条第四号の作業のうち取扱うボイラーの伝熱面積の合計が$25m^2$未満の場合における当該ボイラーの取扱い作業	特級ボイラー技士免許，一級ボイラー技士免許又は二級ボイラー技士免許を受けた者	
令第六条第四号の作業のうち令第二十条第五号イからニまでに掲げるボイラーのみを取り扱う作業	特級ボイラー技士免許，一級ボイラー技士免許若しくは二級ボイラー技士免許を受けた者又はボイラー取扱技能講習を修了した者	
令第六条第九号の作業	地山の掘削及び土止め支保工作業主任者技能講習を修了した者	地山の掘削作業主任者
令第六条第十号の作業	地山の掘削及び土止め支保工作業主任者技能講習を修了した者	土止め支保工作業主任者
令第六条第十四号の作業	型枠支保工の組立て等作業主任者技能講習を修了した者	型枠支保工の組立て等作業主任者
令第六条第十五号の作業	足場の組立て等作業主任者技能講習を修了した者	足場の組立て等作業主任者
令第六条第十七号の作業のうち化学設備に係る第一種圧力容器の取扱いの作業	化学設備関係第一種圧力容器取扱作業主任者技能講習を修了した者	第一種圧力容器取扱作業主任者

作業の区分	資格を有する者	名称
令第六条第十七号の作業のうち化学設備に係る第一種圧力容器の取扱いの作業以外の作業	特級ボイラー技士免許，一級ボイラー技士免許若しくは二級ボイラー技士免許を受けた者又は化学設備関係第一種圧力容器取扱作業主任者技能講習若しくは普通第一種圧力容器取扱作業主任者技能講習を修了した者	
令第六条第十八号の作業のうち，次の項に掲げる作業以外の作業	特定化学物質及び四アルキル鉛等作業主任者技能講習を修了した者	特定化学物質作業主任者
令第六条第十八号の作業のうち，特別有機溶剤又は令別表第三第二号37に掲げる物で特別有機溶剤に係るものを製造し，又は取り扱う作業	有機溶剤作業主任者技能講習を修了した者	特定化学物質作業主任者（特別有機溶剤等関係）
令第六条第二十一号の作業のうち，次の項に掲げる作業以外の作業	酸素欠乏危険作業主任者技能講習又は酸素欠乏・硫化水素危険作業主任者技能講習を修了した者	酸素欠乏危険作業主任者
令第六条第二十一号の作業のうち，令別表第六第三号の三，第九号又は第十二号に掲げる酸素欠乏危険場所における作業	酸素欠乏・硫化水素危険作業主任者技能講習を修了した者	
令第六条第二十二号の作業	有機溶剤作業主任者技能講習を修了した者	有機溶剤作業主任者
令第六条第二十三号の作業	石綿作業主任者技能講習を修了した者	石綿作業主任者

2・3・3　総括安全衛生管理者（R5，R1，H29，H27）

事業者は，一定の規模以上の事業場ごとに，当該事業場の事業の実施を統括管理する者の中から，総括安全衛生管理者を選任しなければなりない。

(1)　総括安全衛生管理者（法第十条）

事業者は，政令で定める規模の事業場ごとに，厚生労働省令で定めるところにより，総括安全衛生管理者を選任し，その者に安全管理者，衛生管理者又は第二十五条の二第２項の規定により技術的事項を管理する者の指揮をさせるとともに，次の業務を統括管理させなければならない。

一　労働者の危険又は健康障害を防止するための措置に関すること。

二　労働者の安全又は衛生のための教育の実施に関すること。

三　健康診断の実施その他健康の保持増進のための措置に関すること。

四　労働災害の原因の調査及び再発防止対策に関すること。

(2)　総括安全衛生管理者を選任すべき事業場（令第二条）

労働安全衛生法第十条第１項の政令で定める規模の事業場は，次の各号に掲げる業種の区分に応じ，常時当該各号に掲げる数以上の労働者を使用する事業場とする。

一　林業，鉱業，建設業，運送業及び清掃業　100人

二　製造業（物の加工業を含む。），電気業，ガス業，熱供給業，水道業，通信業，各種商品卸売業，家具・建具・じゅう器等卸売業，各種商品小売業，家具・建具・じゅう器小売業，燃料小売業，旅館業，ゴルフ場業，自動車整備業及び機械修理業　300人

三　その他の業種　1000人

2・3・4　安全管理者，衛生管理者，安全衛生推進者，産業医（R5，H26）

(1)　安全管理者（法第十一条）

事業者は，政令で定める業種及び規模の事業場ごとに，厚生労働省令で定める資格を有する者のうちから，厚生労働省令で定めるところにより，安全管理者を選任し，その者に前条第１項各号の業務のうち安全に係る技術的事項を管理させなければならない。

(2)　安全管理者を選任すべき事業場（規則第三条）

法第十一条第１項の政令で定める業種及び規模の事業場は，前条第一号又は第二号に掲げる業種の事業場で，常時50人以上の労働者を使用するものとする。

(3)　衛生管理者（法第十二条）

事業者は，政令で定める規模の事業場ごとに，都道府県労働局長の免許を受けた者その他厚生労働省令で定める資格を有する者のうちから，厚生労働省令で定めるところにより，当該事業場の業務の区分に応じて，衛生管理者を選任し，その者に第十条第１項各号の業務のうち衛生に係る技術的事項を管理させなければならない。

(4)　安全衛生推進者等（法第十二条の二）

事業者は，第十一条第１項の事業場及び前条第１項の事業場以外の事業場で，厚生労働省令で定める規模のものごとに，厚生労働省令で定めるところにより，安全衛生推進者を選任し，その者に第十条第１項各号の業務を担当させなければならない。

(5)　産業医等（法第十三条）

事業者は，政令で定める規模の事業場ごとに，厚生労働省令で定めるところにより，医師のうちから産業医を選任し，その者に労働者の健康管理その他の厚生労働省令で定める事項（労働者の健康管理等）を行わせなければならない。

(6)　衛生管理者の定期巡視及び権限の付与（規則第十一条）

衛生管理者は，少なくとも毎週１回作業場等を巡視し，設備，作業方法又は衛生状態に有害のおそれがあるときは，直ちに，労働者の健康障害を防止するため必要な措置を講じなければならない。

2・3・5　安全委員会（H29，H28，H26）

(1)　安全委員会（法第十七条）

事業者は，政令で定める業種及び規模の事業場ごとに，次の事項を調査審議させ，事業者に対し意見を述べさせるため，安全委員会を設けなければならない。

一　労働者の危険を防止するための基本となるべき対策に関すること。
二　労働災害の原因及び再発防止対策で，安全に係るものに関すること。
三　前二号に掲げるもののほか，労働者の危険の防止に関する重要事項

(2)　安全委員会を設けるべき事業場（令第八条）

法第十七条第1項の政令で定める業種及び規模の事業場は，次の各号に掲げる業種の区分に応じ，常時当該各号に掲げる数以上の労働者を使用する事業場とする。

一　林業，鉱業，建設業，製造業のうち木材・木製品製造業，化学工業，鉄鋼業，金属製品製造業及び輸送用機械器具製造業，運送業のうち道路貨物運送業及び港湾運送業，自動車整備業，機械修理業並びに清掃業　50人

(3)　衛生委員会を設けるべき事業場（令第九条）

法第十八条第1項の政令で定める規模の事業場は，常時50人以上の労働者を使用する事業場とする。

(4)　委員会の会議（規則第二十三条）

事業者は，安全委員会，衛生委員会又は安全衛生委員会（委員会）を毎月1回以上開催するようにしなければならない。

3　事業者は，委員会の開催の都度，遅滞なく，委員会における議事の概要を次に掲げるいずれかの方法によって労働者に周知させなければならない。

4　事業者は，委員会の開催の都度，次に掲げる事項を記録し，これを3年間保存しなければならない。

一　委員会の意見及び当該意見を踏まえて講じた措置の内容
二　前号に掲げるもののほか，委員会における議事で重要なもの

2・3・6　就業制限（R1，H30，H27）

(1)　就業制限（法第六十一条）

事業者は，クレーンの運転その他の業務で，政令で定めるものについては，都道府県労働局長の当該業務に係る免許を受けた者又は都道府県労働局長の登録を受けた者が行う当該業務に係る技能講習を修了した者その他厚生労働省令で定める資格を有する者でなければ，当該業務に就かせてはならない。

2　前項の規定により当該業務につくことができる者以外の者は，当該業務を行なつてはならない。

(2)　就業制限に係る業務（令第二十条）

法第六十一条第1項の政令で定める業務は，次のとおりとする。

二　制限荷重が5トン以上の揚貨装置の運転の業務
三　ボイラー（小型ボイラーを除く。）の取扱いの業務
五　ボイラー（小型ボイラー及び次に掲げるボイラーを除く。）又は第六条第十七号の第一種圧力容器の整備の業務
六　つり上げ荷重が5トン以上のクレーン（跨線テルハを除く。）の運転の業務
七　つり上げ荷重が1トン以上の移動式クレーンの運転の業務
十　可燃性ガス及び酸素を用いて行なう金属の溶接，溶断又は加熱の業務

十一　最大荷重（フォークリフトの構造及び材料に応じて基準荷重中心に負荷させることができる最大の荷重をいう。）が1トン以上のフォークリフトの運転（道路上を走行させる運転を除く。）の業務

十五　作業床の高さが10m以上の高所作業車の運転（道路上を走行させる運転を除く。）の業務

十六　制限荷重が1トン以上の揚貨装置又はつり上げ荷重が1トン以上のクレーン，移動式クレーン若しくはデリックの玉掛けの業務

2・3・7　統括安全衛生責任者（R5）

統括安全衛生責任者は，特定元方事業所にあって，複数の関係請負人の労働者が混在する場所等で労働災害防止に関して指揮及び統括管理を行う必要がある。

⑴　統括安全衛生責任者（法第十五条）

事業者で，一の場所において行う事業の仕事の一部を請負人に請け負わせているもの（元方事業者：当該事業の仕事の一部を請け負わせる契約が二以上あるため，その者が二以上あることとなるときは，当該請負契約のうちの最も先次の請負契約における注文者とする。）のうち，建設業その他政令で定める業種に属する事業（特定事業）を行う者（特定元方事業者）は，その労働者及びその請負人（関係請負人：元方事業者の当該事業の仕事が数次の請負契約によって行われるときは，当該請負人の請負契約の後次のすべての請負契約の当事者である請負人を含む。）の労働者が当該場所において作業を行うときは，これらの労働者の作業が同一の場所において行われることによって生ずる労働災害を防止するため，統括安全衛生責任者を選任し，その者に元方安全衛生管理者の指揮をさせるとともに，第三十条第一項各号の事項を統括管理させなければならない。ただし，これらの労働者の数が政令で定める数未満であるときは，この限りでない。

⑵　安全衛生責任者（法第十六条）

第十五条第1項又は第3項の場合において，これらの規定により統括安全衛生責任者を選任すべき事業者以外の請負人で，当該仕事を自ら行うものは，安全衛生責任者を選任し，その者に統括安全衛生責任者との連絡その他の厚生労働省令で定める事項を行わせなければならない。

2・3・8　元方安全衛生管理者（R5，H28）

⑴　元方安全衛生管理者（法第十五条の二）

前条第1項又は第3項の規定により統括安全衛生責任者を選任した事業者で，建設業その他政令で定める業種に属する事業を行うものは，厚生労働省令で定める資格を有する者のうちから，厚生労働省令で定めるところにより，元方安全衛生管理者を選任し，その者に第三十条第1項各号の事項のうち技術的事項を管理させなければならない。

2・3・9　特定元方事業者等の講ずべき措置（H27）

⑴　特定元方事業者等の講ずべき措置（法第三十条）

特定元方事業者は，その労働者及び関係請負人の労働者の作業が同一の場所において行われることによって生ずる労働災害を防止するため，次の事項に関する必要な措置を講じなければならない。

一　協議組織の設置及び運営を行うこと。
二　作業間の連絡及び調整を行うこと。
三　作業場所を巡視すること。
四　関係請負人が行う労働者の安全又は衛生のための教育に対する指導及び援助を行うこと。

(2)　作業場所の巡視（規則第六百三十七条）

特定元方事業者は，法第三十条第１項第三号の規定による巡視については，毎作業日に少なくとも１回，これを行なわなければならない。

2・3・10　安全規則等（R4，R3，H29，H28，H26）

(1)　架設通路（規則第五百五十二条）

事業者は，架設通路については，次に定めるところに適合したものでなければ使用してはならない。

一　丈夫な構造とすること。
二　勾配は，35度以下とすること。ただし，階段を設けたもの又は高さが２m未満で丈夫な手掛を設けたものはこの限りでない。
三　勾配が15度を超えるものには，踏桟その他の滑止めを設けること。
四　墜落の危険のある箇所には，次に掲げる設備（丈夫な構造の設備であって，たわみが生ずるおそれがなく，かつ，著しい損傷，変形又は腐食がないものに限る。）を設けること。
　イ　高さ85cm以上の手すり又はこれと同等以上の機能を有する設備（以下「手すり等」という。）
　ロ　高さ35cm以上，50cm以下の桟又はこれと同等以上の機能を有する設備（以下「中桟等」という。）
五　たて坑内の架設通路でその長さが15m以上であるものは，10m以内ごとに踊場を設けること。
六　建設工事に使用する高さ８m以上の登り桟橋には，７m以内ごとに踊場を設けること。

(2)　作業床（規則第五百六十三条）

事業者は，足場（一側足場を除く。）における高さ２m以上の作業場所には，次に定めるところにより，作業床を設けなければならない。

二　つり足場の場合を除き，幅，床材間の隙間及び床材と建地との隙間は，次に定めるところによること。
　イ　幅は，40cm以上とすること。
　ロ　床材間の隙間は，３cm以下とすること。
　ハ　床材と建地との隙間は，12cm未満とすること。

(3)　ガス等の容器の取扱い（規則第二百六十三条）

事業者は，ガス溶接等の業務に使用するガス等の容器については，次に定めるところによらなければならない。

一　次の場所においては，設置し，使用し，貯蔵し，又は放置しないこと。
　イ　通風又は換気の不十分な場所
　ロ　火気を使用する場所及びその附近

ハ　火薬類，危険物その他の爆発性若しくは発火性の物又は多量の易燃性の物を製造し，又は取り扱う場所及びその附近

二　容器の温度を40℃以下に保つこと。

三　転倒のおそれがないように保持すること。

四　衝撃を与えないこと。

五　運搬するときは，キャップを施すこと。

六　使用するときは，容器の口金に付着している油類及びじんあいを除去すること。

七　バルブの開閉は，静かに行なうこと。

八　溶解アセチレンの容器は，立てて置くこと。

九　使用前又は使用中の容器とこれら以外の容器との区別を明らかにしておくこと。

⑷　墜落防止用器具（R4）

「安全帯の規格」を改正した新規格「墜落制止用器具の規格」の告示

厚生労働大臣は，労働者の墜落を制止する器具（墜落制止用器具）の安全性の向上と適切な使用を図るため，「安全帯の規格」（平成14年厚生労働省告示第38号。以下「旧規格」）の全てを改正し，本日，「墜落制止用器具の規格」（平成31年厚生労働省告示第11号。以下「新規格」）として告示しました。

この新規格は，平成30年６月に公布された関係政省令等の施行日と合わせて，平成31年２月１日に施行されます。そのため，施行日以降に製造・使用される墜落制止用器具は，原則として新規格に適合する必要があります。

【「墜落制止用器具の規格」概要】

・定義：フルハーネス，胴ベルト等の用語を定義します。

・使用制限：

⑴　6.75m を超える高さの箇所で使用する墜落制止用器具はフルハーネス型のものでなければならないこと。

⑵　墜落制止用器具は，着用者の体重とその装備品の質量の合計に耐えるものであること。

⑶　ランヤードは，作業箇所の高さ・取付設備等の状況に応じ，適切なものでなければならないこと。

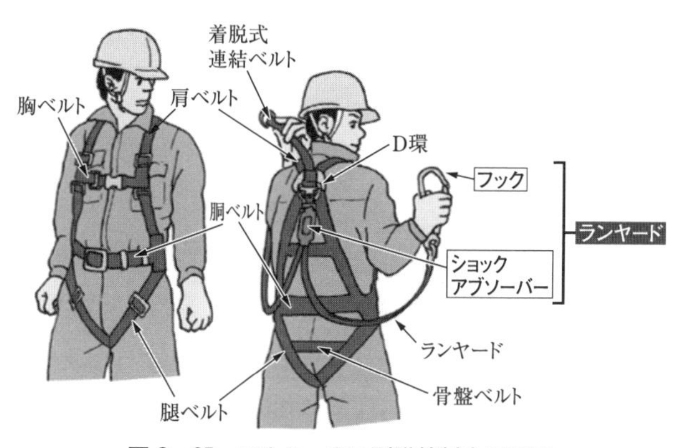

図２・25　フルハーネス型墜落制止用器具

・構造，部品の強度，材料，部品の形状，部品の接続：墜落制止用器具の構造，部品の強度，材料，部品の形状，部品の接続について，求められる要件とそれを確認するための試験方法等を定めます。
・耐衝撃性等：墜落制止用器具とその部品に求められる耐衝撃性等を確認するための試験方法等を定めます。
・表示：墜落制止用器具とその部品に求められる表示の内容を定めます。
・特殊な構造の墜落制止用器具等：特殊な構造の墜落制止用器具または国際規格等に基づき製造された墜落制止用器具に対する本規格の規定の適用除外について定めます。

2・3・11　石綿障害予防規則（R3，R2，H30）

⑴　作業に係る設備等（石綿障害予防規則第十二条）

事業者は，石綿等の粉じんが発散する屋内作業場については，当該粉じんの発散源を密閉する設備，局所排気装置又はプッシュプル型換気装置を設けなければならない。ただし，当該粉じんの発散源を密閉する設備，局所排気装置若しくはプッシュプル型換気装置の設置が著しく困難なとき，又は臨時の作業を行うときは，この限りでない。

⑵　石綿作業主任者の職務（石綿障害予防規則第二十条）

事業者は，石綿作業主任者に次の事項を行わせなければならない。

一　作業に従事する労働者が石綿等の粉じんにより汚染され，又はこれらを吸入しないように，作業の方法を決定し，労働者を指揮すること。

二　局所排気装置，プッシュプル型換気装置，除じん装置その他労働者が健康障害を受けることを予防するための装置を1月を超えない期間ごとに点検すること。

三　保護具の使用状況を監視すること。

⑶　定期自主検査（石綿障害予防規則第二十二条）

事業者は，前条各号に掲げる装置については，1年以内ごとに1回，定期に，次の各号に掲げる装置の種類に応じ，当該各号に掲げる事項について自主検査を行わなければならない。ただし，1年を超える期間使用しない同条の装置の当該使用しない期間においては，この限りでない。

⑷　定期自主検査の記録（石綿障害予防規則第二十三条）

事業者は，前条の自主検査を行ったときは，次の事項を記録し，これを3年間保存しなければならない。

一　検査年月日

二　検査方法

三　検査箇所

四　検査の結果

五　検査を実施した者の氏名

六　検査の結果に基づいて補修等の措置を講じたときは，その内容

⑸　作業の記録（石綿障害予防規則第三十五条）

事業者は，石綿等の取扱い若しくは試験研究のための製造又は石綿分析用試料等の製造に伴い石綿等の粉じんを発散する場所において常時作業に従事する労働者について，1月を超えない期間ごとに次の事項を記録し，これを当該労働者が当該事業場において常時当該作業に従事しない

こととなった日から40年間保存するものとする。

2・3・12　酸素欠乏症等防止規則（R2，H30，H28）

⑴　定義（酸素欠乏症等防止規則第二条）

この省令において，次の各号に掲げる用語の意義は，それぞれ当該各号に定めるところによる。

一　酸素欠乏　空気中の酸素の濃度が18%未満である状態をいう。

二　酸素欠乏等　前号に該当する状態又は空気中の硫化水素の濃度が100万分の10を超える状態をいう。

三　酸素欠乏症　酸素欠乏の空気を吸入することにより生ずる症状が認められる状態をいう。

⑵　作業環境測定等（酸素欠乏症等防止規則第三条）

事業者は，令第二十一条第九号に掲げる作業場について，その日の作業を開始する前に，当該作業場における空気中の酸素（第二種酸素欠乏危険作業に係る作業場にあつては，酸素及び硫化水素）の濃度を測定しなければならない。

2　事業者は，前項の規定による測定を行つたときは，そのつど，次の事項を記録して，これを３年間保存しなければならない。

2・3・13　クレーン等安全規則（R2）

⑴　定格荷重の表示等（クレーン等安全規則第七十条の二）

事業者は，移動式クレーンを用いて作業を行うときは，移動式クレーンの運転者及び玉掛けをする者が当該移動式クレーンの定格荷重を常時知ることができるよう，表示その他の措置を講じなければならない。

⑵　定期自主検査（クレーン等安全規則第七十六条）

事業者は，移動式クレーンを設置した後，１年以内ごとに１回，定期に，当該移動式クレーンについて自主検査を行なわなければならない。ただし，１年をこえる期間使用しない移動式クレーンの当該使用しない期間においては，この限りでない。

2・3・14　暑さ指数（WBGT）（R1）

暑さ指数（WBGT）＝0.7×湿球温度＋0.3×黒球温度＋0.1×乾球温度

・湿球温度：湿度が低い程水分の蒸発により気化熱が大きくなることを利用した，空気の湿り具合を示す温度。湿球温度は湿度が高い時に乾球温度に近づき，湿度が低い時に低くなる。

・黒球温度：黒色に塗装した中空の銅球で計測した温度。日射や高温化した路面からの輻射熱の強さ等により，黒球温度は高くなる。

・乾球温度：通常の温度計が示す温度，いわゆる気温のこと。

・暑さ指数（WBGT）の単位は，摂氏度〔℃〕である。

熱中症を引き起こす条件として「気温」は重要ですが，わが国の夏のように蒸し暑い状況では，気温だけでは熱中症のリスクは評価できません。暑さ指数（WBGT：Wet Bulb Globe Temperature：湿球黒球温度）は，人体と外気との熱のやりとり（熱収支）に着目し，気温，湿度，日射・輻射，風の要素をもとに算出する指標として，特に労働や運動時の熱中症予防に用いられている。

第３章　過去10年間の試験問題と模範解答

▼

３・１　令和５年度試験問題 ……………………………………56
３・２　令和４年度試験問題 ……………………………………73
３・３　令和３年度試験問題 ……………………………………91
３・４　令和２年度試験問題 ……………………………………110
３・５　令和元年度試験問題 ……………………………………125
３・６　平成30年度試験問題 ……………………………………142
３・７　平成29年度試験問題 ……………………………………154
３・８　平成28年度試験問題 ……………………………………165
３・９　平成27年度試験問題 ……………………………………178
３・10　平成26年度試験問題 ……………………………………196

3・1　令和5年度　第二次検定　試験問題

問題1は必須問題です。必ず解答してください。解答は**解答用紙**に記述してください。

【問題1】 次の設問1～設問3の答えを解答欄に記述しなさい。

〔設問1〕 次の(1)～(5)の記述について，**適当な場合には○を**，**適当でない場合には×を**記入しなさい。

(1) 防振基礎の場合は，大きな揺れに対応するために耐震ストッパーは設けない。

(2) 機器を吊り上げる場合，ワイヤーロープの吊り角度を大きくすると，ワイヤーロープに掛かる張力は大きくなる。

(3) 機械室内の露出の給水管にグラスウール保温材で保温する場合，一般的に，保温筒，ポリエチレンフィルム，鉄線，アルミガラスクロスの順に施工する。

(4) 冷温水配管からの膨張管を開放形膨張タンクに接続する際は，接続口の直近にメンテナンス用バルブを設ける。

(5) コイルの上流側のダクトが30度を超える急拡大となる場合は，整流板を設けて風量の分布を平均化する。

〔設問2〕 (6)に示す図におけるアンカーボルトの計算に関する文中，[①] 及び [②] にあてはまる**記号又は数値**を記述しなさい。

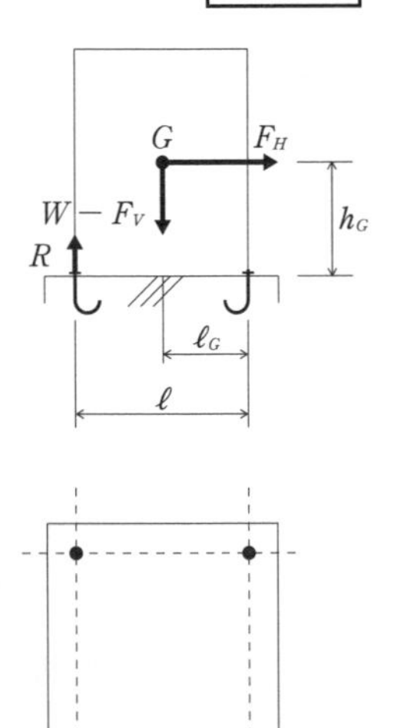

ここに，G ：機器重心W

W：機器の重量〔N〕

R ：アンカーボルト1本あたりの引抜き力〔N〕

n ：引抜き力をうけるアンカーボルトの本数

h_G：機器据付け面より機器重心までの高さ〔m〕

ℓ ：アンカーボルト間の距離〔m〕

ℓ_G：アンカーボルトから機器重心までの水平距離〔m〕

F_H：設計用水平地震力（$F_H = KH \cdot W$）〔N〕

F_V：設計用鉛直地震力（$F_V = \frac{1}{2} F_H$）〔N〕

(6) 地震時に直方体の機器に加わる力

アンカーボルト１本あたりの引抜き力は，次のように計算する。

$$R=\frac{F_H \cdot h_G-(W-FV)\cdot \ell_G}{\boxed{\quad ① \quad}\cdot n}$$

いま，機器の重量 W：1,600N，機器据付け面より機器重心までの高さ h_G：0.5m，アンカーボルト間の距離 ℓ：1m，アンカーボルトから機器重心までの水平距離 ℓ_G：0.5m とすると，アンカーボルト１本あたりの引抜き力は，［　②　］N となる。ただし，設計用水平震度（K_H）は1.0とする。

〔設問３〕 (7)及び(8)に示す図について，**適切でない部分の改善策**を具体的かつ簡潔に記述しなさい。

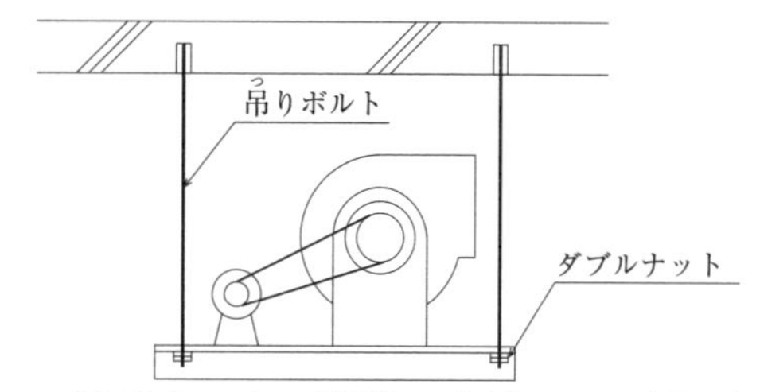

(7) 送風機（呼び番号２未満）吊り要領図

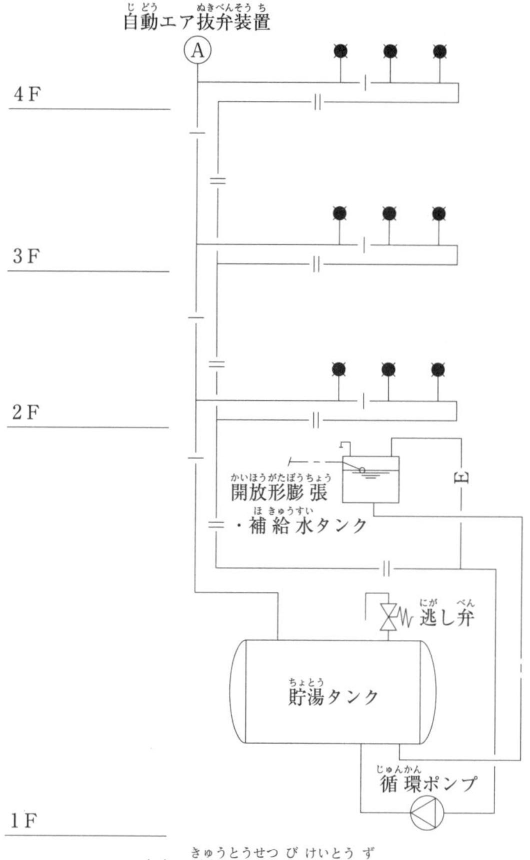

(8) 給湯設備系統図

問題２と問題３の２問題のうちから１問題を選択し，解答は**解答用紙**に記述してください。選択した問題は，解答用紙の**選択欄に○印**を記入してください。

【問題２】　中央式の空気調和設備において，冷温水管を配管用炭素鋼鋼管（白）で施工する場合，次の⑴～⑷**に関する留意事項**を，それぞれ解答欄の(1)～(4)に具体的かつ簡潔に記述しなさい。

ただし，工程管理及び安全管理に関する事項は除く。

(1)　配管の熱伸縮に関する留意事項

(2)　配管の吊り又は振れ止め支持に関する留意事項

(3)　配管の勾配又は空気抜きに関する留意事項

(4)　水圧試験における試験圧力及び保持時間に関する留意事項

【問題３】　建築物の地下の汚水槽に汚物用の排水用水中モーターポンプを設置する場合，次の⑴～⑷**に関する留意事項**を，それぞれ解答欄の(1)～(4)に具体的かつ簡潔に記述しなさい。ただし，工程管理及び安全管理に関する事項は除く。

(1)　ポンプの製作図（承諾図）を審査する場合の留意事項

(2)　ポンプ吐出し管（汚水槽内～屋外）を施工する場合の留意事項

(3)　汚水槽に通気管を設ける場合の留意事項

(4)　ポンプの試運転調整に関する留意事項

問題４と問題５の２問題のうちから１問題を選択し，解答は**解答用紙**に記述してください。選択した問題は，解答用紙の**選択欄に○印**を記入してください。

【問題４】　下図に示すネットワーク工程表において，次の設問１～設問５の答えを解答欄に記述しなさい。ただし，図中のイベント間のＡ～Ｊは作業内容，日数は作業日数を表す

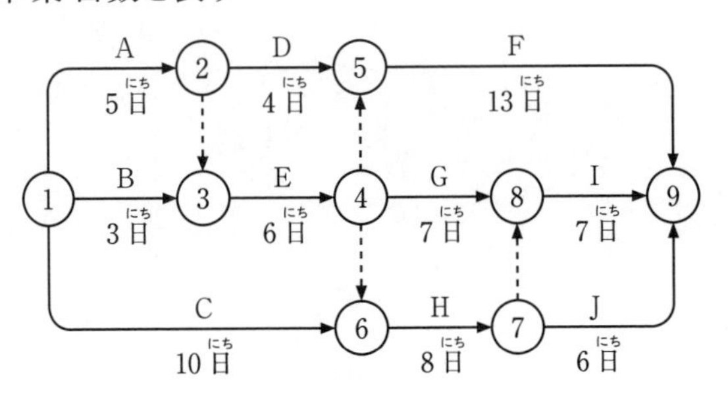

〔設問１〕　イベント番号を矢印（ダミーは破線矢印）でつなぐ形式で，クリティカルパスの経路を答えなさい。

〔設問２〕　工事着手から３日目の作業終了後に進行状況を確認したところ，作業Bはまだ作業に着手しておらず，翌日からの開始予定となっていた。また，作業F及び作業Gは更に２日ずつ作業日数が必要なことも判明した。その他の作業日数に変更はないものとして，当初の工期より何日延長になるか答えなさい。

〔設問３〕　設問２での工期延長の場合，作業C及び作業Eの最遅完了時刻は，それぞれ何日か答えなさい。

〔設問４〕　設問２での工期を30日としてよい場合，作業D及び作業Jのトータルフロートは，それぞれ何日か答えなさい。

〔設問５〕　ネットワーク工程表における，フリーフロートの説明を記述しなさい。

【問題５】　次の設問１及び設問２の答えを解答欄に記述しなさい。

〔設問１〕　建設業の事業場において，安全衛生管理のために選任される者に関する文中，［　A　］～［　C　］に当てはまる「労働安全衛生法」上に**定められている用語又は数値**を記述しなさい。

①　総括安全衛生管理者

事業者は，常時［　A　］人以上の労働者を使用する事業場ごとに，総括安全衛生管理者を選任し，その者に安全管理者，［　B　］等の指揮をさせなければならない。

②　安全管理者，［　B　］，産業医

事業者は，常時50人以上の労働者を使用する事業場ごとに，安全管理者，［　B　］，産業医を選任しなければならない。

［　B　］は，少なくとも毎週［　C　］回作業場等を巡視しなければならない。

〔設問２〕　建設工事において仕事の一部を請負人に請け負わせている事業場において，安全衛生管理のために選任される者に関する文中，［　D　］及び［　E　］に当てはまる「労働安全衛生法」上に**定められている用語**を記述しなさい。

③ [D]

特定元方事業者は，関係請負人の労働者を含めた労働者の数が常時50人未満であるときを除き，[D]を選任しなければならない。

④ 元方安全衛生管理者

特定元方事業者は，[D]を選任した事業場においては，元方安全衛生管理者を選任し，[D]が統括管理する事項のうち，[E]的事項を管理させなければならない。

⑤ 安全衛生責任者

[D]を選任すべき事業者以外の請負人で，当該仕事を自ら行うものは，安全衛生責任者を選任し，その者に[D]との連絡等を行わせなければならない。

問題6は必須問題です。必ず解答してください。解答は**解答用紙**に記述してください。

【問題6】 あなたが経験した**管工事**のうちから，**代表的な工事を1つ選び**，次の設問1～設問3の答えを解答欄に記述しなさい。

〔設問1〕 その工事につき，次の事項について記述しなさい。

(1) 工事名〔例：◎◎ビル□□設備工事〕

(2) 工事場所〔例：◎◎県◇◇市〕

(3) 設備工事概要〔例：工事種目，工事内容，主要機器の能力・台数等〕

(4) 現場での施工管理上のあなたの立場又は役割

〔設問2〕 上記工事を施工するにあたり「**安全管理**」上，あなたが**特に重要と考えた事項**を解答欄の(1)に記述しなさい。

また，それについて**とった措置又は対策**を解答欄の(2)に簡潔に記述しなさい。

〔設問3〕 上記工事の「**材料・機器の現場受入検査**」において，あなたが**特に重要と考えて実施した事項**を簡潔に記述しなさい。

（令和５年度）

【問題１】

〔設問１〕　適当な場合には○を，適当でない場合には×を記入する。

(1)　×：防振基礎を設けた場合，防振装置で地震動が増幅し，機器が大きな揺れになるため，揺れを規制するために耐震ストッパーを設ける。

解　説　耐震ストッパーの役割は，平常時には防振性能が確保でき，地震時には防振基礎を移動・転倒させないことである。すなわち，通しボルト型耐震ストッパーの場合，ダブルナットと防振架台とのすき間を２～３mm開けるか又はゴムブッシュを介してナットを緩く締めつける（**図３・１**　(a)：建築設備の耐震設計・施工法2023年版公益社団法人空気調和・衛生工学会発行）。

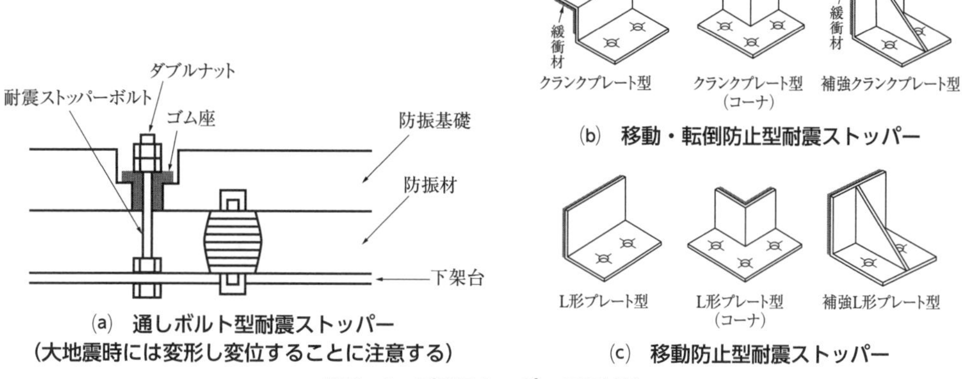

(a)　通しボルト型耐震ストッパー
（大地震時には変形し変位することに注意する）
(b)　移動・転倒防止型耐震ストッパー
(c)　移動防止型耐震ストッパー

図３・１　耐震ストッパーの取付け

(2)　○：

解　説　玉掛用ワイヤロープ２本でつったとき，荷の質量Wはロープに掛かる張力F1，F2の合力Fになる。ワイヤロープの吊り角度が０度以上の場合の張力F1，F2は，０度での張力よりも大きい値になり，吊り角度が大きくなるのに従いさらに増加する。（**表３・１**　張力係数）。吊り角度（**図３・２のａ**）は，原則として90度以内であることとされている（玉掛け作業の安全に係るガイドライン（案）より）。

表３・１　張力係数

吊り角度(度)	張力係数
0	1
30	1.04
60	1.16
90	1.42

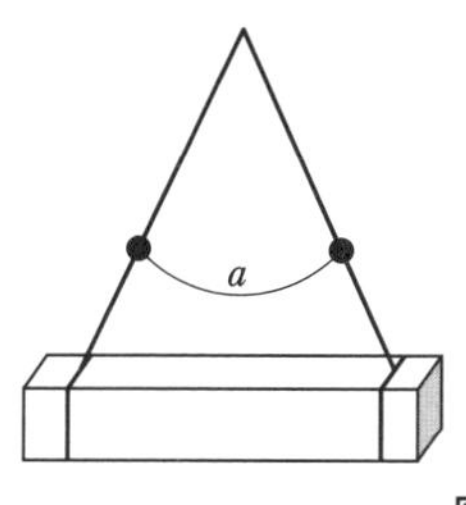

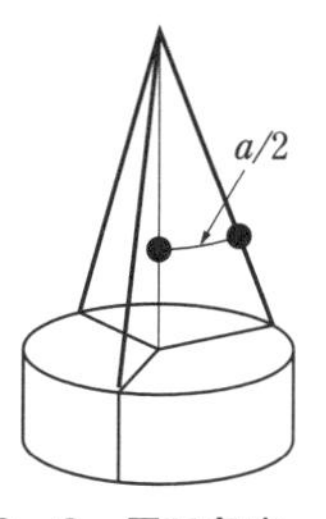

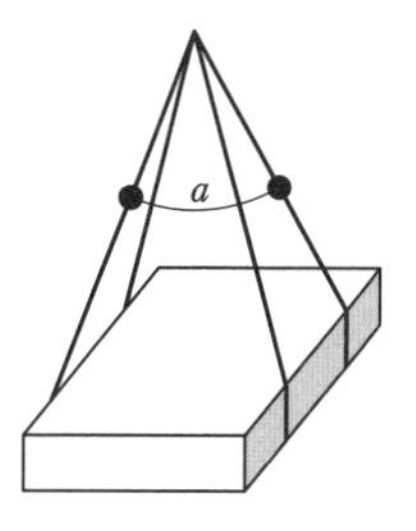

図３・２　吊り角度

(3)　×：公共建築工事標準仕様書（機械設備工事編　令和４年版）にて，機械室露出の給水管の保温は，グラスウール保温筒，鉄線，原紙，アルミガラスクロスの順に施工と示されている。

解　説　問題の文章は，結露のおそれのある冷水管の場合である。

(4)　×：膨張を吸収する膨張管は常に開放されていなくてはならず，バルブを誤操作して全閉とするおそれがあるので，メンテナンス用バルブは設けてはならない。

解　説　膨張管は逃し管とも呼ばれ，配管内部の水の温度上昇にて体積が膨張すると管の内圧も上昇し，漏水や破損の不具合を発生させるので，内圧上昇を防ぐために水の体積膨張量を吸収するため設置する管で，バルブが閉止されていると機能が発揮されない。機械設備工事監理指針（令和４年版）では，逃し管（膨張管）にはバルブを設けてはならないと示されている。

(5)　○：

解　説　機械設備工事監理指針（令和４年版）では，ダクトとコイルの接続傾斜角度は，コイル拡大は最大15°，コイル後の縮小は最大30°とし，これ以上大きくなる場合は，コイル前に整流板を設けて風量分布の平均化をはかるとある。

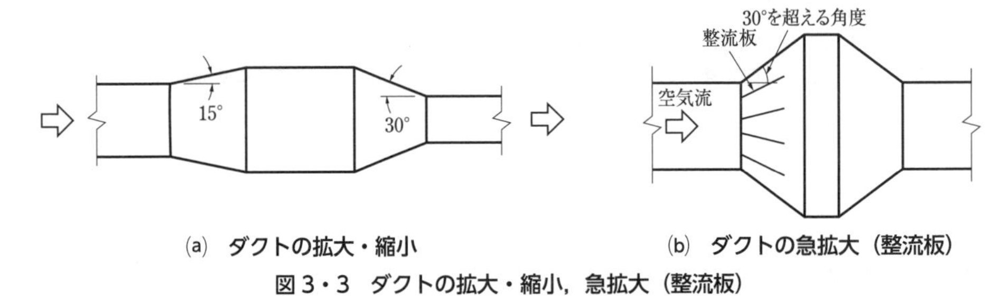

(a)　ダクトの拡大・縮小　　(b)　ダクトの急拡大（整流板）

図３・３　ダクトの拡大・縮小，急拡大（整流板）

〔設問２〕　記号または数値を記述する。

(6)　地震時に直方体の機器に加わる力

アンカーボルト１本あたりの引抜き力は，次のように計算する。

$$R=\frac{F_H\times h_G-(W-FV)\times l_G}{\boxed{①：\ell}\times n}$$

$W=1{,}600$ N，$h_G=0.5$m，$l=1$m，$l_G=0.5$mとすると，アンカーボルト１本あたりの引抜き力 R は，

$$R=\frac{1600\times0.5-(1600-800)\times0.5}{1\times2}=\boxed{②：200}\ \mathrm{N}$$

解　説　アンカーボルト１本あたりの引抜き力は，地震力による転倒モーメント（転倒モーメント－自重モーメント）を（アンカーボルト間の距離×転倒しやすい方向の反対片側のアンカーボルト本数）で割ったものになる。一般に，機器等ではアンカーボルトは４本取り付けるが，転倒させる引抜き力は，地震力が加わる片側の２本にのみ作用するので，注意が必要である。

〔設問３〕　適切でない部分の改善策を具体的かつ簡潔に記述する。

(7)　送風機（呼び番号２未満）吊り要領図

①　**適切でない部分**　耐震用の振止め材が設けていないので，地震時に機器が大きく揺れ，全ねじの吊りボルトが破断し，機器が脱落するおそれがある。

改善策　送風機（呼び番号２未満）では，機器の振れ止め対策として，機器側の各吊り金具の固定箇所（４か所）に，新たにターンバックル付きの斜材（全ねじボルト）を取り付け，機器の揺れを防止する（B 種耐震では，機器支持の吊りボルトと斜材との角度は45°±15°）。

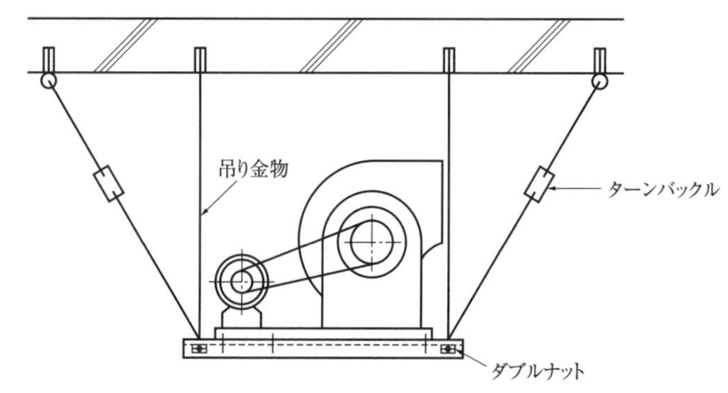

図３・４　送風機（呼び番号２未満）　機器固定要領

（公共建築設備工事標準図　機械設備工事編　令和４年版　施工31より）

---

(8)　給湯設備系統図

①　**適切でない部分**　開放形膨張・補給水タンクが，給湯システムの途中階に設置してあり，上階に給湯できない。

改善策　開放形膨張・補給水タンクを屋上に設置する。なお，開放形膨張・補給水タンクの最低位の水面と４階給湯栓との落差は３m 以上とする。

【問題２】　中央式の空気調和設備において，冷温水管を配管用炭素鋼鋼管（白）で施工する場合

(1)　配管の熱伸縮に関する**留意事項**　１つ具体的に簡潔に記す。

①　主管からの分岐枝管は，主管の伸縮量に応じて，配管とエルボを３～４個組み合わ

せたスイベルジョイント工法で対処する（**図3・5**：公共建築工事標準図　機械設備工事編　令和４年版　施工38(d)分岐（冷温水配管））。

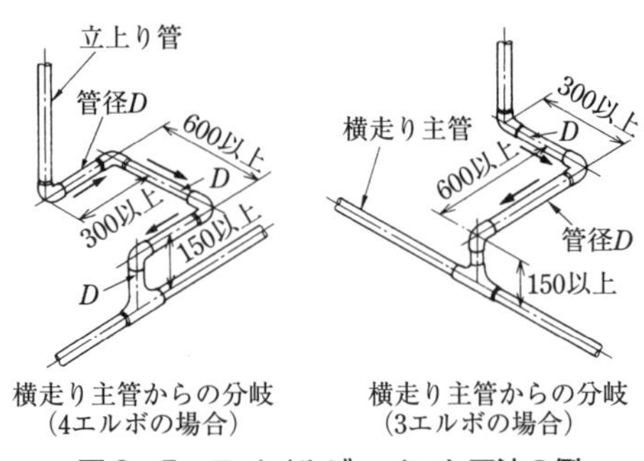

図3・5　スイベルジョイント工法の例

② 熱による配管の伸縮に対して，鋼管の場合は30mに１カ所，スリーブ形若しくはベローズ形の伸縮管継手を採用する（公共建築工事標準仕様書機械設備工事編　令和４年版　第２章　2.2.7　伸縮管継手　2.2.7.1　鋼管用）。

(2) 配管の吊り又は振止め支持に関する**留意事項**　１つ具体的に簡潔に記す。

① 配管の吊り，支持等は，横走り配管にあっては管種毎に決められた間隔で吊り金物による吊り及び形鋼振止め支持とする（公共建築工事標準仕様書　機械設備工事編　令和４年版　第２章　2.6.3　吊り及び支持　表2.2.20　横走り管の吊り及び振止め支持間隔）。

② 立て管にあっては，最下階の床又は最上階の床で固定とし，各階１カ所形鋼振止め支持とする（公共建築工事標準仕様書　機械設備工事編　令和４年版　第２章　2.6.3　吊り及び支持　表2.2.21　立て管の固定及び振止め箇所）。

③ 伸縮継手に対する固定点以外は，配管が伸縮できるように吊りバンド等は緩く締め付ける。

(3) 配管の勾配又は空気抜きに関する**留意事項**　１つ具体的に簡潔に記す。

① 冷温水配管横走りの冷温水配管では，配管の勾配として往き管，返り管とも先上がりで，勾配は水抜き，空気抜きが容易にできる勾配とする（機械設備工事監理指針　令和４年版　第２編　第２章　第６節　勾配，吊り及び支持　表2.6.2　配管の勾配の例）。

② 横走り配管は鳥居配管にならないように敷設する。

③ 異形のつなぎ箇所は，偏心異形レジューサーを用い，天端をフラットにする。

④ 冷温水配管の頂部で，かつ動水圧が正圧となる箇所にGV＋自動エア抜き弁を設ける（公共建築設備工事標準図　機械設備工事編　令和４年版　施工38　(g)自動エア抜弁装置）。

(4) 水圧試験における試験圧力及び保持時間に関する**留意事項**　１つ具体的に簡潔に記す。

① 冷温水配管の水圧試験では，試験圧力は，最高使用圧力の1.5倍の圧力（その値が

0.75MPa 未満の場合は，0.75MPa）の耐圧試験を行う（機械設備工事監理指針 令和４年版 第２編 第２章 第９節 試験 表2.9.1 冷温水，冷却水，蒸気，油，ブライン，高温水及び冷媒配管の試験方法と試験条件）。

② 保持時間は，最小30分とする。

【問題３】 建築物の地下の汚水槽に汚物用の排水用水中モーターポンプを設置する場合

(1) ポンプの製作図（承諾図）を審査する場合の**留意事項**　１つ具体的に簡潔に記す。

① 製造者の照合，確認をする。承諾された製造者リストに記載された製造者かを確認する。

② 機器仕様（型式，口径，揚水量，揚程，電気容量など）・付属品を設計図書（設計図，特記仕様書，共通仕様書）と照合確認する。

③ 機器に必要な電気容量，起動，操作方式などを電気担当者に確認する。

④ タッピング（配管取出し）の位置，サイズ，計器類の取り付け位置を施工図と照合する。

⑤ ホンプの仕様をプロットした性能曲線が添付されていて，設計仕様以上の能力がでることを確認する。

(2) ポンプ吐出し管（汚水槽内～屋外）を施工する場合の**留意事項**　１つ具体的に簡潔に記す。

① 汚水槽内では，水中ポンプを引き上げる際，ポンプ吐出し管が容易に取り外せるようにフランジ接合とする。

② ポンプ吐出し管は，自然排水系の排水管と合流せず，単独で屋外のますまで導く。

(3) 汚水槽に通気管を設ける場合の**留意事項**　１つ具体的に簡潔に記す。

① 汚水槽に設けた通気管は，専用配管とし，末端は屋外に衛生上有効に開放する。

② 通気管は，立て管に向って上り勾配をとり，いずれも逆勾配又は凸凹部のないようにする。

(4) ポンプの試運転調整に関する**留意事項**　１つ具体的に簡潔に記す。

① 準備作業（設計図書との照合，排水・電源供給などの状況確認，外観及び据付状態を確認，機器本体及び排水槽内の清掃状態を確認）

② 排水槽の水中ポンプ制御盤の電源及び制御配線が整備されているか確認する。

③ 排水がない状態で瞬時起動させ回転方向を確認する。

④ 実排水で運転後，異常振動などを確認する。

⑤ 所定の水量となるように吐出弁開度などを調整する。

⑥ 水中ポンプの制御水位レベルが正しく設定されているか確認する。

⑦ 水中ポンプのフロート位置を起動水位及び停止水位に調整する。

⑧　フロートスイッチで ON-OFF 作動することを確認する。

⑨　自動交互追従式の場合は，自動交互及び追従運転を確認する（SHASE-G 0022-2016　建築設備の試運転調整ガイドライン）。

⑩　運転時の圧力や電流値，水量などを機器成績表と照合する。

【問題４】

〔設問１〕　イベント番号を矢印（ダミーは破線矢印）でつなぐ形式で，クリティカルパスの経路を答える。

クリティカルパス　①→②···→③→⑤→⑥→⑦···→⑧→⑨

工期は26日

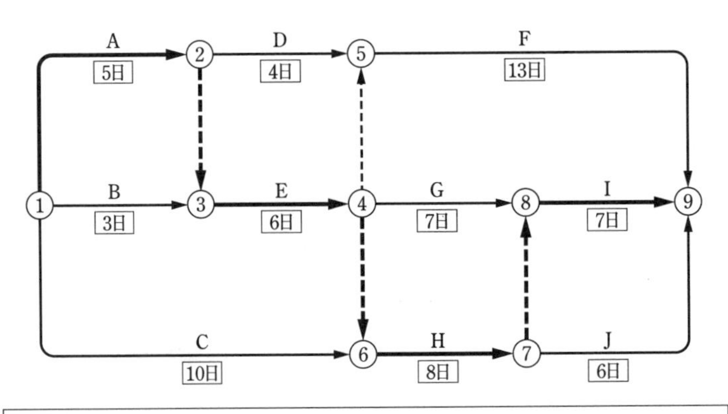

①→②→③→④→⑤→⑨	：5+6+13=24日
①→②→③→④→⑥→⑦→⑧→⑨	：5+6+8+7=26日
①→②→③→④→⑧→⑨	：5+6+7+7=25日
①→②→⑤→⑨	：5+4+13=22日
①→③→④→⑤→⑨	：3+6+13=22日
①→③→④→⑧→⑨	：3+6+7+7=23日
①→③→④→⑥→⑦→⑨	：3+6+8+6=23日
①→③→④→⑥→⑦→⑧→⑨	：3+6+8+7=24日
①→⑥→⑦→⑧→⑨	：10+8+7=25日
①→⑥→⑦→⑨	：10+8+6=24日

図３・６　ネットワーク工程表

〔設問２〕　当初の工期より何日延長になるか答える。

クリティカルパス　①→③→④→⑧→⑨

工期　延べ28日で，２日延長

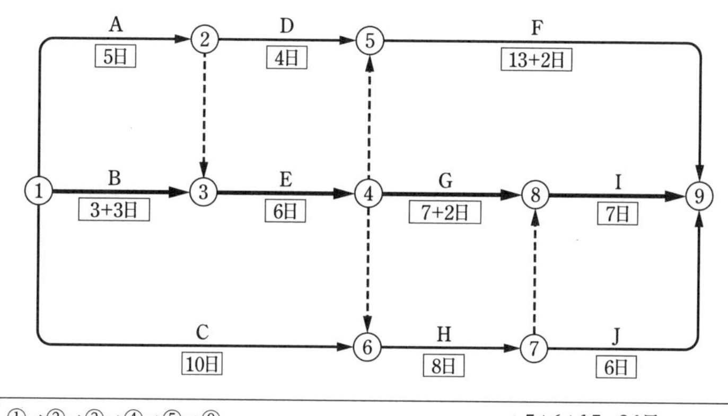

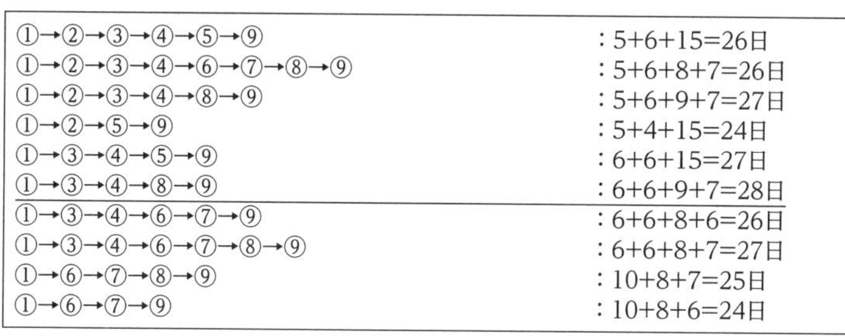

①→②→③→④→⑤→⑨ ：5+6+15=26日
①→②→③→④→⑥→⑦→⑧→⑨ ：5+6+8+7=26日
①→②→③→④→⑧→⑨ ：5+6+9+7=27日
①→②→⑤→⑨ ：5+4+15=24日
①→③→④→⑤→⑨ ：6+6+15=27日
①→③→④→⑧→⑨ ：6+6+9+7=28日
①→③→④→⑥→⑦→⑨ ：6+6+8+6=26日
①→③→④→⑥→⑦→⑧→⑨ ：6+6+8+7=27日
①→⑥→⑦→⑧→⑨ ：10+8+7=25日
①→⑥→⑦→⑨ ：10+8+6=24日

図３・７　ネットワーク工程表

〔**設問３**〕　設問２での工期延長の場合，作業Ｃ及び作業Ｅの最遅完了時刻は，それぞれ何日か答える。

表３・２　最遅完了時刻

イベント	作業内容	アクティビティ	計算	最遅完了時刻
⑨				28
⑧	I	⑧→⑨	28−7=21	21
⑦	J ダミー	⑦→⑨ ⑦⇢⑧	28−6=22 21−0=21　} 21<22	21
⑥	H	⑥→⑦	21−8=13	13
⑤	F	⑤→⑨	28−15=13	13
④	G ダミー ダミー	④→⑧ ④⇢⑤ ④⇢⑥	21−9=12 13−0=13 13−0=13　} 12<13	12
③	E	③→④	12−6=6	6
②	D ダミー	②→⑤ ②⇢③	13−4=9 6−0=6　} 6<9	6
①	A B C	①→② ①→③ ①→⑥	6−5=1 6−6=0 13−10=3　} 0<1<3	0

したがって，作業Ｃの最遅完了時刻　13日，作業Ｅの最遅完了時刻　12日である。

〔設問４〕　設問２での工期を30日としてよい場合，作業Ｄ及び作業Ｊのトータルフロートは，それぞれ何日か答える。

トータルフロートは，作業の経路で，取ることのできる最も大きな余裕時間（日数）のこと。最大余裕時間（日数）である。なお，余裕の範囲内で時間を自由に使っても，後続作業に影響を与えない余裕時間（日数）ともいえる。

トータルフロートは次の式で求められる。

トータルフロート＝

後続イベント最遅完了時刻－（先行イベント最早開始時刻＋作業日数）

(1)　先行イベント最早開始時刻を求める。

表３・３　最早開始時刻

イベント	作業内容	アクティビティ	計算	最早開始時刻
①				0
②	A	①→②	0+5=5	5
③	B	①→③	0+6=6	6
④	E	③→④	6+6=12	12
⑤	D ダミー	②→⑤ ④⇢⑤	5+4=9 12+0=12　} 12>9	12
⑥	C ダミー	①→⑥ ④⇢⑥	0+10=10 12+0=12　} 12>10	12
⑦	H	⑥→⑦	12+8=20	20
⑧	G ダミー	④→⑧ ⑦→⑧	12+9=21 20+0=20　} 21>20	21
⑨	F I J	⑤→⑨ ⑧→⑨ ⑦→⑨	12+15=27 21+7=28 20+6=26　} 28>27>26	28

(2)　工期が30日の場合の最遅完了時刻を求める。

表３・４　最遅完了時刻

イベント	作業内容	アクティビティ	計算	最遅完了時刻
⑨				30
⑧	I	⑧→⑨	30−7=23	23
⑦	J ダミー	⑦→⑨ ⑦⇢⑧	30−6=24 23−0=23　} 23<24	23
⑥	H	⑥→⑦	23−8=15	15
⑤	F	⑤→⑨	30−15=15	15

④	G ダミー ダミー	④→⑧ ④⇢⑤ ④⇢⑥	23−9=14 15−0=15 15−0=15　} $14<15$	14
③	E	③→④	14−6=8	8
②	D ダミー	②→⑤ ②⇢③	15−4=11 8−0=8　} $8<11$	8
①	A B C	①→② ①→③ ①→⑥	8−5=3 8−6=2 15−10=5　} $2<3<5$	2

⑶　⑴**表3・3**　最早開始時刻と⑵**表3・4**　最遅完了時刻の計算結果を用いて，トータルフロートを計算する。

表3・5　トータルフロートの計算

作業内容	アクティビティ	計算	トータルフロート
A	①→②	8−（0+5）	3
B	①→③	8−（0+6）	2
C	①→⑥	15−（0+10）	5
ダミー	②⇢③	8−（5+0）	3
D	②→⑤	15−（5+4）	6
E	③→④	14−（5+6）	3
ダミー	④⇢⑤	15−（12+0）	3
ダミー	④⇢⑥	15−（12+0）	3
F	⑤→⑨	30−（12+15）	3
G	④→⑧	23—（12+9）	2
H	⑥→⑦	23−（12+8）	3
ダミー	⑦⇢⑧	23−（20+0）	3
I	⑧→⑨	30−（21+7）	2
J	⑦→⑨	30−（20+6）	4

⑷　求める作業D及び作業Jのトータルフロー

作業D＝6日

作業J＝4日

〔設問5〕　ネットワーク工程表における，フリーフロートを答える。

ある1つの作業を最早開始時刻で始めて完了させたあと，次の作業を最早開始時刻で始めるまでに存在する余裕時間（日数）のこと。

フリーフロート＝後続イベントの最早開始時刻－（先行イベントの最早開始時刻＋作業日数）

【問題５】

〔設問１〕

①　総括安全衛生管理者

事業者は，常時 A：100 人以上の労働者を使用する事業場ごとに，総括安全衛生管理者を選任し，その者に安全管理者， B：衛生管理者 等の指揮をさせなければならない。

解　説　**令第二条（総括安全衛生管理者を選任すべき事業場）**　労働安全衛生法第十条第１項の政令で定める規模の事業場は，次の各号に掲げる業種の区分に応じ，常時当該各号に掲げる数以上の労働者を使用する事業場とする。

一　林業，鉱業，建設業，運送業及び清掃業　100人

二　製造業（物の加工業を含む。），電気業，ガス業，熱供給業，水道業，通信業，各種商品卸売業，家具・建具・じゆう器等卸売業，各種商品小売業，家具・建具・じゆう器小売業，燃料小売業，旅館業，ゴルフ場業，自動車整備業及び機械修理業　300人

三　その他の業種　1000人

法第十条（総括安全衛生管理者）　事業者は，政令で定める規模の事業場ごとに，厚生労働省令で定めるところにより，総括安全衛生管理者を選任し，その者に安全管理者，衛生管理者又は第二十五条の二第２項の規定により技術的事項を管理する者の指揮をさせるとともに，次の業務を統括管理させなければならない。

一　労働者の危険又は健康障害を防止するための措置に関すること。

二　労働者の安全又は衛生のための教育の実施に関すること。

三　健康診断の実施その他健康の保持増進のための措置に関すること。

四　労働災害の原因の調査及び再発防止対策に関すること。

五　前各号に掲げるもののほか，労働災害を防止するため必要な業務で，厚生労働省令で定めるもの。

②　安全管理者， B：衛生管理者 ，産業医

事業者は，常時50人以上の労働者を使用する事業場ごとに，安全管理者， B：衛生管理者 ，産業医を選任しなければならない。 B：衛生管理者 は，少なくとも毎週 C：1 回作業場等を巡視しなければならない。

解　説

法第十一条（安全管理者）　事業者は，政令で定める業種及び規模の事業場ごとに，厚生労働省令で定める資格を有する者のうちから，厚生労働省令で定めるところにより，

安全管理者を選任し，その者に前条第１項各号の業務のうち安全に係る技術的事項を管理させなければならない。

法第十二条（衛生管理者） 事業者は，政令で定める規模の事業場ごとに，都道府県労働局長の免許を受けた者その他厚生労働省令で定める資格を有する者のうちから，厚生労働省令で定めるところにより，当該事業場の業務の区分に応じて，衛生管理者を選任し，その者に第十条第１項各号の業務のうち衛生に係る技術的事項を管理させなければならない。

法第十二条の二（安全衛生推進者等） 事業者は，第十一条第１項の事業場及び前条第１項の事業場以外の事業場で，厚生労働省令で定める規模のものごとに，厚生労働省令で定めるところにより，安全衛生推進者を選任し，その者に第十条第１項各号の業務を担当させなければならない。

法第十三条（産業医等） 事業者は，政令で定める規模の事業場ごとに，厚生労働省令で定めるところにより，医師のうちから産業医を選任し，その者に労働者の健康管理その他の厚生労働省令で定める事項（労働者の健康管理等）を行わせなければならない。

規則第十一条（衛生管理者の定期巡視及び権限の付与） 衛生管理者は，少なくとも毎週１回作業場等を巡視し，設備，作業方法又は衛生状態に有害のおそれがあるときは，直ちに，労働者の健康障害を防止するため必要な措置を講じなければならない。

〔設問２〕 建設工事において仕事の一部を請負人に請け負わせている事業場において，安全衛生管理のために選任される者に関する文中，［ D ］及び［ E ］に当てはまる「労働安全衛生法」上に定められている用語を記述しなさい。

③ ［D：統括安全衛生責任者］

特定元方事業者は，関係請負人の労働者を含めた労働者の数が常時50人未満であるときを除き，［D：統括安全衛生責任者］を選任しなければならない。

解　説 **法第十五条（統括安全衛生責任者）** 事業者で，一の場所において行う事業の仕事の一部を請負人に請け負わせているもの（当該事業の仕事の一部を請け負わせる契約が二以上あるため，その者が二以上あることとなるときは，当該請負契約のうちの最も先次の請負契約における注文者とする。以下「元方事業者」という。）のうち，建設業その他政令で定める業種に属する事業（以下「特定事業」という。）を行う者（以下「特定元方事業者」という。）は，その労働者及びその請負人（元方事業者の当該事業の仕事が数次の請負契約によって行われるときは，当該請負人の請負契約の後次のすべての請負契約の当事者である請負人を含む。以下「関係請負人」という。）の労働者が当該場所において作業を行うときは，これらの労働者の作業が同一の場所において行われることによって生ずる労働災害を防止するため，統括安全衛生責任者を選任し，その者に元方安全衛生管理者の指揮をさせるとともに，第三十条第一項各号の事項を統括管理させなければならない。ただし，これらの労働者の数が政令で定める数未満であるときは，この限りでない。

④ 元方安全衛生管理者

特定元方事業者は，D：統括安全衛生責任者 を選任した事業場においては，元方安全衛生管理者を選任し，D：統括安全衛生責任者 が統括管理する事項のうち，E：技術的事項を管理させなければならない。

解 説 **法第十五条の二（元方安全衛生管理者）** 前条第１項又は第３項の規定により統括安全衛生責任者を選任した事業者で，建設業その他政令で定める業種に属する事業を行うものは，厚生労働省令で定める資格を有する者のうちから，厚生労働省令で定めるところにより，元方安全衛生管理者を選任し，その者に第三十条第１項各号の事項のうち技術的事項を管理させなければならない。

⑤ 安全衛生責任者

D：統括安全衛生責任者 を選任すべき事業者以外の請負人で，当該仕事を自ら行うものは，安全衛生責任者を選任し，その者に D：統括安全衛生責任者 との連絡等を行わせなければならない。

解 説 **法第十六条（安全衛生責任者）** 第十五条第１項又は第３項の場合において，これらの規定により統括安全衛生責任者を選任すべき事業者以外の請負人で，当該仕事を自ら行うものは，安全衛生責任者を選任し，その者に統括安全衛生責任者との連絡その他の厚生労働省令で定める事項を行わせなければならない。

3・2　令和４年度　第二次検定　試験問題

問題１は必須問題です。必ず解答してください。解答は**解答用紙**に記述してください。

【問題１】　次の設問１～設問３の答えを解答欄に記述しなさい。

〔設問１〕　次の(1)～(5)の記述について，**適当な場合には○を，適当でない場合には×を記入しなさい。**

(1)　ゲージ圧が0.1MPaを超える温水ボイラーを設置する際，安全弁その他の附属品の検査及び取扱いに支障がない場合を除き，ボイラーの最上部からボイラーの上部にある構造物までの距離は，0.8m以上とする。

(2)　Ｕボルトは，配管軸方向の滑りに対する拘束力が小さいため，配管の固定支持には使用しない。

(3)　配管用炭素鋼鋼管を溶接接合する場合，管外面の余盛高さは３mm程度以下とし，それを超える余盛はグラインダー等で除去する。

(4)　アングルフランジ工法ダクトでは，低圧ダクトか高圧ダクトかにかかわらず，横走りダクトの吊り間隔は同じとしてよい。

(5)　シーリングディフューザー形吹出口では，一般的に，中コーンが上にあるとき，気流は天井面に沿って水平に拡散する。

〔設問２〕　(6)に示す遠心ポンプ特性曲線で，遠心ポンプを並列運転する場合，**２台同時運転時の１台当たりの吐出し量**を記述しなさい。

(6)　遠心ポンプ特性曲線

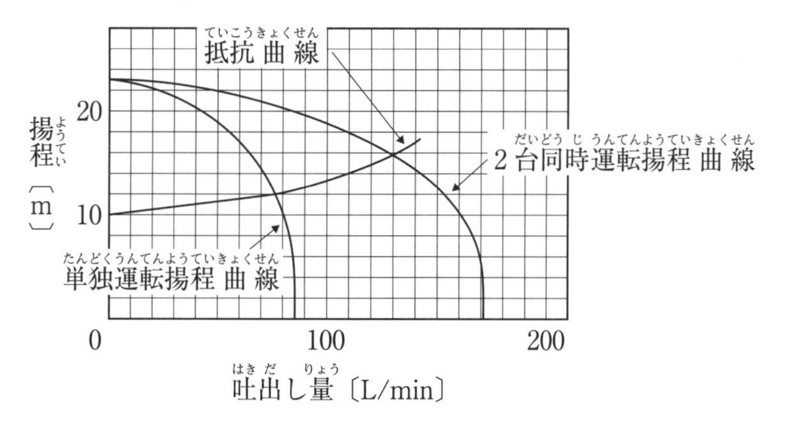

〔設問3〕 (7)~(9)に示す図について，適切でない部分の改善策を記述しなさい。

(7) 共板フランジ工法ダクトガスケット施工要領図（低圧ダクト）

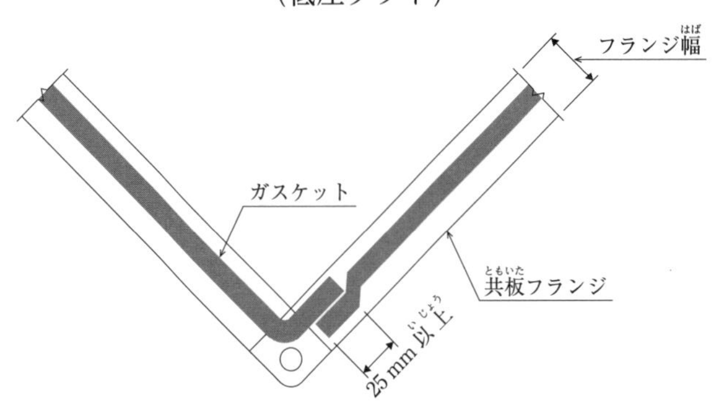

(8) 便所換気ダクト系統図

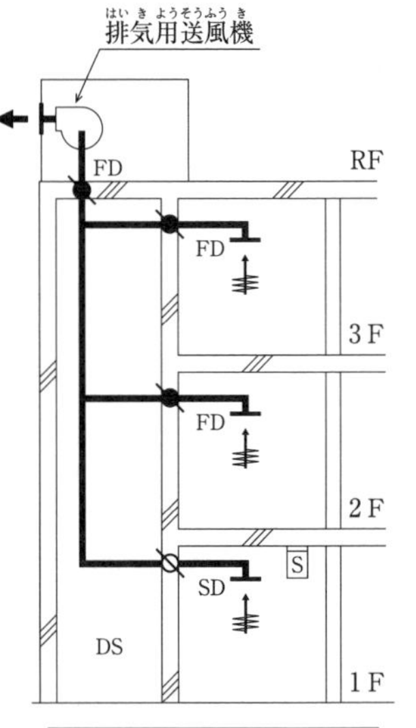

(9) 機器据付け完了後の防振架台

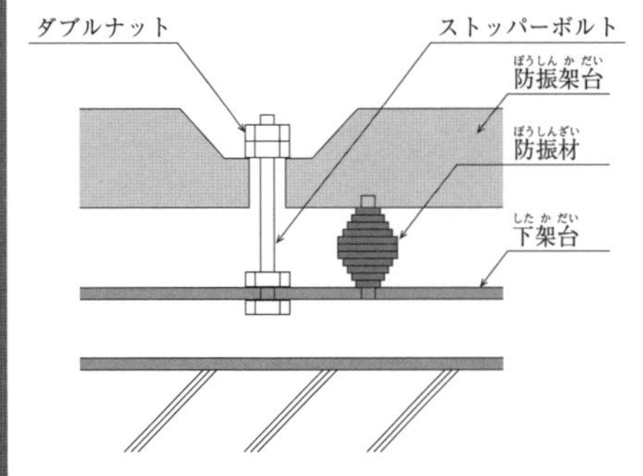

受験のガイダンス
第1章 傾向分析
第2章 基礎知識
第3章 試験問題
第4章 経験記述

問題２と問題３の２問題のうちから１問題を選択し，解答は**解答用紙**に記述してください。選択した問題は，解答用紙の**選択欄に○印**を記入してください。

【問題２】　鉄筋コンクリート造５階建ての屋上に空気熱源ヒートポンプユニットを設置し，各階の空調機械室にユニット形空気調和機を設置する場合，次の(1)～(4)**に関する留意事項**を，それぞれ解答欄の(1)～(4)に具体的かつ簡潔に記述しなさい。

ただし，工程管理及び安全管理に関する事項は除く。

(1)　空気熱源ヒートポンプユニットの配置に関し，運転の観点からの留意事項

(2)　ユニット形空気調和機回りの冷温水管を施工する場合の留意事項
（配管附属品及び計器に関する事項は除く。）

(3)　ユニット形空気調和機のドレン管を施工する場合の留意事項

(4)　空気熱源ヒートポンプユニットの個別試運転調整に関する留意事項

【問題３】　鉄筋コンクリート造５階建ての１階受水タンク室に，飲料用受水タンク（ステンレス鋼板製パネルタンク（ボルト組立形））を設置する場合，次の(1)～(4)**に関する留意事項**を，それぞれ解答欄の(1)～(4)に具体的かつ簡潔に記述しなさい。

ただし，工程管理及び安全管理に関する事項は除く。

(1)　受水タンクの製作図を審査する場合の留意事項

(2)　受水タンクの配置に関する留意事項

(3)　受水タンク回りの給水管の施工に関し，水質汚染防止の観点からの留意事項

(4)　受水タンク据付け完了後の自主検査時における留意事項
（配管及び保守点検スペースに関する事項は除く。）

問題4と問題5の2問題のうちから1問題を選択し，解答は**解答用紙**に記述してください。選択した問題は，解答用紙の**選択欄に○印**を記入してください。

【問題4】 下図に示すネットワーク工程表において，次の設問1～設問5の答えを解答欄に記述しなさい。ただし，図中のイベント間のA～Jは作業内容，日数は作業日数を表す。

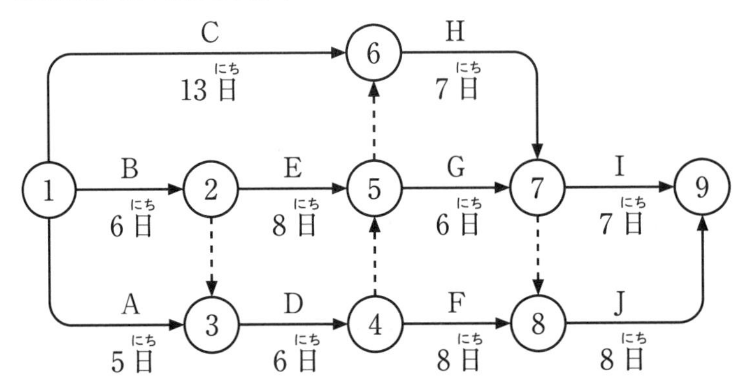

〔設問1〕 イベント番号を矢印（ダミーは破線矢印）でつなぐ形式で，クリティカルパスの経路を答えなさい。

〔設問2〕 工事着手から4日目の作業終了後に進行状況をチェックしたところ，作業Aは1日，作業Bは2日，作業Cは3日遅れていた。また，作業Fは更に1日必要なことが判明した。その他の作業日数に変更はないものとして，当初の工期より何日延長になるか答えなさい。

〔設問3〕 設問2での工期延長の場合，イベント数の最も少ないクリティカルパスの経路を設問1と同じ形式で答えなさい。

〔設問4〕 工事着手から30日の工期で完成させるためには，設問2で進行状況をチェックした時点において遅延又は遅延予定された作業（A，B，C，F）のうち，どの作業を何日短縮する必要があるか答えなさい。

〔設問5〕 工程計画に遅れが生じたときに，遅れを取り戻すために行う工程管理上の具体的な方法を一つ記述しなさい。

受験のガイダンス
第1章 傾向分析
第2章 基礎知識
第3章 試験問題
第4章 経験記述

【問題５】 次の設問１の答えを解答欄に記述しなさい。

〔設問１〕 墜落防止のために労働者が使用する器具に関する文中，［ A ］～［ E ］に当てはまる「労働安全衛生法」に**定められている語句又は数値**を記述しなさい。

墜落防止のために労働者が使用する器具は［ A ］といい，［ B ］メートルを超える高さの箇所で使用する［ A ］は，［ C ］型のものでなければならない。

また，事業者は，

「高さが［ D ］メートル以上の箇所であって作業床を設けることが困難なところにおいて，［ A ］のうち［ C ］型のものを用いて行う作業に係る業務（ロープ高所作業に係る業務を除く。）」

に該当する業務に労働者をつかせるときは，当該業務に関する安全又は衛生のための［ E ］を行わなければならない。

問題６は必須問題です。必ず解答してください。解答は**解答用紙**に記述してください。

【問題６】 あなたが経験した**管工事**のうちから，**代表的な工事を１つ選び**，次の設問１～設問３の答えを解答欄に記述しなさい。

〔設問１〕 その工事につき，次の事項について記述しなさい。

(1) 工事名〔例：◎◎ビル□□設備工事〕
(2) 工事場所〔例：◎◎県◇◇市〕
(3) 設備工事概要〔例：工事種目，工事内容，主要機器の能力・台数等〕
(4) 現場での施工管理上のあなたの立場又は役割

〔設問２〕 上記工事を施工するにあたり「**工程管理**」上，あなたが**特に重要と考えた事項**を解答欄の(1)に記述しなさい。

また，それについて**とった措置又は対策**を解答欄の(2)に簡潔に記述しなさい。

〔設問３〕 上記工事の「**材料・機器の現場受入検査**」において，あなたが**特に重要と考えて実施した事項**を解答欄に簡潔に記述しなさい。

模範解答　（令和4年度）

【問題1】

〔設問1〕　適当な場合には○を，適当でない場合には×を記入する。

(1)　×：ゲージ圧が0.1MPaを超える温水ボイラを設置する際，安全弁その他の附属品の検査及び取扱いに支障がない場合を除き，ボイラーの最上部からボイラーの上部にある構造物までの距離は，1.2m以上とする。

解　説　**ボイラー及び圧力容器安全規則第二十条（ボイラーの据付位置）**　事業者は，ボイラーの最上部から天井，配管その他のボイラーの上部にある構造物までの距離を，1.2m以上としなければならない。ただし，安全弁その他の附属品の検査及び取扱いに支障がないときは，この限りでない。

2　事業者は，本体を被覆していないボイラー又は立てボイラーについては，前項の規定によるほか，ボイラーの外壁から壁，配管その他のボイラーの側部にある構造物（検査及び掃除に支障のない物を除く。）までの距離を0.45m以上としなければならない。ただし，胴の内径が500mm以下で，かつ，その長さが1,000mm以下のボイラーについては，この距離は，0.3m以上とする。

第二十一条（ボイラーと可燃物との距離）　事業者は，ボイラー，ボイラーに附設された金属製の煙突又は煙道（ボイラー等）の外側から0.15m以内にある可燃性の物については，金属以外の不燃性の材料で被覆しなければならない。ただし，ボイラー等が，厚さ100mm以上の金属以外の不燃性の材料で被覆されているときは，この限りでない。

2　事業者は，ボイラー室その他のボイラー設置場所に燃料を貯蔵するときは，これをボイラーの外側から2m（固体燃料にあつては，1.2m）以上離しておかなければならない。ただし，ボイラーと燃料又は燃料タンクとの間に適当な障壁を設ける等防火のための措置を講じたときは，この限りでない。

---

(2)　○：Uボルトは，配管軸方向の滑りに対する拘束力が小さいため，配管の固定支持には使用しない。

解　説　Uボルトは，架台やブラケットでの横走り・立て管の振れ止め支持するための配管支持金具であり，配管軸方向の滑りに対する拘束力は小さい（**図3・8**）。

支持は，層間変位，水平方向の加速度に対応する応力，座屈応力等を考慮して，支持区間内で管が中だるみを生じたり振動しないために設ける。支持方法には，管の膨張・伸縮に対する固定点に設ける固定支持，地震時の応力に対する耐震振止め支持及び一般的な吊り支持等がある。

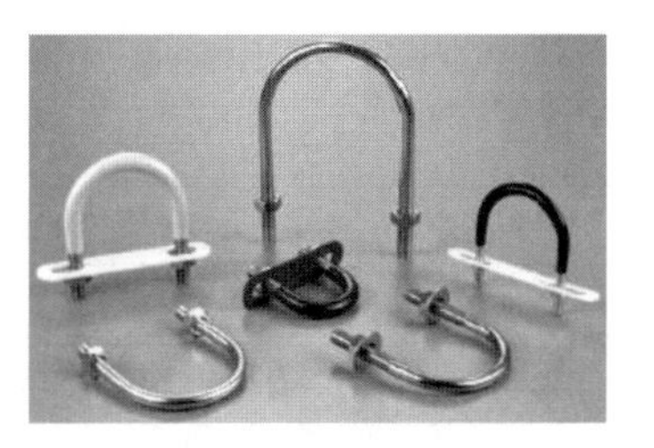

図3・8　Uボルト

---

(3)　○：配管用炭素鋼鋼管を溶接接合する場合，管外面の余盛高さは3mm程度以下とし，それを超える余盛はグラインダー等で除去する。

解　説　配管用炭素鋼鋼管を溶接接合する場合，過大な余盛は応力集中の原因となるため，適切な高さと形状に整形する必要がある。管外面の余盛高さは3mm程度以下とする（**図3・9**　(1)）。また，余盛が不足する場合は，耐力が足りておらず補修溶接する。

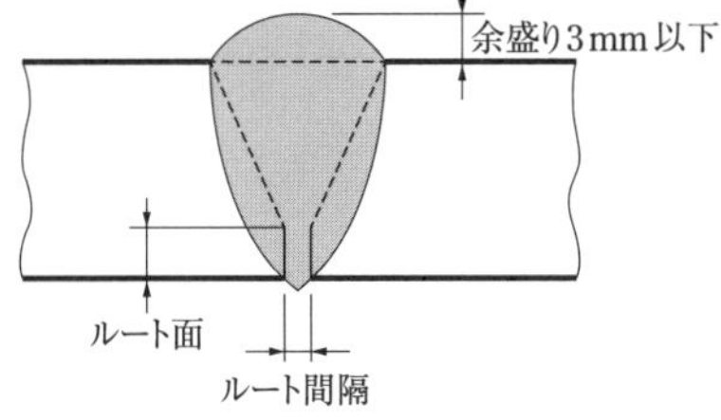

図3・9　(1)　溶接の良好仕上がり例

その他の主溶接部（表側）に許容されない溶接不完全部を**図3・9**(2)に示す。

種類	ビード偏心	アンダーカット	スラグ巻込み
写真			
基準	Wmax－Wmin＞3mm	Dmax＞0.8mm	開口部の長径 Lmax＞2mm

図3・9　(2)　主溶接部（表側）に許容されない溶接不完全部

---

(4)　○：アングルフランジ工法ダクトでは，低圧ダクトか高圧ダクトかにかかわらず，横走りダクトの吊り間隔は同じとしてよい。

解　説　アングルフランジ工法ダクトにあって，低圧ダクトと高圧ダクトの施工上での違いは鉄板厚さだけである。なお，縦横比（アスペクト比），継目，接合材料，ダクトの補強及び吊り間隔は同じとしてよい。低圧ダクト，高圧1ダクト及び高2ダクトの板厚は，**表3・6**による。ただし，ダクト両端の寸法が異なる場合は，その最大寸法による板厚を適用する。

表３・６　ダクトの板厚　［単位：mm］

低圧ダクト		高圧ダクト１・２	
ダクトの長辺	適用表示厚さ	ダクトの長辺	適用表示厚さ
450以下	0.5	450以下	0.8
450を超え，750以下	0.6	450を超え，1,200以下	1.0
750を超え，1,500以下	0.8	1,200を超えるもの	1.2
1,500を超え，2,200以下	1.0		
2,200を超えるもの	1.2		

(5)　×：シーリングディフューザー形吹出口では，一般的に，中コーンが上にあるとき，気流はほぼ垂直に吹き出す。

解　説　**シーリングディフューザー形吹出口の吹き出し気流**

シーリングディフューザー形吹出口では，一般的に，中コーンを下げると夏季の冷房モードとなり，ほぼ水平に拡散する気流となり，拡散半径は大きくなる。一方，中コーンを上げると冬季の暖房モードになり，ほぼ垂直に吹き出す気流となり，拡散半径が小さくなる（**図３・10**）。

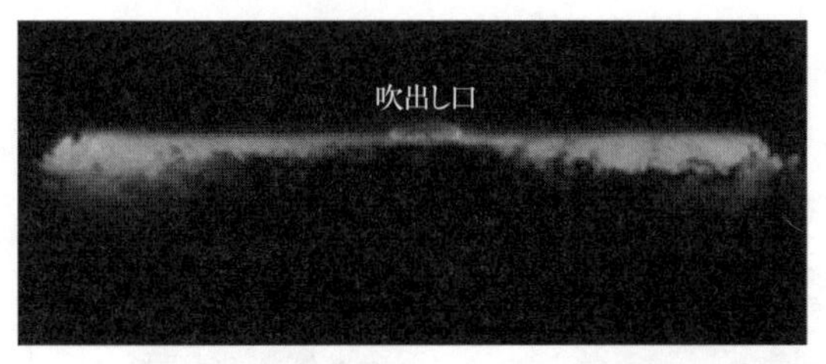

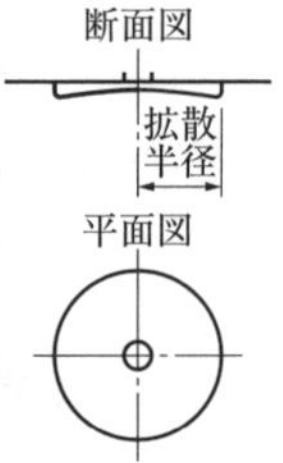

(a)　**夏季冷房　水平吹出し（コーン下げる）**

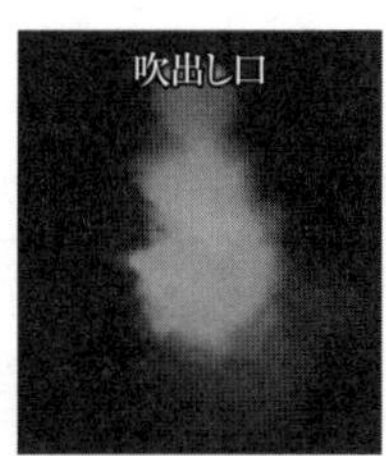

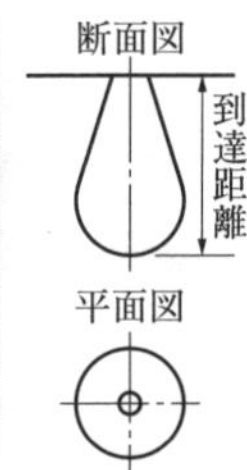

(b)　**冬季暖房　垂直吹出し（コーン上げる）**

図３・10　シーリングディフューザー形吹出し口の気流特性

〔設問２〕

(6)　遠心ポンプ特性曲線　１台当たりの吐出し量：65L/min

解　説　図で，２台同時運転揚程曲線と抵抗曲線の交点を読み取ると，吐出し量は，130L/min であるので，１台当たりの吐出し量はそれの1/2であるので65L/min となる。

〔設問３〕

(7)　共板フランジ工法ダクトガスケット施工要領図（低圧ダクト）　適切でない部分の改善策を１つ具体的に簡潔に記す。

①　**適切でない部分**　ガスケットの折り返し箇所（２重となっている箇所）がフランジコーナーとなっていて，空気がリークしやすいので適切でない。

改善策　ガスケットの折り返し箇所をダクト辺部中央とする（**図３・11**）。なお，折り返し幅は25mm で正しい。

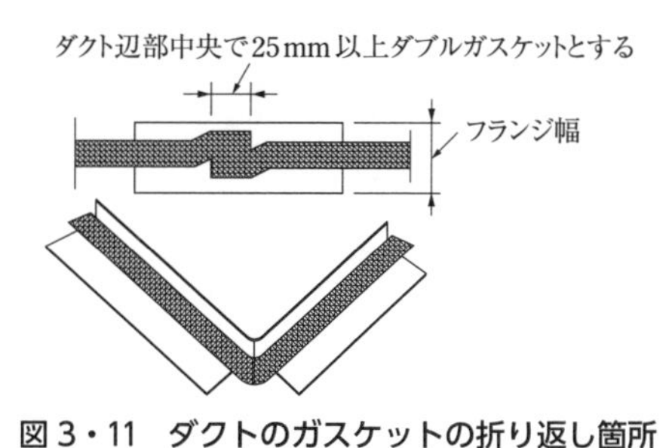

図３・11　ダクトのガスケットの折り返し箇所

---

(8)　便所換気ダクト系統図　適切でない部分の改善策を１つ具体的に簡潔に記す。

①　**適切でない部分**　２階の壁貫通箇所のダンパが，FD（防火ダンパ）となっており，法令上適切でない。

改善策　２階の壁貫通箇所のダンパを SD（防煙ダンパ）に交換する。

解　説　**火災により煙が発生した場合又は火災により温度が急激に上昇した場合に自動的に閉鎖するダンパの基準の制定について（抜粋）**

昭和56年６月15日，建設省住指発第165号

図３・12に防火ダンパ，防煙ダンパの設置基準を示す。

１．火災により煙が発生した場合に自動的に閉鎖する構造のダンパとすべき場合は，風道がいわゆる竪穴区画又は異種用途区画を貫通する場合及び風道そのものが竪穴的な構造である場合とした。これは火災時に煙が他の階又は建築物の異なる用途の部分へ，伝播，拡散することを防止する趣旨で定めたものである。

また，第１項１号本文の括弧書については，建築物又は風道の形態等によっては，煙の他の階への流出のおそれが少ない等避難上及び防火上支障がないと認められる場合もあることから設けた規定であり，次の点に留意の上，柔軟に運用することとされたい。なお，**図３・12**に掲げた例は，いずれも適法妥当なものであるので参考とされたい。

(1)　煙は基本的には上方にのみ伝播するものであり，特に最上階に設けるダンパには，煙感知器連動とする必要のないものがあること。

(2)　火災時に送風機が停止しない構造のものにあっては，煙の下方への伝播も考えられうることから，空調のシステムを総合的に検討する必要があること。

(3)　同一系統の風道において換気口等が１の階にのみ設けられている場合にあっては，必ずしも煙感知器運動ダンパとする必要のないものがあること。

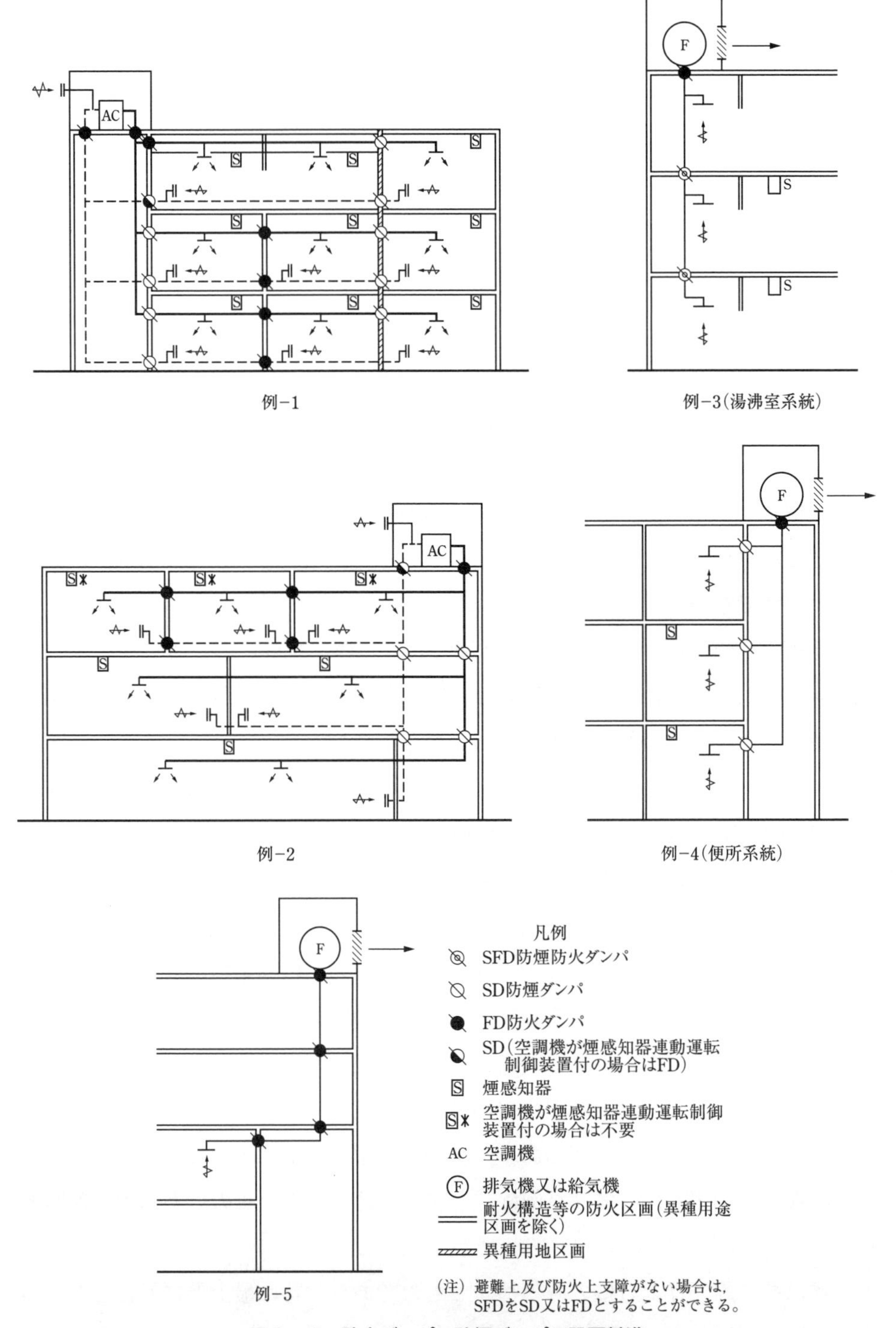

図３・12　防火ダンパ，防煙ダンパの設置基準

2．火災により煙が発生した場合に自動的に閉鎖するダンパの構造基準及び火災により温度が急激に上昇した場合に自動的に閉鎖するダンパの構造基準については，従来と同様，昭和48年建設省告示第2563号に準じて定めたものであるが，次の点が異なっているので注意されたい。

⑴　第１第１号により設けるダンパの煙感知器は，当該ダンパに係る風道の換気口等がある間仕切壁等（防煙壁を含む。）で区画された場所ごとに設けることが必要であり，第１第２号により設けるダンパの煙感知器と設置場所が異なっていること。

⑵　温度ヒューズは，当該温度ヒューズに連動して閉鎖するダンパに近接した場所で風道の内部に設けることとした。

３．機器据付け完了後の防振架台　適切でない部分の改善策を１つ具体的に簡潔に記す。

①　**適切でない部分**　耐震ストッパーボルトがダブルナットで防振架台を堅固に固定されているので，防振材の防振性能が発揮できないので適切でない。

改善策　耐震ストッパーボルトの役割は，平常時には防振性能が確保でき，地震時には防振基礎を移動・転倒させないことである。すなわち，耐震ストッパーボルトのダブルナットと防振架台とのすき間を２～３mm 開けるか又はゴムブッシュを介してナットを緩く締めつける（**図３・13**）。

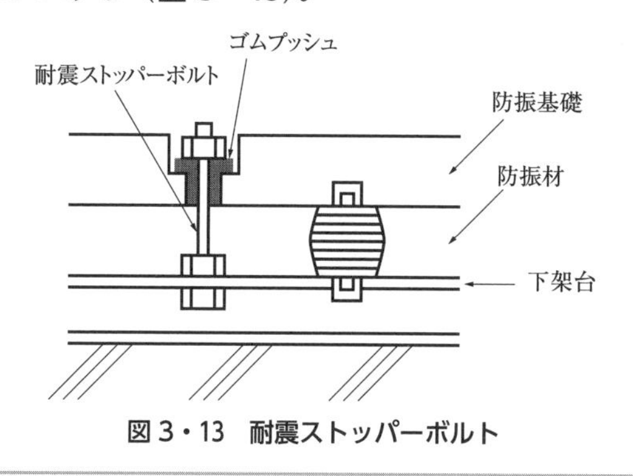

図３・13　耐震ストッパーボルト

【問題２】　鉄筋コンクリート造５階建ての屋上に空気熱源ヒートポンプユニットを設置し，各階の空調機械室にユニット形空気調和機を設置する場合

⑴　空気熱源ヒートポンプユニットの配置に関し，運転の観点からの**留意事項**　１つ具体的かつ簡潔に記述する。ただし，工程管理及び安全管理に関する事項は除く。

①　空気熱源ヒートポンプユニットの排気が，ショートサーキットして吸い込み口に回らないように塔屋の壁や目隠しルーバーから離隔間隔を設けて設置する。

②　空気熱源ヒートポンプユニットの騒音値が，隣地境界線上で規制値を超えない箇所に空気熱源ヒートポンプユニットを配置する。

⑵　ユニット形空気調和機回りの冷温水管を施工する場合の**留意事項**（配管附属品及び計器に関する事項は除く。）　１つ具体的かつ簡潔に記述する。ただし，工程管理及び安全管理に関する事項は除く。

①　ユニット形空気調和機の冷温水コイルに対する配管出入り口の接続は，水の流れが空気の流れ方向に対して逆になるようにカウンターフローに接続する。具体的には，冷温水コイルの気流出口側に往き管を接続し，気流入り口側に還り管を接続する（**図３・14**）

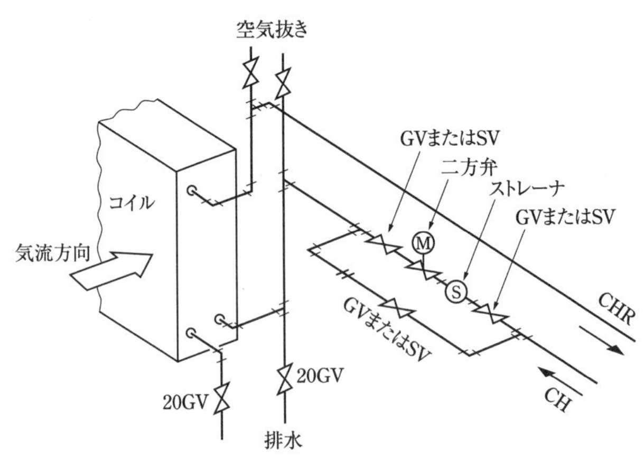

図３・14　冷温水コイルまわりの配管要領図

(3)　ユニット形空気調和機のドレン管を施工する場合の**留意事項**　1つ具体的かつ簡潔に記述する。ただし，工程管理及び安全管理に関する事項は除く。

①　ユニット形空気調和機のドレン管は，機内の負圧に対応した封水深の封水式排水トラップ又は機械式空調機用ドレントラップを設け，間接排水とする（**図３・15**）。

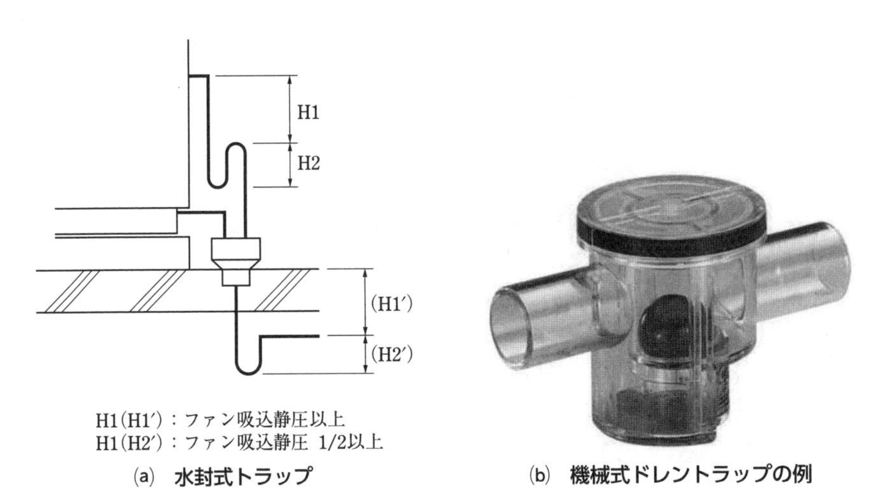

(a)　水封式トラップ　　(b)　機械式ドレントラップの例

図３・15　ドレントラップ

解　説　**トラップの封水深**

機内の負圧に対応した封水深の排水トラップを設けていないと，ドレン管が大気開放となるので，各階の空調機械室の空気をユニット形空気調和機が吸い込むことになる。

(4)　空気熱源ヒートポンプユニットの個別試運転調整に関する**留意事項**　1つ具体的かつ簡潔に記述する。ただし，工程管理及び安全管理に関する事項は除く。

①　連動機器，インターロック，遠方発停の作動を確認する。

②　冷水ポンプを運転する。

③　負荷に応じて運転状態を確認する。

④　保安装置（高・低圧，断水）作動を確認する。
⑤　次の項目を測定する（冷水量，冷水入・出口温度，蒸発・凝縮器の冷媒圧力，運転電圧・電流）
⑥　異常騒音・振動がないか確認する。
⑦　緊急停止の確認をする。

解　説　**インターロック**

インターロックとは，機械の安全装置などの仕組みの１つで，設計時に決められた複数の条件がすべて揃わないと機能が有効にならないよう制御する方式である。例えば，空気熱源ヒートポンプユニットを運転させるには，冷水ポンプの運転が条件である。

【問題３】　鉄筋コンクリート造５階建ての１階受水タンク室に，飲料用受水タンク（ステンレス鋼板製パネルタンク（ボルト組立形））を設置する場合

(1)　受水タンクの製作図を審査する場合の**留意事項**　１つ具体的かつ簡潔に記述する。ただし，工程管理及び安全管理に関する事項は除く。

①　製造者の照合，確認をする。承諾された製造者リストに記載された製造者かを確認する。
②　機器仕様・附属品を設計図書（設計図，特記仕様書，共通仕様書）と照合確認する。図面，仕様書に記載の事項が，製作図に網羅されているかを確認する。
③　機器仕様を設計図書と照合，確認する（容量，単板，複合板の別，内部仕切の有無，タッピング位置，使用するステンレス材の種類（気相部・液相部），耐震強度等）。
④　屋内設置の場合，マンホールの位置や保守スペースが確保されるかを躯体図と照合，確認する。
⑤　外部梯子の位置は安全に昇降できるか確認する。

(2)　受水タンクの配置に関する**留意事項**　１つ具体的かつ簡潔に記述する。ただし，工程管理及び安全管理に関する事項は除く。

①　外部から給水タンク又は貯水タンクの天井，底又は周壁の保守点検を容易かつ安全に行うことができるように配置する。
②　受水タンクの設置位置は，汚染されやすい場所に設置しない。タンク周囲は常に清潔な状態に保つ必要があり，そのためには，物置代わりに使用することなく，関係者以外の立ち入りを禁止し独立した水槽室の場合には，出入口に施錠する等の措置を講ずる。

解　説　**建築物に設ける飲料水の配管設備及び排水のための配管設備の構造方法を定める件**

建設省告示第1597号

受験のガイダンス
第1章　傾向分析
第2章　基礎知識
第3章　試験問題
第4章　経験記述

第１　飲料水の配管設備の構造は，次に定めるところによらなければならない。

2．給水タンク及び貯水タンク

イ．建築物の内部，屋上又は下階の床下に設ける場合においては，次に定めるところによること。

(1)　外部から給水タンク又は貯水タンク（以下「給水タンク等」という。）の天井，底又は周壁の保守点検を容易かつ安全に行うことができるように設けること（**図3・16**）。

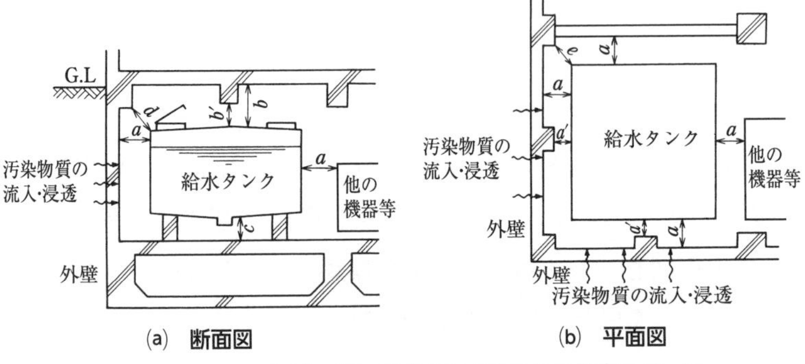

図3・16　給水タンクまわりの保守スペース

ａ，ｂ，ｃのいずれも保守点検が容易に行い得る距離とする。（標準的にはａ，ｃ≧60cm，ｂ≧100cm）。また，梁・柱等がマンホールの出入りに支障となる位置としてはならず，ａ′，ｂ′，ｄ，ｅは保守点検に支障のない距離とする（標準的にはａ′，ｂ′，ｄ，ｅ≧45cm）。

図3・16　受水槽の設置位置の例（給排水設備技術基準・同解説　2006年版）

(2)　受水タンク回りの給水管の施工に関し，水質汚染防止の観点からの**留意事項**１つ具体的かつ簡潔に記述する。ただし，工程管理及び安全管理に関する事項は除く。

①　流入管（引き込み管）は，吐水口空間を確保する。

②　地震時の変位吸収として，引き込み管・給水管（ポンプサクション管）はフレキシブルジョイントを介してタンクと接続する。

③　給水管（ポンプサクション管）は，ポンプに向かって先上がりこう配とする。

④　オーバフロー管の管末は，間接排水とし，防虫網を設ける。

(3)　受水タンク据付け完了後の自主検査時における**留意事項**を１つ，具体的かつ簡潔に記述する。ただし，配管及び保守点検スペースに関する事項，工程管理及び安全管理に関する事項は除く。

①　準備作業（官庁届け出，設計図書との照合，施工検査記録，配管系統（水圧試験，フラッシングなど），機器類（据付状態，運転状態など），給水，排水，電源供給状況，水道引き込み管の吐水口空間，オーバフロー及び水抜き管の排水口空間，外観及び据付状態，機器本体・内部及び周辺の清掃）を確認する。

② 所定水位になるように副弁付定水位弁を調整する。

③ 水張り後に漏れ及びオーバフローの排水状態を検査する。

④ 電極棒などの設定位置を確認後，作動状況を確認・調整する。

⑤ 緊急遮断弁の作動を確認する。

解 説 ① **副弁付定水位弁**

ウォータハンマを軽減できるもので，小口径のボールタップを副弁とし，副弁の動きで主弁を動かす構造。大容量の受水槽タンクの水位調整弁として使用される。

② **緊急遮断弁**

受水槽の給水出口側に設け，地震などの緊急時に受水槽からの水の経路を遮断して破損した配管からの水流出事故を未然に防ぐバルブのこと。

【問題４】

〔設問１〕 クリティカルパス（イベント番号を矢印（ダミーは破線）でつなぐ形式で表示）：①→②→⑤⇢⑥→⑦⇢⑧→⑨

解 説 図３・17にクリティカルパスを太矢印で示す。工期は29日である。

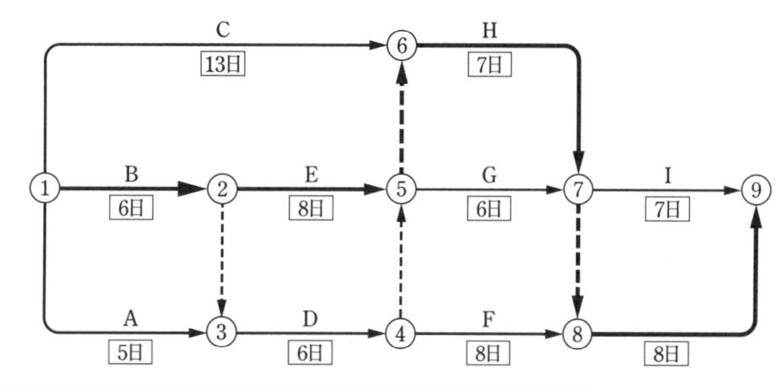

①→②→③→④→⑤→⑥→⑦→⑧→⑨	：6+6+7+8=27
①→②→③→④→⑤→⑥→⑦→⑨	：6+6+7+7=26
①→②→③→④→⑤→⑦→⑧→⑨	：6+6+6+8=26
①→②→③→④→⑤→⑦→⑨	：6+6+6+7=25
①→②→③→④→⑧→⑨	：6+6+8+8=28
①→②→⑤→⑥→⑦→⑧→⑨	：6+8+7+8=29
①→②→⑤→⑥→⑦→⑨	：6+8+7+7=28
①→②→⑤→⑦→⑧→⑨	：6+8+6+8=28
①→②→⑤→⑦→⑨	：6+8+6+7=27
①→③→④→⑤→⑥→⑦→⑧→⑨	：5+6+7+8=26
①→③→④→⑤→⑥→⑦→⑨	：5+6+7+7=25
①→③→④→⑤→⑦→⑧→⑨	：5+6+6+8=25
①→③→④→⑤→⑦→⑨	：5+6+6+7=24
①→⑥→⑦→⑧→⑨	：13+7+8=28
①→⑥→⑦→⑨	：13+7+7=27

図３・17 ネットワーク工程表

〔設問２〕 進行状況をチェックした後，当初の工期より何日延長となるか：31－29＝2日延長

解　説　クリティカルパスは2ルートある（**図3・18**）。

❶ルート　クリティカルパス　①→②→⑤⇢⑥→⑦⇢⑧→⑨　太矢印で示す。

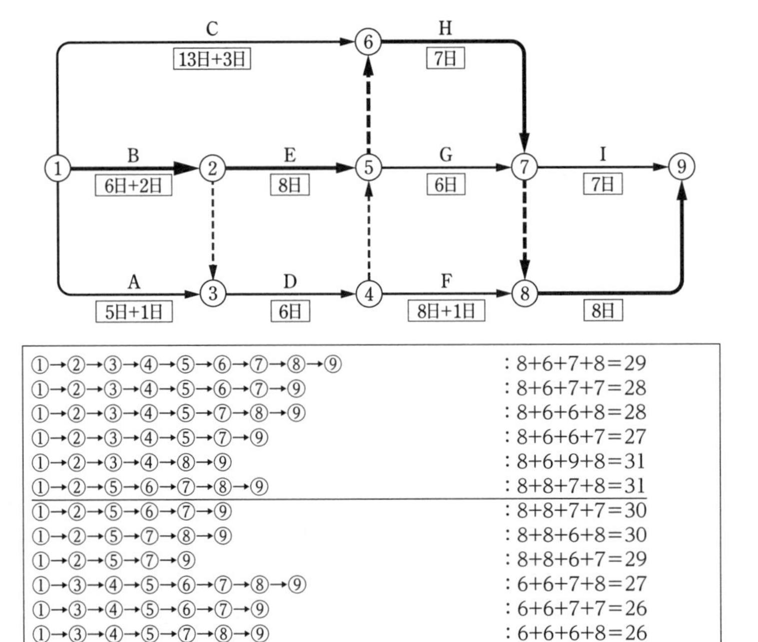

①→②→③→④→⑤→⑥→⑦→⑧→⑨	: 8+6+7+8=29
①→②→③→④→⑤→⑥→⑦→⑨	: 8+6+7+7=28
①→②→③→④→⑤→⑦→⑧→⑨	: 8+6+6+8=28
①→②→③→④→⑤→⑦→⑨	: 8+6+6+7=27
①→②→③→④→⑧→⑨	: 8+6+9+8=31
①→②→⑤→⑥→⑦→⑧→⑨	: 8+8+7+8=31
①→②→⑤→⑥→⑦→⑨	: 8+8+7+7=30
①→②→⑤→⑦→⑧→⑨	: 8+8+6+8=30
①→②→⑤→⑦→⑨	: 8+8+6+7=29
①→③→④→⑤→⑥→⑦→⑧→⑨	: 6+6+7+8=27
①→③→④→⑤→⑥→⑦→⑨	: 6+6+7+7=26
①→③→④→⑤→⑦→⑧→⑨	: 6+6+6+8=26
①→③→④→⑤→⑦→⑨	: 6+6+6+7=25
①→⑥→⑦→⑧→⑨	: 16+7+8=31
①→⑥→⑦→⑨	: 16+7+7=30

図3・18　ネットワーク工程表(1)

❷ルート　クリティカルパス　①→⑥→⑦⇢⑧→⑨　太矢印で示す。

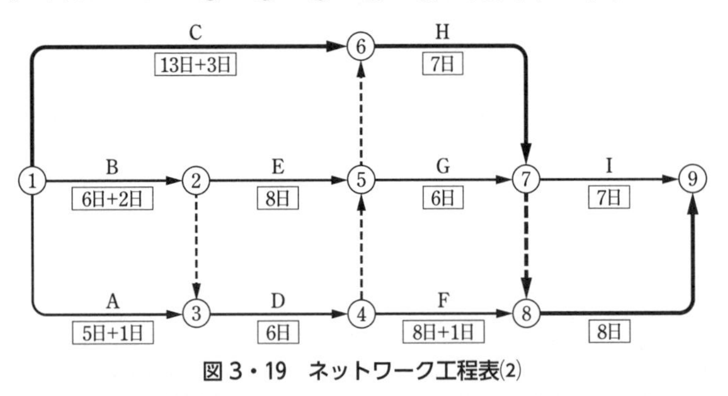

図3・19　ネットワーク工程表(2)

〔設問3〕　イベント数の最も少ないクリティカルパス：①→⑥→⑦⇢⑧→⑨

〔設問4〕　どの作業を何日短縮するか：クリティカルパス上で1日短縮する。

B作業を1日又はC作業を1日短縮する。

〔設問5〕　工程計画に遅れが生じたときに，遅れを取り戻すために行う工程管理上の具体的な方法を1つ記述する。

① 作業員を増員する。

② 施工方法を変更する。

③ 工場プレハブ・モジュール化で現場の作業を少なくする。

④ 現場での機械化施工を取り入れる。

【問題５】

〔設問１〕

墜落防止のために労働者が使用する器具は［A：墜落制止用器具］といい，［B：6.75］m を超える高さの箇所で使用する［A：墜落制止用器具］は，［C：フルハーネス］型のものでなければならない。また，事業者は，高さが［D：２］m 以上の箇所であって作業床を設けることが困難なところにおいて，［A：墜落制止用器具］のうち［C：フルハーネス］型のものを用いて行う作業に係る業務（ロープ高所作業に係る業務を除く。）に該当する業務に労働者をつかせるときは，当該業務に関する安全又は衛生のための［E：特別の教育］を行わなければならない。

解　説

「安全帯の規格」を改正した新規格「墜落制止用器具の規格」の告示

厚生労働大臣は，労働者の墜落を制止する器具（以下「墜落制止用器具」）の安全性の向上と適切な使用を図るため，「安全帯の規格」（平成14年厚生労働省告示第38号。以下「旧規格」）の全てを改正し，本日，「墜落制止用器具の規格」（平成31年厚生労働省告示第11号。）として告示しました。

この新規格は，平成30年６月に公布された関係政省令等の施行日と合わせて，平成31年２月１日に施行されます。そのため，施行日以降に製造・使用される墜落制止用器具は，原則として新規格に適合する必要があります。

【「墜落制止用器具の規格」概要】

・定義：フルハーネス，胴ベルト等の用語を定義します。

・使用制限：

(1) 6.75m を超える高さの箇所で使用する墜落制止用器具はフルハーネス型のものでなければならないこと。

(2) 墜落制止用器具は，着用者の体重とその装備品の質量の合計に耐えるものであること。

(3) ランヤードは，作業箇所の高さ・取付設備等の状況に応じ，適切なものでなければならないこと。

・構造，部品の強度，材料，部品の形状，部品の接続：墜落制止用器具の構造，部品の強度，材料，部品の形状，部品の接続について，求められる要件とそれを確認するための試験方法等を定めます。

・耐衝撃性等：墜落制止用器具とその部品に求められる耐衝撃性等を確認するための試験方法等を定めます。

・表示：墜落制止用器具とその部品に求められる表示の内容を定めます。

・特殊な構造の墜落制止用器具等：特殊な構造の墜落制止用器具または国際規格等に基づき製造された墜落制止用器具に対する本規格の規定の適用除外について定めます（図３・20）。

受験のガイダンス
第1章 傾向分析
第2章 基礎知識
第3章 試験問題
第4章 経験記述

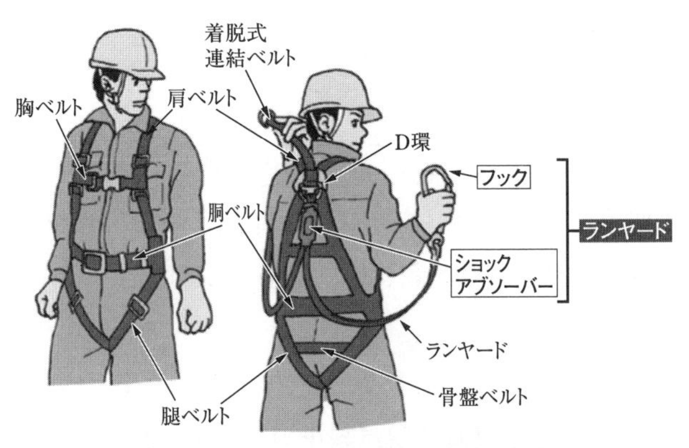

図３・20　フルハーネス型墜落制止用器具

規則第三十六条（特別教育を必要とする業務）　法第五十九条第３項の厚生労働省令で定める危険又は有害な業務は，次のとおりとする。

四十一　高さが２m以上の箇所であって作業床を設けることが困難なところにおいて，墜落制止用器具（令第十三条第３項第二十八号の墜落制止用器具をいう。第百三十条の五第１項において同じ。）のうちフルハーネス型のものを用いて行う作業に係る業務（前号に掲げる業務を除く。）

【問題６】

第４章　施工経験した管工事の記述を参照されたい。

3・3　令和３年度　第二次検定　試験問題

問題１は必須問題です。必ず解答してください。解答は**解答用紙**に記述してください。

【問題１】　次の設問１～設問４の答えを解答欄に記述しなさい。

〔設問１〕　次の(1)～(5)の記述について，**適当な場合には○を，適当でない場合には×を記入しなさい。**

(1)　送風機の吐出し口直後に風量調節ダンパーを取り付ける場合，風量調節ダンパーの軸が送風機の羽根車の軸に対し平行となるようにする。

(2)　サプライチャンバーやレタンチャンバーの点検口の扉は，原則として，チャンバー内が正圧の場合は外開き，負圧の場合は内開きとする。

(3)　強制循環式の下向き給湯配管では，給湯管，返湯管とも先下がりとし，勾配は$\frac{1}{200}$以上とする。

(4)　冷温水横走り配管の径違い管を偏心レジューサーで接続する場合，管内の天端に段差ができないように接続する。

(5)　電気防食法における外部電源方式では，直流電源装置から被防食体に防食電流が流れるように，直流電源装置のプラス端子に被防食体を接続する。

〔設問２〕　(6)及び(7)に示す図について，**適切でない部分の改善策**を記述しなさい。

(6)　多層建物の中間階の通気配管図

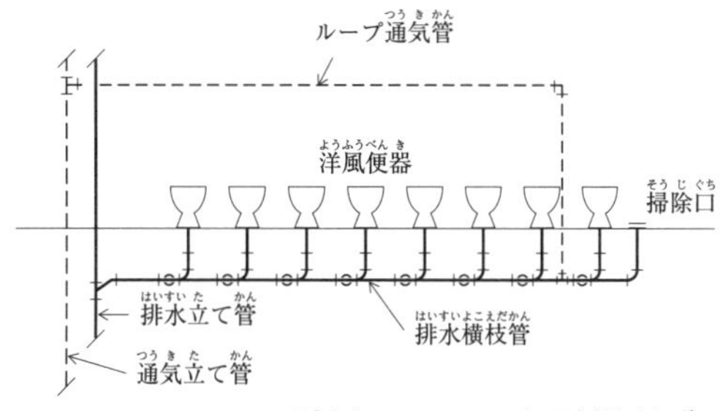

(7)　水道用硬質塩化ビニルライニング鋼管フランジ接合断面図

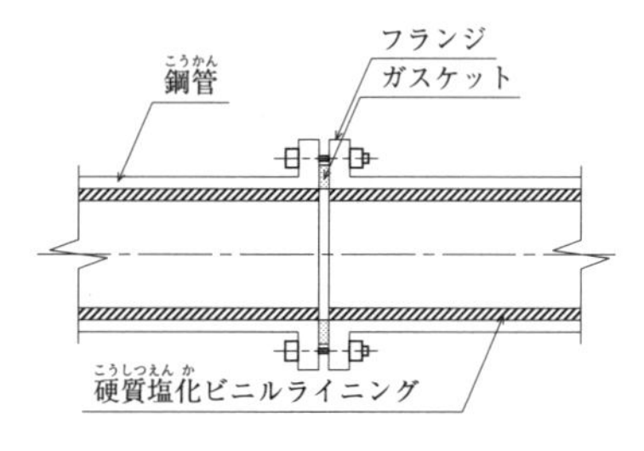

〔設問３〕　(8)に示す図－１の送風機の特性曲線が図－２のとき，①及び②の答えをそれぞれの解答欄に記述しなさい。

(8)　送風機回り詳細図及び特性曲線図

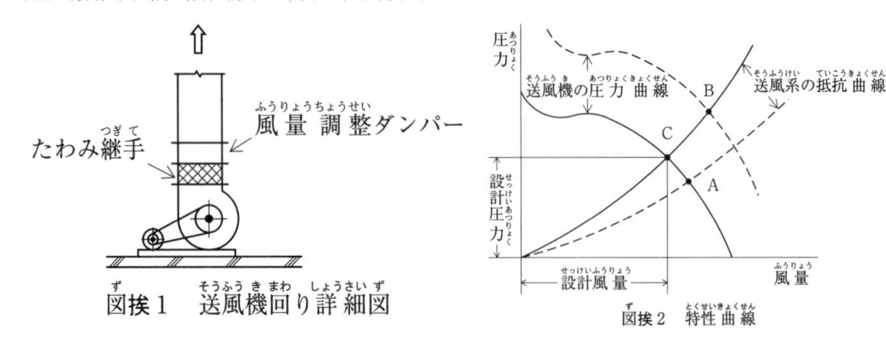

図挨１　送風機回り詳細図　　図挨２　特性曲線

①送風機がＡ点で運転されている場合，設計点Ｃで運転するように調整する方法を簡潔に記述しなさい。

②送風機がＢ点で運転されている場合，設計点Ｃで運転するように調整する方法を簡潔に記述しなさい。

〔設問４〕　(9)に示す図について，W＝600mm の場合，解答欄の①にＬの寸法〔mm〕，解答欄の②にＳの寸法〔mm〕を記述しなさい。ただし，R＜W とする。

(9)　長方形ダクト用１枚羽根付きエルボ詳細図

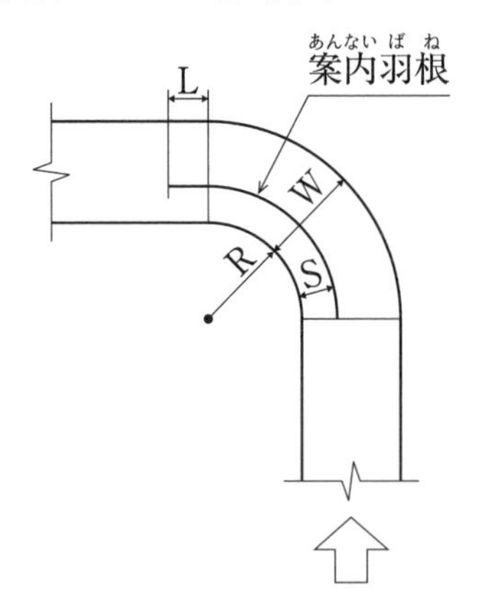

問題２と問題３の２問題のうちから１問題を選択し，解答は**解答用紙**に記述してください。選択した問題は，解答用紙の**選択欄に○印**を記入してください。

【問題２】　中央機械室の換気用として多翼送風機（呼び番号，Ｖベルト駆動）を天井吊り設置する場合の留意事項を解答欄に具体的かつ簡潔に記述しなさい。

記述する留意事項は，次の⑴〜⑷とし，それぞれ解答欄の⑴〜⑷に記述する。

ただし，工程管理及び安全管理に関する事項は除く。

⑴　送風機の製作図を審査する場合の留意事項
⑵　送風機の配置に関し，運転又は保守管理の観点からの留意事項
⑶　送風機の天井吊り設置に関する留意事項
⑷　送風機の個別試運転調整に関かんする留意事項

【問題３】　高置タンク方式において，揚水ポンプ（渦巻ポンプ，２台）を受水タンク室に設置する場合の留意事項を解答欄に具体的かつ簡潔に記述しなさい。

記述する留意事項は，次の⑴〜⑷とし，それぞれ解答欄の⑴〜⑷に記述する。

ただし，工程管理及び安全管理に関する事項は除く。

⑴　ポンプの製作図を審査する場合の留意事項
⑵　ポンプの基礎又はアンカーボルトに関かんする留意事項
⑶　ポンプ回りの給水管を施工する場合の留意事項
⑷　ポンプの個別試運転調整に関かんする留意事項

> **問題４と問題５の２問題のうちから１問題を選択し，**解答は**解答用紙**に記述してください。選択した問題は，解答用紙の**選択欄に○印**を記入してください。

【問題４】　下図に示すネットワーク工程表において，設問１〜設問５の答えを解答欄に記述しなさい。ただし，図中のイベント間のA〜Iは作業内容，日数は作業日数を表す。

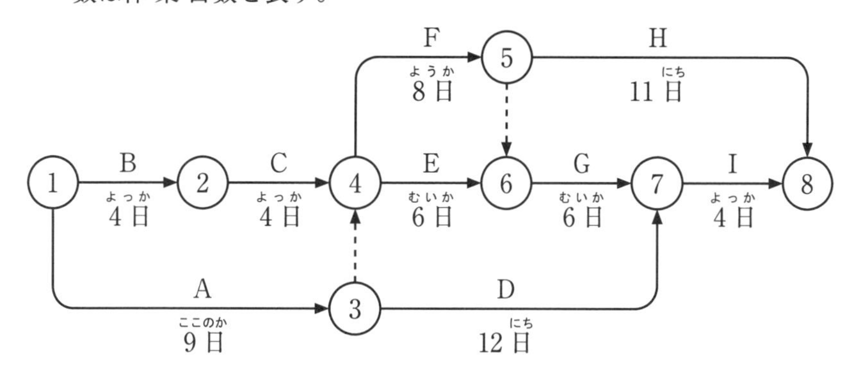

〔設問１〕 イベント番号を矢印（ダミーは破線矢印）でつなぐ形式で，クリティカルパスの経路を答えなさい。

〔設問２〕 工事着手から３日後に工程を再検討したところ，作業内容Ｂの完了が４日遅れることが判明した。その他の作業内容（Ａ，Ｃ～Ｉ）は予定どおりの作業日数で進行するものとして，作業内容Ｂの完了が４日遅れる場合の所要工期を答えなさい。

〔設問３〕 作業内容Ｂの完了が４日遅れる場合の工程の再検討において，当初の工期で完成させるために，作業日数を短縮する必要がある作業内容を作業内容（Ａ～Ｉ）から特定する方法を簡潔に記述しなさい。

〔設問４〕 作業内容Ｂの完了が４日遅れる場合において，当初の工期で完成させる短縮パターンのうち，作業日数を短縮する作業内容の数が最少となる短縮パターンを，作業日数を短縮する作業内容（Ａ～Ｉ）と短縮する日数の組合せを列挙する形式で答えなさい。作業日数を短縮する作業内容の数が最少となる短縮パターンが複数ある場合は，そのすべてのパターンを答えなさい。

ただし，短縮できる作業日数は，当初の作業日数の30％以内で整数とし，工事着手から３日後の時点で施工中の作業内容は短縮できないものとする。

〔設問５〕 工期の短縮において，クリティカルパス以外のパスに短縮の必要が生じた場合，そのパスのことを何と呼ぶか記述しなさい。

【問題５】 次の設問１及び設問２の答えを解答欄に記述しなさい。

〔設問１〕 建設工事現場における架設通路からの墜落防止措置に関する文中，[A-1]～[B-2]に当てはまる「労働安全衛生法」に**定められている数値**を解答欄に記述しなさい。

事業者は，架設通路の墜落の危険のある箇所に，原則として，高さ85センチメートル以上の手すり等及び高さ[A-1]センチメートル以上[A-2]センチメートル以下の中桟等を設けなければならない。

また，建設工事の架設通路に使用する高さ[B-1]メートル以上の登り桟橋には，[B-2]メートル以内ごとに踊場を設けなければならない。

〔設問２〕　石綿等を取り扱う作業に関する文中，[C]～[E]に当てはまる「労働安全衛生法」に**定められている語句又は数値**を解答欄に記述しなさい。

事業者は，石綿等の粉じんが発散する屋内作業場については，原則として，当該粉じんの発散源を密閉する設備，局所排気装置又は[C]型換気装置を設け，石綿作業主任者に，局所排気装置，[C]型換気装置等を[D]か月を超えない期間ごとに点検させなければならない。

また，事業者は，上記の装置については，原則として，１年以内ごとに１回，定期に自主検査を行い，その記録を[E]年間保存しなければならない。

問題６は必須問題です。必ず解答してください。解答は**解答用紙**に記述してください。

【問題６】　あなたが経験した**管工事**のうちから，**代表的な工事を１つ選び**，次の設問１～設問３の答えを解答欄に記述しなさい。

〔設問１〕　その工事につき，次の事項について記述しなさい。

(1)　工事名〔例：◎◎ビル□□設備工事〕

(2)　工事場所〔例：◎◎県◇◇市〕

(3)　設備工事概要〔例：工事種目，工事内容，主要機器の能力・台数等〕

(4)　現場での施工管理上のあなたの立場又は役割

〔設問２〕　上記工事を施工するにあたり「**工程管理**」上，あなたが**特に重要と考えた事項**を解答欄の(1)に記述しなさい。

また，それについて**とった措置又は対策**を解答欄の(2)に簡潔に記述しなさい。

〔設問３〕　上記工事の**「総合的な試運転調整」又は「完成に伴う自主検査」**において，あなたが**特に重要と考えた事項**を解答欄の(1)に記述しなさい。

また，それについて**とった措置**を解答欄の(2)に簡潔に記述しなさい。

模範解答 （令和３年度）

【問題１】

〔設問１〕　適当な場合には○を，適当でない場合には×を記入する。

(1)　×：送風機の吐出し口直後に風量調節ダンパを取り付ける場合，風量調節ダンパの軸が送風機の羽根車の軸に対し直角となるようにする。

解　説　送風機の吐出し口直後にVD（風量調節ダンパ）の軸が送風機の羽根車の軸に対し並行となるVDを設けた場合，送風機の羽根車の回転に伴う偏流がダンパの羽根でさらに偏流となり，風量減や異常振動・騒音が発生する。これを防止するため，VDの軸が送風機の羽根車の軸に対し直角となるようにすると，偏流が少しは緩和される。できれば，送風機の吐出し口直後にVDを取り付けず，８D以上離れた箇所にVDを設ける。

---

(2)　×：サプライチャンバやレタンチャンバの点検口の扉は，原則として，チャンバ内が正圧の場合は内開き，負圧の場合は外開きとする。

解　説　運転中に点検口の扉，ハンドルに不具合があっても，扉が開き破損するような大事故には至らない又は不用意な使用法や人為ミス，装置の誤作動などがあっても壊滅的な事態に発展したり人身に危険が及ばないようにする「フールプルーフ」又は「フェイルセーフ」の考え方から，サプライチャンバやレタンチャンバの点検口の扉は，原則として，チャンバ内が正圧の場合は内開き，負圧の場合は外開きとする。

---

(3)　○：強制循環式の下向給湯配管では，給湯管，返湯管とも先下がりとし，勾配は1/200以上とする。

解　説　スムーズに空気を抜き，かつ空気が湯の流れを阻害させないために，強制循環式の下向給湯配管では，給湯管，返湯管とも先下がりとし，勾配は1/200以上とする（図３・21）。

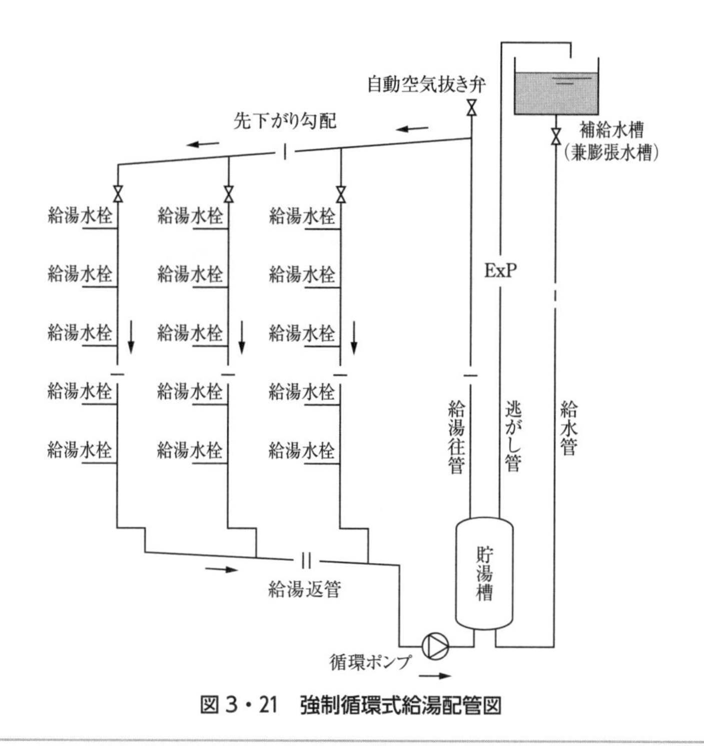

図３・21　強制循環式給湯配管図

---

(4)　○：冷温水横走り配管の径違い管を偏心レジューサーで接続する場合，管内の天端に段差ができないように接続する。

解　説　冷温水横走り配管にエアが溜まるのを防ぐため，冷温水横走り配管の径違い管を偏心レジューサーで接続する場合，管内の天端に段差ができないように接続する。

---

(5)　×：電気防食法における外部電源方式では，直流電源装置から被防食体に防食電流が流れるように，直流電源装置のプラス端子に不活性電極（白金など）を接続する。

解　説　電気防食法における外部電源方式では，直流電源装置から被防食体に防食電流が流れるように，直流電源装置のプラス端子に不活性電極（白金など），マイナス端子に被防食体（埋設管）を接続する。**図３・22**に，埋設配管の例を示す。

外部電源式電気防食では，土中に不活性電極（白金など）を設け，これに外部電源から電流を流し（これを防食電流という），これにより被防食体（埋設管）の電位を下げて，腐食反応を起こさないようにする方法である。

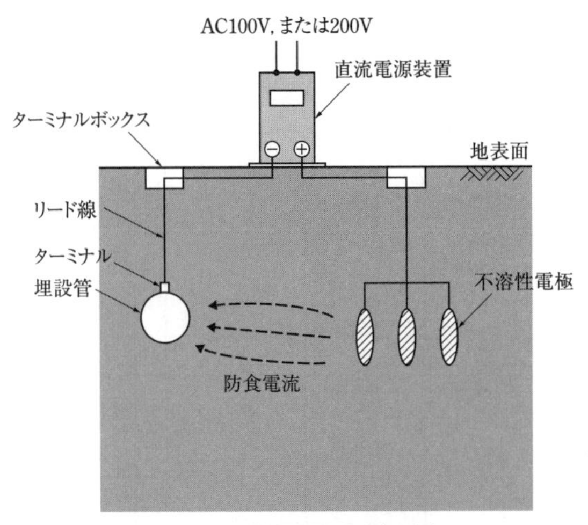

図3・22　外部電源式電気防食

〔設問2〕

(6)　多層建物の中間階の通気配管図　適切でない部分の改善策を1つ具体的に，簡潔に記す。

①　**適切でない部分**　洋風便器8台が排水横枝管に接続されており，ループ通気だけでは通気として不十分であるので適切でない。

改善策　排水横枝管の最下流で，最下流の洋風便器が接続された直後から逃がし通気管を設け，ループ通気管に接続する（**図3・23**）。

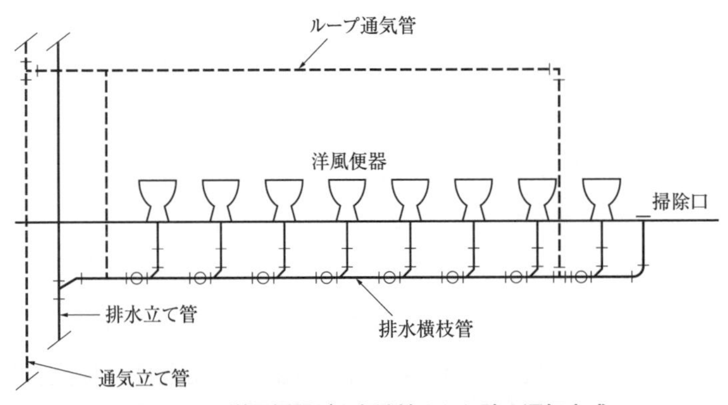

図3・23　洋風便器が8台連結された時の通気方式

---

(7)　水道用硬質塩化ビニルライニング鋼管フランジ接合断面図　適切でない部分の改善策を1つ具体的に簡潔に記す。

①　**適切でない部分**　硬質塩化ビニルライニング鋼管のフランジ接合では，フランジ接合面まで塩化ビニル樹脂を巻き返していないと，錆の発生のおそれがあるので適切でない。

改善策　フランジ接合面まで塩化ビニル樹脂を巻き返す。

解　説　**フランジ加工の塩ビライニング鋼管**

２通りある。１つは工場プレハブ加工管で，フランジを溶接した鋼管に，蒸気等で塩ビライニング層を軟化させフランジ部に巻き返すもの。二つ目は，塩化ビニル溶接で塩化ビニル短管を繋ぎ，内面を塩ビライニング層とするもの（**図３・24**）。

(a)　工場プレハブ加工管

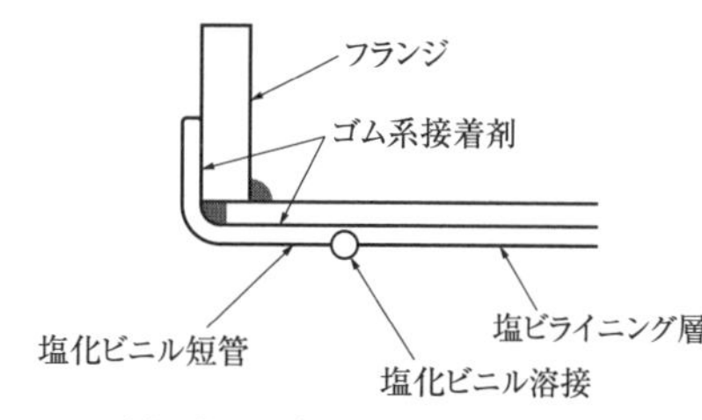

(b)　塩化ビニル溶接による方法

図３・24　硬質塩化ビニルライニング鋼管のフランジ部

〔設問３〕

(8)　送風機回り詳細図及び特性曲線図

①　送風機がＡ点で運転されている場合，設計点Ｃで運転するように調整する方法
：吐出側の風量調節ダンパを絞り，摩擦損失抵抗を増加させて風量を減少させる（吐出側ダンパ調整法）。

②　送風機がＢ点で運転されている場合，設計点Ｃで運転するように調整する方法
：送風機の回転数をインバータやプーリーダウンで減じ，圧力と風量を減じる（回転数調整法）。

解　説　**プーリーダウン**

プーリーとは，送風機などで電動機の動力により回転機械を駆動するため，ファンベルトをかける円筒状の部品のことで，プーリーをサイズダウンして取り替えること（プーリーダウンという）により，送風機の回転数を減ずることができる。結果として，送風機動力を抑えることができ，省エネ効果も得られる。

---

(9)　長方形ダクト用１枚羽根付きエルボ詳細図（**図３･25**）

①　Ｌの寸法〔mm〕：R<W の場合　S=L=1/3W=200mm

②　Ｓの寸法〔mm〕：200mm

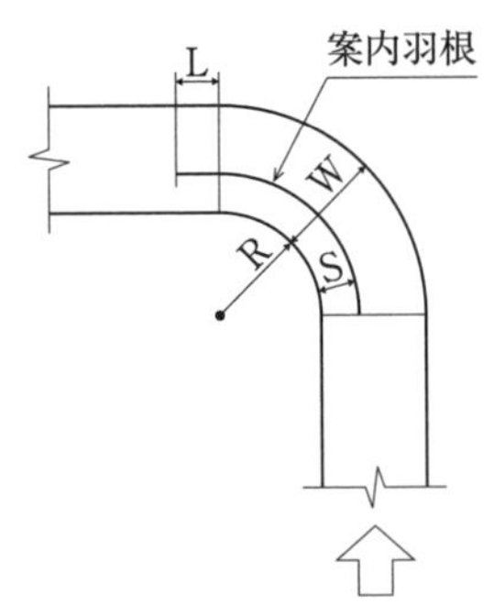

図３・25　長方形ダクト用１枚羽根付きエルボ詳細図

【問題２】　中央機械室の換気用として多翼送風機（呼び番号３，Ｖベルト駆動）を天井吊り設置する場合の**留意事項**

(1)　送風機の製作図を審査する場合の**留意事項**　１つ具体的に簡潔に記す。

①　機器仕様を設計図と照合，確認する（形式，風量，静圧，動力，軸受形式など）。

②　送風機の吹出し方向は，施工図と照合してダクト抵抗の少ない方向であることを確認する。

③　送風機静圧は，施工図により計算した静圧以上あることを確認する。

④　送風機運転点をプロットした性能曲線が添付されていて，設計仕様以上の能力が出ることを確認する。

⑤　電動機の形式（屋内：保護防滴型）が明記されていることを確認する。屋外：全閉防まつ型）

---

(2)　送風機の配置に関し，運転又は保守管理の観点からの**留意事項**　１つ具体的に簡潔に記す。

①　天吊り送風機は，送風機や電動機の点検，プーリーや軸受の取替え，Ｖベルトの調整等が容易にできるスペースを確保するため，設備機器等の直上ではなく，通路等の天井部分の低いところに配置する。

---

(3)　送風機の天井吊り設置に関する**留意事項**　１つ具体的に簡潔に記す。

①　呼び番号が＃２以上であるので，ラーメン構造（構造形式の１つで，長方形に組まれた骨組み（部材）の各接合箇所を剛接合したものをいう。）の型鋼架台に据え付け，架台はスラブにアンカーボルトで固定する（**図３・26**）。

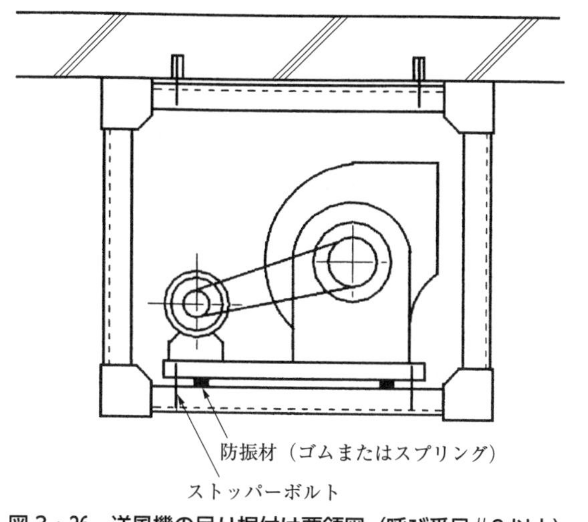

図３・26　送風機の吊り据付け要領図（呼び番号＃２以上）

⑷　送風機の個別試運転調整に関する**留意事項**　１つ具体的に簡潔に記す。

①　準備作業（必要書類（提出された場合は特定施設設置届出書），工場試験検査記録（仕様と能力），機器承諾図など，設計図（系統），施工検査記録（機器据付け，ダクト接続），防振装置の仮振止め防止の解除，手動で羽根車を回転させ異音確認，ケーシング内部のゴミ清掃）

②　吐出側のダンパをある程度に絞る（全閉の必要はない）。

③　瞬時運転を行い，送風機羽根車の回転方向を確認する。

④　電流値を見ながら，吐出側ダンパを徐々に開け，性能曲線を対照し，設計風量に調整する。

⑤　次の項目を測定する（吸込・吐出圧力，電流・電圧，風量（吸込・吐出圧力差あるいは電流より推定））。

⑥　異音や異常振動を確認する（ある場合は，軸受温度を測定し，状況を確認する）。

【問題３】　高置タンク方式において，揚水ポンプ（渦巻ポンプ，２台）を受水タンク室に設置する場合の**留意事項**

⑴　ポンプの製作図を審査する場合の**留意事項**　１つ具体的に簡潔に記す。

①　機器仕様を設計図書と照合，確認する（形式，口径，揚水量，揚程，電気容量など）。

②　ホンプの仕様をプロットした性能曲線が添付されていて，設計仕様以上の能力がでることを確認する。

③　防振の方法が明記されていることを確認する。

④　附属品が明記されていることを確認する（圧力計，ドレンコック，相フランジ，基

受験のガイダンス
第１章　傾向分析
第２章　基礎知識
第３章　試験問題
第４章　経験記述

礎ボルト，工具類など)。

---

(2)　ポンプの基礎又はアンカーボルトに関する**留意事項**　1つ具体的に簡潔に記す。

①　基礎コンクリートの大きさは，基礎が十分乗るだけの広さをとり，非常時の出水等を考慮して，床部分より一段高くする。

②　受水タンクとのスペースを確保した位置に配置する。

③　メンテナンスを考慮し基礎表面は，モルタル塗り又は金ゴテ押さえとし，据え付け面は水平に仕上げ，ポンプの基礎天端の周辺に側溝を設ける。

④　基礎は，スラブ又は梁の鉄筋に結束されたアンカーボルトによって十分な強度が確保できるような強固なもので固定する。

⑤　基礎にJ形アンカーボルトを設け，ポンプ防振架台を堅固にダブルナットで取り付ける。

---

(3)　ポンプ回りの給水管を施工する場合の**留意事項**　1つ具体的に簡潔に記す。

①　吸込み管は，空気だまりができないようにポンプに向かって先上がりのこう配とする。

②　配管，バルブ類の取付けに際しては，その荷重がポンプに加わらないようにする。

③　ポンプ吐出管には，フレキシブルジョイント，逆止弁，仕切弁の順に取り付ける。

④　ポンプ停止時のウォータハンマ防止のため，逆止弁は急閉式逆止弁（スモレンスキチャッキバルブ）とする。

⑤　ポンプ吐出管は，立ち上がり部の直上を架台で受け，運転時伸びないようにする。

解　説　**急閉式逆止弁**

揚水ポンプの停止時に，この急閉式逆止弁の場合は，揚水立て管内の流体が逆流に転ずる瞬間には，弁体に内蔵されたスプリングの作用により完全に閉鎖されているため，ウォータハンマを起こさない。一方，汎用のスイング式チャッキバルブ等の場合では，ポンプ停止後の揚水立て管内流体の逆流作用により弁体が急閉鎖されるので，流体は急激に制止させられ，大きなウォータハンマを起こすことになる。

---

(4)　ポンプの個別試運転調整に関する**留意事項**　1つ具体的に簡潔に記す。

①　準備作業（設計図書との照合，給水・排水・電源供給などの状況確認，外観及び据付状態（防振）を確認，機器本体及び周辺の清掃状態を確認）

②　瞬時起動にて回転方向を確認する。

③　運転後，水漏れや異常振動などがないことを確認する。

④　エアが完全に抜けていることを確認する。

⑤　所定の水量となるように吐出弁開度を調整する。

⑥　機器成績表と実際の電流値，流量などを照合する。

⑦　運転中，停止時の動圧・静圧を確認する。

⑧　停止後，軸受部温度を点検する。

【問題４】

〔設問１〕　クリティカルパスの経路（イベント番号を矢印（ダミーは破線）でつなぐ形式で表示）：

①⇢③→④→⑤→⑧

解　説　**図３・27**に示す。クリティカルパスを太矢印で示す。

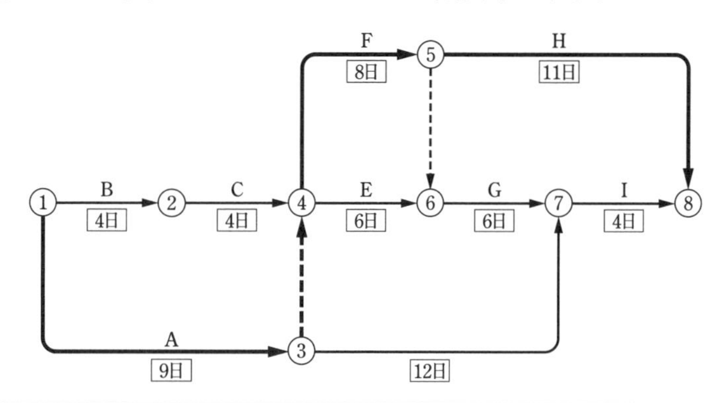

①→②→④→⑤→⑥→⑦→⑧	：4+4+8+6+4=26
①→②→④→⑤→⑧	：4+4+8+11=27
①→②→④→⑥→⑦→⑧	：4+4+6+6+4=24
①→③→④→⑤→⑥→⑦→⑧	：9+8+6+4=27
①→③→④→⑤→⑧	：9+8+11=28
①→③→④→⑥→⑦→⑧	：9+6+6+4=25
①→③→⑦→⑧	：9+12+4=25

図３・27　ネットワーク工程表

〔設問２〕　作業内容Ｂの完了が４日遅れる場合の所要工期は：

①→②→④→⑤→⑧がクリティカルパスとなり，8+4+8+11=31日である。

解　説　作業内容Ｂを４→８として，計算する。

①→②→④→⑤→⑥→⑦→⑧	：8+4+8+6+4=30
①→②→④→⑤→⑧	：8+4+8+11=31
①→②→④→⑥→⑦→⑧	：7+4+6+6+4=27
①→③→④→⑤→⑥→⑦→⑧	：9+8+6+4=27
①→③→④→⑤→⑧	：9+8+11=28
①→③→④→⑥→⑦→⑧	：9+6+6+4=25
①→③→⑦→⑧	：9+12+4=25

〔設問３〕　作業日数を短縮する必要がある作業内容を特定する方法：

トータルフロートが負になる作業を通るルート（クリティカルパスとリミットパス）上

で，短縮すべき日数が可能な作業を特定する。

〔設問4〕 作業日数を短縮する作業内容の数が最少となる短縮パターンを列挙する。

手順1 トータルフロートを求めるため，最早開始時刻を求める（**表3・7**）。

◆最早開始時刻

表3・7 最早開始時刻の計算

イベント	作業内容	アクティビティ	計算	最早開始時刻
①				0
②	B	①→②	0+8=8	8
③	A	①→③	0+9=9	9
④	C ダミー	②→④ ③⇢④	8+4=12 9+0=9 } 12>9	12
⑤	F	④→⑤	12+8=20	20
⑥	E ダミー	④→⑥ ⑤⇢⑥	12+6=18 20+0=20 } 20>18	20
⑦	D G	③→⑦ ⑥→⑦	9+12=21 20+6=26 } 26>21	26
⑧	H I	⑤→⑧ ⑦→⑧	20+11=31 26+4=30 } 31>30	31

手順2 当初の工期（28日）で完了させるため，当初の工期としたときの最遅完了時刻を求める（**表3・8**）。

◆最遅完了時刻（当初の工期としたとき）

表3・8 最遅完了時刻（当初の工期としたとき）の計算

イベント	作業内容	アクティビティ	計算	最遅完了時刻
⑧				28
⑦	I	⑦→⑧	28−4=24	24
⑥	G	⑥→⑦	24−6=18	18
⑤	H ダミー	⑤→⑧ ⑤⇢⑥	28−11=17 18−0=18 } 17<18	17
④	E F	④→⑥ ④→⑤	18−6=12 17−8=9 } 9<12	9
③	D ダミー	③→⑦ ③⇢④	24−12=12 9−0=9 } 9<12	9
②	C	②→④	9−4=5	5
①	A B	①→③ ①→②	9−9=0 5−8=−3 } −3<0	−3

手順３　トータルフロートがマイナスになる作業を求める（**図3・28，表3・9**）。

計算式　トータルフロート＝後続イベント最遅完了時刻－（先行イベント最早開始時刻＋作業日数）

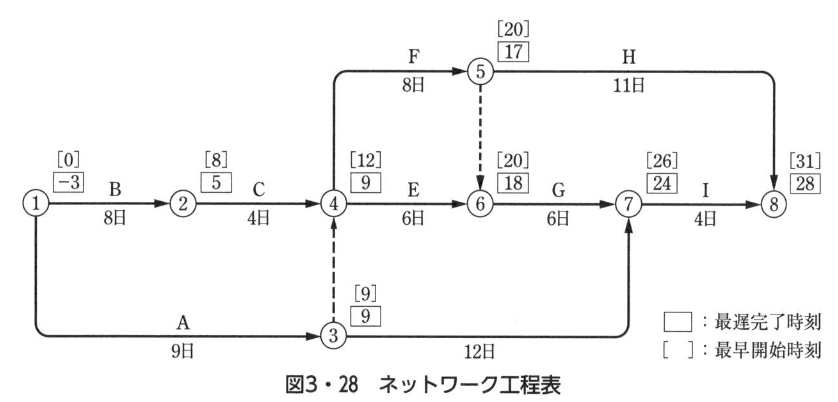

図3・28　ネットワーク工程表

◆トータルフロート

表３・９　トータルフロートの計算

イベント番号	計算	トータルフロート
①→②	5－（0+8）	−3
①→③	9－（0+9）	0
②→④	9－（8+4）	−3
③⇢④	9－（9+0）	0
③→⑦	24－（9+12）	3
④→⑤	17－（12+８）	−3
④→⑥	18－（12+6）	0
⑤⇢⑥	18－（20+0）	−2
⑤→⑧	28－（20+11）	−3
⑥→⑦	24－（20+6）	−2
⑦→⑧	28－（26+4）	−2

手順４　手順３より，①→②→④→⑤→⑧と⑤⇢⑥→⑦→⑧の経路のトータルフロートがマイナスであるので，この２つの経路を短縮すればよいことになる。

また，設問の条件に，短縮できる作業日数は当初の作業日数の30％以内の整数で，かつ工事着手から３日後の時点で施行中の作業は短縮できないとしているので，Ｂは短縮できない。したがって，短縮可能な作業は，Ｃ，Ｆ，Ｇ，Ｈ，Ｉである。

受験のガイダンス
第1章　傾向分析
第2章　基礎知識
第3章　試験問題
第4章　経験記述

手順５　３日短縮する必要がある短縮パターンを列挙し，条件による短縮の可否を判定する（**表３・10**）。

◆３日短縮する必要がある短縮パターン

表３・10　３日短縮する必要がある短縮パターンの検討

短縮パターン（短縮する作業：短縮する日数）	結果（条件による短縮の可否）
C：３日	Cの短縮が，作業日数の30％超なので，短縮できない
C：２日，（F：１日，G：１日，H：１日，I：１日の２つの組み合わせ）	Cの短縮が，作業日数の30％超なので，短縮できない
C：１日，F：２日	短縮できる
C：１日，G：２日	Gの短縮が，作業日数の30％超なので，短縮できない
C：１日，H：２日	⑤⇢⑥→⑦→⑧ルートが6＋4＝10となり，２日短縮したHより日数がかかるので，短縮できない
C：１日，I：２日	Iの短縮が，作業日数の30％超なので，短縮できない
C：１日，F：１日，G：１日	①→②→④→⑤→⑧ルートが8＋3＋7＋11＝29となり，短縮できない
C：１日，F：１日，H：１日	短縮できる
C：１日，G：１日，H：１日	①→②→④→⑤→⑧ルートが8＋3＋8＋10＝29となり，短縮できない
C：１日，G：１日，I：１日	①→②→④→⑤→⑧ルートが8＋3＋8＋11＝30となり，短縮できない
C：１日，H：１日，I：１日	①→②→④→⑤→⑧ルートが8＋3＋8＋10＝29となり，短縮できない
F：３日	Fの短縮が，作業日数の30％超なので，短縮できない
F：２日，G：１日	①→②→④→⑤→⑧ルートが8＋4＋6＋11＝29となり，短縮できない
F：２日，H：１日	短縮できる
F：２日，I：１日	①→②→④→⑤→⑧ルートが8＋4＋6＋11＝29となり，短縮できない
F：１日，G：２日	①→②→④→⑤→⑧ルートが8＋4＋7＋11＝30となり，短縮できない
F：１日，H：２日	④→⑥→⑦→⑧ルートが（8−1）＋6＋4＝17となり，短縮したF＋Hより日数がかかるので，短縮できない
F：１日，I：２日	①→②→④→⑤→⑧ルートが8＋4＋7＋11＝30となり，短縮できない
G：３日	Gの短縮が，作業日数の30％超なので，短縮できない
G：２日，（H：１日，I：１日）	Gの短縮が，作業日数の30％超なので，短縮できない

G：１日，H：１日，I：１日	①→②→④→⑤→⑧ルートが8＋4＋8＋10＝30となり，短縮できない
H：３日	⑤→⑥→⑦→⑧ルートが6＋4＝10となり，短縮したＨより日数がかかるので，短縮できない
H：２日，I：１日	①→②→④→⑤→⑧ルートが8＋4＋8＋9＝29となり，短縮できない
I：３日	Ｉの短縮が，作業日数の30％超なので，短縮できない

手順６　条件より，作業日数を短縮する作業内容の数が最小となる短縮パターンは，２作業を短縮する数が最小で，（C 作業を１日と F 作業を２日短縮）又は（F 作業を２日と H 作業を１日短縮）の２パターンが該当する。

〔設問５〕　クリティカルパス以外のパスに短縮の必要が生じた場合，そのパスのことを何と呼ぶか：リミットパス

解　説　**リミットパス**

トータルフロートがマイナスの経路で，クリティカルパスを短縮した場合に，次にクリティカルパスになる可能性がある経路。したがって，工期を短縮するためには，クリティカルパスだけでなく，リミットパスについても短縮を検討する。

【問題５】

〔設問１〕

事業者は，架設通路の墜落の危険のある箇所に，原則として，高さ85ｃｍ以上の手すり等及び高さ［A-1：35］cm 以上［A-2：50］cm 以下の中桟等を設けなければならない。
また，建設工事の架設通路に使用する高さ
［B-1：8］m 以上の登り桟橋には，［B-2：7］m 以内ごとに踊場を設けなければならない。

解　説　**規則第五百五十二条（架設通路）**　事業者は，架設通路については，次に定めるところに適合したものでなければ使用してはならない。

一　丈夫な構造とすること。

二　勾配は，35度以下とすること。ただし，階段を設けたもの又は高さが２ｍ未満で丈夫な手掛を設けたものはこの限りでない。

三　勾配が15度を超えるものには，踏桟その他の滑止めを設けること。

四　墜落の危険のある箇所には，次に掲げる設備（丈夫な構造の設備であって，たわみが生ずるおそれがなく，かつ，著しい損傷，変形又は腐食がないものに限る。）を設けること。

イ 高さ85cm 以上の手すり又はこれと同等以上の機能を有する設備（以下「手すり等」という。）

ロ 高さ35cm 以上50cm 以下の桟又はこれと同等以上の機能を有する設備（以下「中桟等」という。）

五 たて坑内の架設通路でその長さが15m 以上であるものは，10m 以内ごとに踊場を設けること。

六 建設工事に使用する高さ８m 以上の登り桟橋には，７m 以内ごとに踊場を設けること。

〔設問２〕

事業者，石綿等の粉じんが発散する屋内作業場については，原則として，当該粉じんの発散源を密閉する設備，局所排気装置又は C：プッシュプル 型換気装置を設け，石綿作業主任者に，局所排気装置，C：プッシュプル 型換気装置等を D：1 か月を超えない期間ごとに点検させなければならない。また，事業者は，上記の装置については，原則として，１年以内ごとに１回，定期に自主検査を行い，その記録を E：3 年間保存しなければならない。

解 説 **石綿障害予防規則第十二条（作業に係る設備等）** 事業者は，石綿等の粉じんが発散する屋内作業場については，当該粉じんの発散源を密閉する設備，局所排気装置又はプッシュプル型換気装置を設けなければならない。ただし，当該粉じんの発散源を密閉する設備，局所排気装置若しくはプッシュプル型換気装置の設置が著しく困難なとき，又は臨時の作業を行うときは，この限りでない。

石綿障害予防規則第二十条（石綿作業主任者の職務） 事業者は，石綿作業主任者に次の事項を行わせなければならない。

一 作業に従事する労働者が石綿等の粉じんにより汚染され，又はこれらを吸入しないように，作業の方法を決定し，労働者を指揮すること。

二 局所排気装置，プッシュプル型換気装置，除じん装置その他労働者が健康障害を受けることを予防するための装置を１月を超えない期間ごとに点検すること。

三 保護具の使用状況を監視すること。

石綿障害予防規則第二十二条（定期自主検査） 事業者は，前条各号に掲げる装置については，１年以内ごとに１回，定期に，次の各号に掲げる装置の種類に応じ，当該各号に掲げる事項について自主検査を行わなければならない。ただし，１年を超える期間使用しない同条の装置の当該使用しない期間においては，この限りでない。

石綿障害予防規則第二十三条（定期自主検査の記録） 事業者は，前条の自主検査を行ったときは，次の事項を記録し，これを３年間保存しなければならない。

一　検査年月日

二　検査方法

三　検査箇所

四　検査の結果

五　検査を実施した者の氏名

六　検査の結果に基づいて補修等の措置を講じたときは，その内容

【問題６】

第４章　施工経験した管工事の記述　を参照されたい。

3・4　令和２年度　実地試験　試験問題

問題１は必須問題です。必ず解答してください。解答は**解答用紙**に記述してください。

【問題１】　次の設問１～設問３の答えを解答欄に記述しなさい。

〔設問１〕　(1)に示す図の**配管方法の名称**を解答欄の①に，その**利点**を解答欄の②に記述しなさい。

〔設問２〕　(2)に示す図の　　　部分の配管を**設ける理由**を具体的かつ簡潔に記述しなさい。

〔設問３〕　(3)～(5)に示す各図について，**適切でない部分の改善策**を具体的かつ簡潔に記述しなさい。

(1)　ファンコイルユニット廻り冷温水配管図

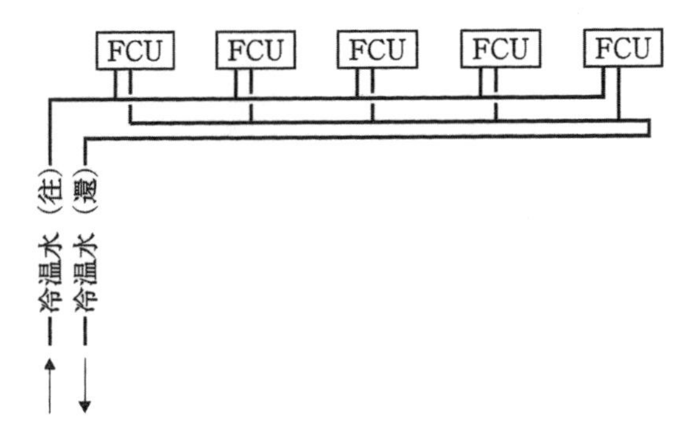

(2)　ドロップ桝配管図

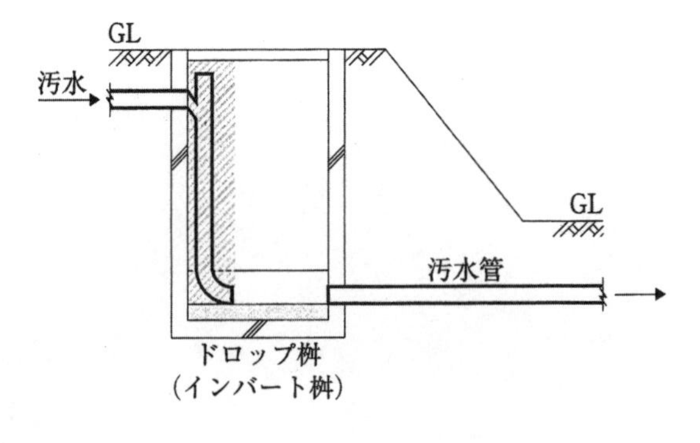

受験のガイダンス
第1章　傾向分析
第2章　基礎知識
第3章　試験問題
第4章　経験記述

(3)　高置タンク電極棒取付け要領図

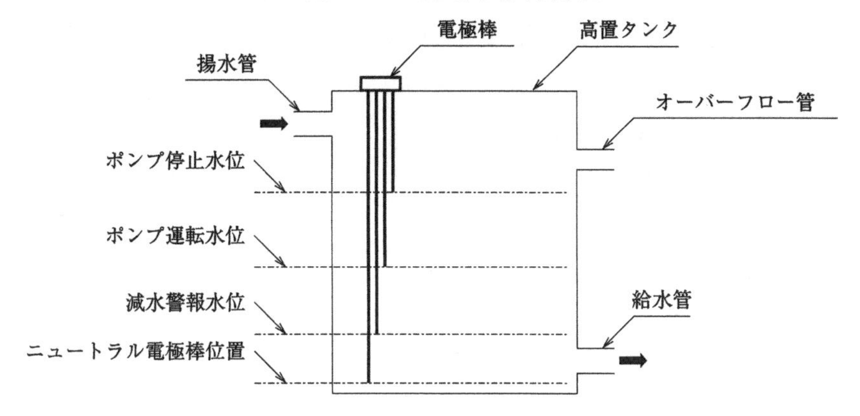

(4)　温水配管基本回路図

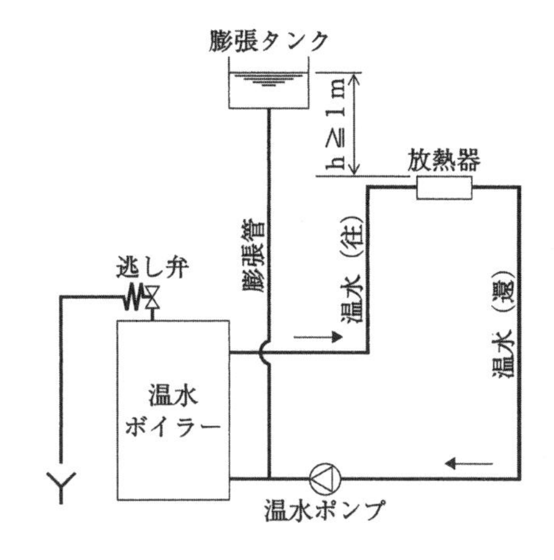

(5)　亜鉛鉄板製アングルフランジ工法ダクト吊り要領図

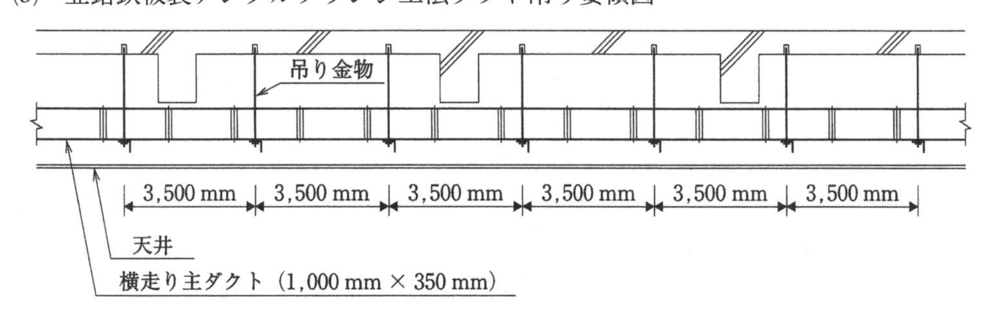

問題２と問題３の２問題のうちから１問題を選択し，解答は**解答用紙**に記述してください。選択した問題は，解答用紙の**選択欄に○印**を記入してください。

【問題２】　鉄筋コンクリート造５階建ての屋上に開放式冷却塔を設置する場合の**留意事項**を解答欄に具体的かつ簡潔に記述しなさい。**記述する留意事項は，次**

の(1)～(4)とし，それぞれ解答欄の(1)～(4)に記述する。ただし，工程管理及び安全管理に関する事項は除く。

(1)　冷却塔の配置に関し，運転又は保守管理の観点からの留意事項
(2)　基礎又はアンカーボルトに関する留意事項
(3)　冷却塔廻りの配管施工に関する留意事項
(4)　冷却塔の試運転調整に関する留意事項

【問題３】　鉄筋コンクリート造５階建ての屋上に飲料用高置タンク（FRP製一体形）を設置する場合の留意事項を解答欄に具体的かつ簡潔に記述しなさい。**記述する留意事項は，次の(1)～(4)**とし，それぞれ解答欄の(1)～(4)に記述する。ただし，工程管理及び安全管理に関する事項は除く。

(1)　高置タンクの配置又は設置高さに関する留意事項
(2)　基礎又はアンカーボルトに関する留意事項
(3)　飲料用タンクにおける水質汚染防止の観点からの留意事項
(4)　高置タンク廻りの配管施工に関する留意事項（水質汚染防止の観点からの留意事項を除く。）

問題４と問題５の２問題のうちから１問題を選択し，解答は**解答用紙**に記述してください。選択した問題は，解答用紙の**選択欄に○印**を記入してください。

【問題４】　下図に示すネットワーク工程表において，設問１及び設問２の答えを解答欄に記述しなさい。ただし，図中のイベント間のＡ～Ｊは作業内容，日数は作業日数を表す。

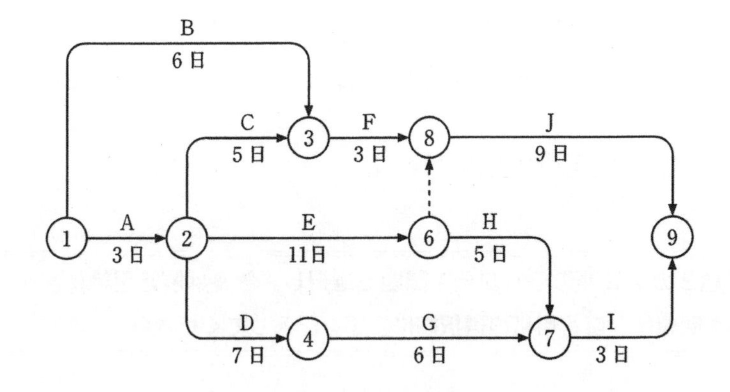

〔設問１〕　最早計画（すべての作業を，最早開始時刻で開始して最早完了時刻で完了する。）でのタイムスケール表示形式の工程表を作成し，次の(1)及び(2)に

答えなさい。（工程表の作成は，採点対象外です。）

(1)①　イベント番号を矢印（ダミーは破線矢印）でつなぐ形式で，クリティカルパスの経路を答えなさい。

②　クリティカルパスの所要日数を答えなさい。

(2)①　作業Ａ～Ｊのうち，工事開始から数えて12日目となる日が作業日となる作業をすべて列挙しなさい。

②　作業Ａ～Ｊのうち，工事開始から数えて17日目となる日が作業日となる作業をすべて列挙しなさい。

最早計画でのタイムスケール表示形式の工程表（作業用）

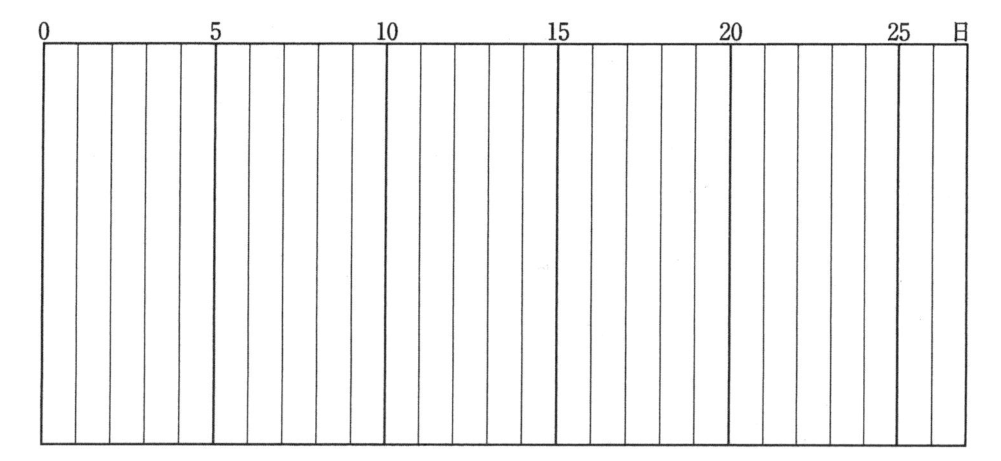

〔設問２〕　工事開始前に，作業Ｅを前期と後期に分割する必要が生じ，前期の作業Ｅ１の作業日数は５日，後期の作業Ｅ２の作業日数は６日となった。また，後期の作業Ｅ２は，作業Ｄの完了後でないと開始できないことが判明した。フォローアップを行い，最遅計画（すべての作業を，最遅開始時刻で開始して最遅完了時刻で完了する。）でのタイムスケール表示形式の工程表（作業Ｅ１と作業Ｅ２の間のイベントは⑤とする。）を作成し，次の(3)～(5)に答えなさい。（工程表の作成は，採点対象外です。）

(3)①　イベント番号を矢印（ダミーは破線矢印）でつなぐ形式で，クリティカルパスの経路を答えなさい。

②　クリティカルパスの所要日数を答えなさい。

(4)①　作業Ａ～Ｅ１，Ｅ２～Ｊのうち，工事開始から数えて12日目となる日が作業日となる作業をすべて列挙しなさい。

②　作業Ａ～Ｅ１，Ｅ２～Ｊのうち，工事開始から数えて17日目となる日が作業日となる作業をすべて列挙しなさい。

(5)①　工事の開始から９日目が終了した時点における作業Ｃの出来高（％）を答え

なさい。ただし，作業Cの出来高は，作業日数内において均等とする。

② 工事の開始から19日目が終了した時点における作業Hの出来高（%）を答えなさい。ただし，作業Hの出来高は，作業日数内において均等とする。

最遅計画でのタイムスケール表示形式の工程表（作業用）

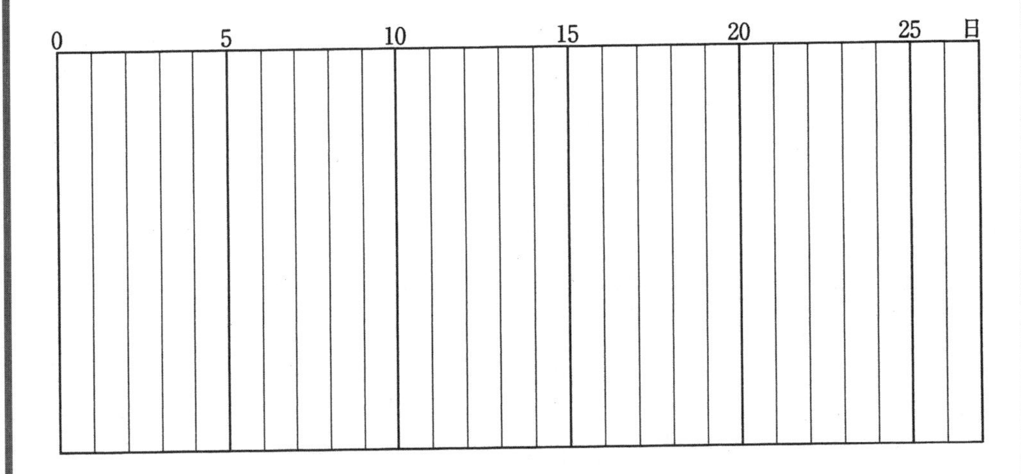

【問題5】 次の設問1～設問3の答えを解答欄に記述しなさい。

〔設問1〕 建設工事現場における，石綿等を取り扱う作業に関する文中，[　　] 内に当てはまる「労働安全衛生法」に**定められている数値**を，解答欄に記述しなさい。

事業者は，石綿等を取り扱う作業に常時従事する労働者について，[　A　] 月を超えない期間ごとに，従事した作業の概要，当該作業に従事した期間等を記録し，これを当該労働者 が当該工事現場において常時当該作業に従事しないこととなった日から [　B　] 年間保存するものとする。

〔設問2〕 建設工事現場における，移動式クレーンを用いて行う作業に関する文中，[　　] 内に当てはまる「労働安全衛生法」に**定められている語句又は数値**を，解答欄に記述しなさい。

事業者は，移動式クレーンを用いて作業を行うときは，移動式クレーンの運転者及び玉掛けをする者が当該移動式クレーンの [　C　] を常時知ることができるよう，表示その他の措置を講じなければならない。事業者は，移動式クレーンについては，原則として，[　D　] 月以内ごとに1回，定期に自主検査を行わなければならない。

〔設問３〕　建設工事現場における，酸素欠乏等に関する文中，［　　］内に当てはまる「労働安全衛生法」に**定められている数値**を，解答欄に記述しなさい。

酸素欠乏等とは，空気中の酸素の濃度が18％未満である状態又は空気中の硫化水素の濃度が100万分の［　E　］を超える状態をいう。

問題６は必須問題です。必ず解答してください。解答は**解答用紙**に記述してください。

【問題６】　あなたが経験した**管工事**のうちから，**代表的な工事を１つ選び**，次の設問１～設問３の答えを解答欄に記述しなさい。

〔設問１〕　その工事につき，次の事項について記述しなさい。

(1)　工事名〔例：◎◎ビル□□設備工事〕

(2)　工事場所〔例：◎◎県◇◇市〕

(3)　設備工事概要〔例：工事種目，工事内容，主要機器の能力・台数等〕

(4)　現場での施工管理上のあなたの立場又は役割

〔設問２〕　上記工事を施工するにあたり「**工程管理**」上，あなたが特に重要と考えた事項を解答欄の(1)に記述しなさい。また，それについてとった措置又は対策を解答欄の(2)に簡潔に記述しなさい。

〔設問３〕　上記工事の「**材料・機器の現場受入検査**」において，あなたが特に重要と考えて実施した検査内容を解答欄に簡潔に記述しなさい。

模範解答　(令和２年度)

〔設問１〕

(1)　ファンコイルユニット廻り冷温水配管図

①　配管方法の名称：リバースリターン方式

②　利点：各 FCU への冷温水配管の往き管と還り管の長さを等しくすると配管摩擦損失が等しくなるので，各 FCU への循環流量が均等に流れ，機器の発熱量（冷却量）が均等になる。

〔設問２〕

(2)　ドロップ桝配管図　　　部分の配管を設ける理由を記す。

①　　　部分の配管を設ける理由：　　　部分の配管がない場合，汚水・汚物が勢いよくドロップ桝内に飛散り，桝内が不衛生，詰まりの原因となる。桝内に配管を設けることで，スムーズにドロップ桝底部にあるインバートに排水を導ける。

解　説　**ドロップ桝**

ドロップ桝は，別名「立て形インバート桝」ともいわれ，落差がある敷地内の排水管を接続する桝である（図３・29）。

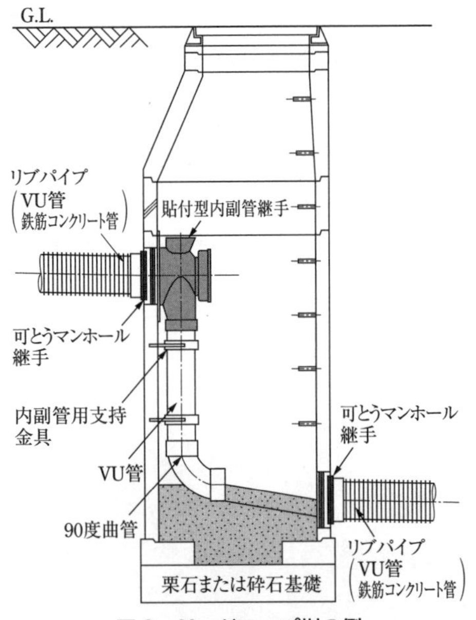

図３・29　ドロップ桝の例

〔設問３〕

(3)　高置タンク電極棒取付け要領図　適切でない部分の改善策を１つ具体的に簡潔に記す。

①　**適切でない部分**　満水警報水位の電極棒がないので，ポンプ停止が不作動の場合に

警報で知らせることができず，知らない間に水が溢れるおそれがあり適切でない。

改善策　オーバフロー管の底部より少し下がったレベルに，満水警報水位の電極棒を追加する（**図３・30**）。

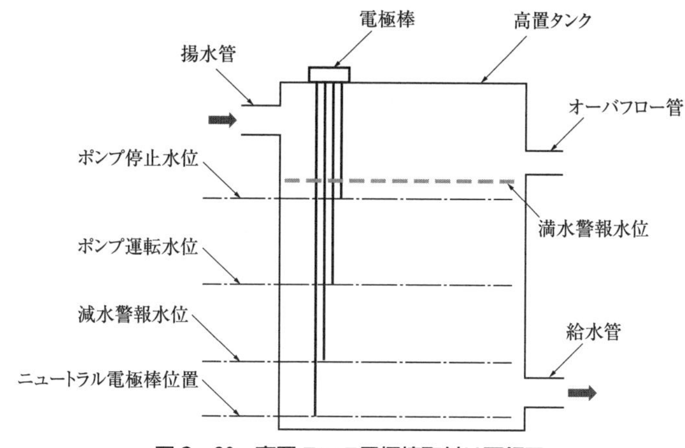

図３・30　高置タンク電極棒取付け要領図

⑷　温水配管基本回路図　適切でない部分の改善策を１つ具体的に簡潔に記す。

①　**適切でない部分**　膨張管の取り出し位置が温水ポンプの吐出側となっており，温水が膨張タンクからオーバフローするので適切でない。

改善策　膨張管の取り出し位置を温水ポンプの吸込み側に取り替える。

⑸　亜鉛鉄板製アングルフランジ工法ダクト吊り要領図　適切でない部分の改善策を１つ具体的に簡潔に記す。

①　**適切でない部分**　横走りダクトに，耐震振れ止め支持が施されてなく，地震動により脱落しかねないので適切でない。

改善策　ダクトの支持間隔12m 以下に１カ所，耐震振れ止め支持を行う。

解　説　**横引き配管・ダクト・電気配管の耐震支持（表３・11）**

表３・11　横引き配管・ダクト・電気配管の耐震支持

設置場所	配管		ダクト
	設置間隔	種類	
耐震クラス　A・B対応			
上層階，屋上，塔屋	配管の標準支持間隔の３倍（銅管の場合は４倍）以内に１カ所設けるものとする	A種	ダクトの支持間隔12m 以内に１カ所A種を設ける
中間階		A種	ダクトの支持間隔12m 以内に１カ所A種又はB種を設ける
地階，１階		125A 以上はA種，125A 未満はB種	
耐震クラス　S対応			

上層階，屋上，塔屋	配管の標準支持間隔の3倍（銅管の場合は4倍）以内に1カ所設けるものとする	S_A 種	ダクトの支持間隔12m 以内に1カ所 S_A 種を設ける
中間階		S_A 種	ダクトの支持間隔12m 以内に1カ所A種を設ける
地階，1階		A種	
ただし，以下のいずれかに該当する場合は上記の適用を除外する。			
	1）40A 以下の配管。ただし，銅管の場合は20A 以下の配管。ただし，適切な耐震支持を行う。 2）吊り長さが平均200mm 以下の配管		1）周長1m 以下のダクト 2）吊り材長さが平均200mm 以下のダクト

【問題2】　鉄筋コンクリート造5階建ての屋上に開放式冷却塔を設置する場合の**留意事項**　1つ具体的に簡潔に記す。

(1)　冷却塔の配置に関し，運転又は保守管理の観点からの**留意事項**　1つ具体的に簡潔に記す。

①　冷却塔の排気が冷却塔の空気取り入れ口から再度吸い込まれるショートサーキットを起こさないように，外壁等からの離隔距離を確保した位置に設置する。

②　冷却塔からの発生騒音が隣地境界線上で，規制騒音値以下となるよう位置を選定する。

(2)　基礎又はアンカーボルトに関する**留意事項**　1つ具体的に簡潔に記す。

①　コンクリート基礎は，移動・転倒しないように設ける。定着筋又は接着系アンカーでスラブと一体化させる。H＝500mm 程度（**図3・31**）。

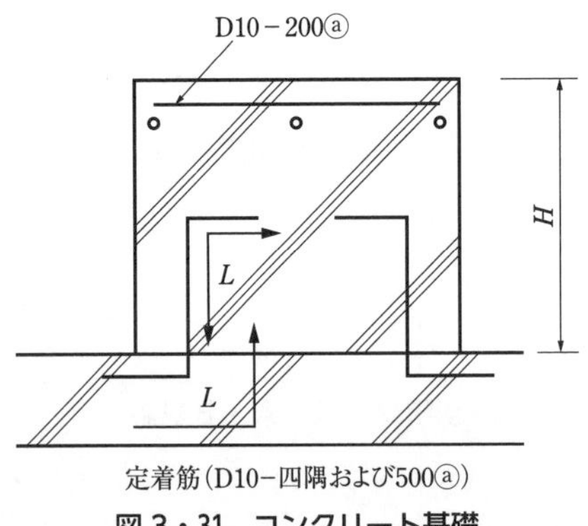

図3・31　コンクリート基礎

②　必要に応じて，防振装置を介して，機器を据え付ける。

③　アンカーボルトは，ステンレス製又は溶融亜鉛めっき製など防錆性のあるものとする。

(3)　冷却塔廻りの配管施工に関する**留意事項**　1つ具体的に簡潔に記す。

①　高置水槽からの給水を引く場合，最低水圧（3m）を確保できる位置を決める。最

低水圧が確保できない場合は，ブースターポンプを増設する。

② 冷却水の出入口側の配管には，防振継手を設ける。

③ ２台以上の冷却塔を並列に接続して使用する場合は，冷却塔の水位がすべて同じになるように，出口側の配管にバランス管（冷却水往き管を２サイズアップしたヘッダー管でバイパスを設ける）を設ける。

(4) 冷却塔の試運転調整に関する**留意事項**　１つ具体的に簡潔に記す。

① 準備作業（必要書類（耐震設計，騒音規制対応，提出された場合は特定施設設置届出書），施工検査記録及びシステム点検，本体・付属品（据付状況，火気との離隔距離），配管系統（冷却水配管及び耐圧水密試験・排水管及び通水試験・バルブ・ポンプ・フラッシング実施とストレーナなどの清掃），電気系統（電源・動力・制御・インバータ盤・配線・絶縁抵抗測定），中央監視との対向，メーカーの出荷前検査（工場検査報告書），機器承諾図など，メーカーの調整作業内容・下部水槽の水張り（レベル調整・ボールタップ水位・漏水検査・防振装置のレベル）を確認する。）

② 瞬時起動で送風機の回転方向を確認する。

③ 冷却水ポンプと送風機を運転する

④ 上部水槽の水位レベル（上部水槽が複数ある場合は均等調整）を確認する。

⑤ 風量バランス，散水バランスを確認する。

⑥ キャリオーバーの状況を確認する。

⑦ ショートサーキットの状況を確認する。

⑧ 次の項目を測定する（冷却水量・冷却水入・出口温度・運転電圧・電流・騒音値）

解　説　**キャリオーバー**

キャリオーバーとは，冷却水と空気が接触する際，冷却水の一部（循環水量の0.05〜0.15%）が空気中に飛散，蒸発すること。

【問題３】 鉄筋コンクリート造５階建ての屋上に飲料用高置タンク（FRP 製一体形）を設置する場合の**留意事項**　１つ具体的に簡潔に記す。

(1) 高置タンクの配置又は設置高さに関する**留意事項**　１つ具体的に簡潔に記す。

① タンクの設置位置は，最高位にある衛生器具や水栓に十分な最低必要圧力（流動時）が確保できる高さとする（**表３・12**）。

受験のガイダンス
第1章　傾向分析
第2章　基礎知識
第3章　試験問題
第4章　経験記述

表３・12　器具の最低必要圧力

器具	最低必要圧力（流動時）［kPa］
一般水栓	30
大便器洗浄弁（タンクレス便器も同じ）	70
小便器洗浄弁	70
シャワー	70

(2)　基礎又はアンカーボルトに関する**留意事項**　１つ具体的に簡潔に記す。

①　コンクリート基礎は，保守点検のために底部からスラブまで離隔距離が600mm 確保できる高さとする。

②　タンクが移動・転倒しないように設ける。重量物の据え付けであるので，定着筋又は接着系アンカーでスラブと一体化したゲタ基礎が望ましい（**図３・32**）。

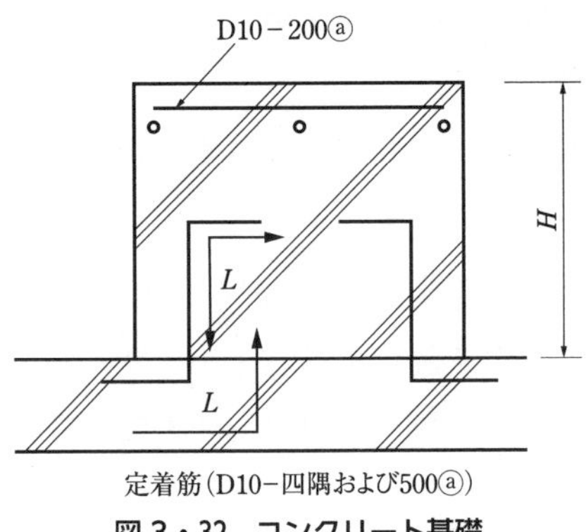

図３・32　コンクリート基礎

③　アンカーボルトは，ステンレス製又は溶融亜鉛めっき製など防錆性のあるものとし，タンクを設置する鋼製架台を堅固にダブルナットで固定する。

④　タンクと鋼製架台を堅固にボルト・ナットで固定する。

解　説　**建築物に設ける飲料水の配管設備及び排水のための配管設備の構造方法を定める件**　建設省告示第1597号

第１　飲料水の配管設備の構造は，次に定めるところによらなければならない。

2. 給水タンク及び貯水タンク

イ．建築物の内部，屋上又は下階の床下に設ける場合においては，次に定めるところによること。

(1)　外部から給水タンク又は貯水タンク（給水タンク等）の天井，底又は周壁の保守点検を容易かつ安全に行うことができるように設けること（**図３・33**）。

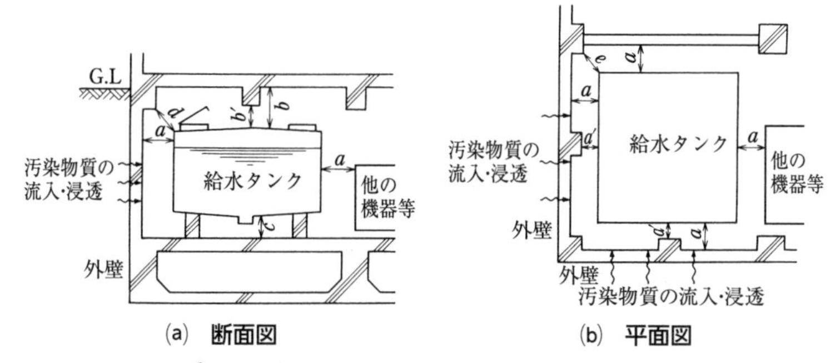

(a)　断面図　　　(b)　平面図

a，b，cのいずれも保守点検が容易に行い得る距離とする。（標準的にはa，c≧60cm，b≧100cm）。また，梁・柱等がマンホールの出入りに支障となる位置としてはならず，a´，b´，d，eは保守点検に支障のない距離とする（標準的にはa´，b´，d，e≧45cm）。

図3・33　受水槽の設置位置の例（給排水設備技術基準・同解説　2006年版）

(3)　飲料用タンクにおける水質汚染防止の観点からの**留意事項**　1つ具体的に簡潔に記す。

①　貯水槽の設置位置は，汚染されやすい場所に設置しない。タンク周囲は常に清潔な状態に保つ必要があり，そのためには，物置代わりに使用することなく，関係者以外の立ち入りを禁止し独立した水槽室の場合には，出入口に施錠する等の措置を講ずる。

②　揚水管は，吐水口空間を確保する。ボールタップや電極棒の液面制御に支障がないように，揚水管は，定水位面よりも高くして，吐水口空間を設け，あらかじめ内部の点検に支障のない波立ち防止策（透明な防波板の設置等）を講じる。

③　屋外に設置するFRP製高置水槽は，藻類が発生する場合があるので，光の透過率を低くした製品を採用する。

④　長期の滞留水を極力なくすため，タンク容量，タンク本体の流入口と流出口の位置関係を見直す。

⑤　有効容量が2 m^3 以上のタンクは，水槽天板上にある汚水が水槽内に侵入しないように，水槽本体と取付部に水密性をもたせた通気管を設ける。

⑥　オーバフロー管の管末は，間接排水とし，防虫網を設ける。

(4)　高置タンク廻りの配管施工に関する**留意事項**（水質汚染防止の観点からの留意事項を除く。）　1つ具体的に簡潔に記す。

①　地震時の変位吸収として，揚水管・給水管は，可とう継手又はフレキシブルジョイントを介してタンクと接続する。

②　揚水管が屋上展開で横引きが長い配管となる場合，汽水分離対策を施す。

③　給水管に緊急遮断弁を設ける。

【問題4】　ネットワーク工程表

〔設問1〕

(1)①　クリティカルパス（イベントを矢印（ダミーは破線）でつなぐ形式で表示）：

①→②→⑥⋯→⑧→⑨

②　クリティカルパスの所要日数は：3＋11＋9＝23日である。

解　説　最早計画（すべての作業を，最早開始時刻で開始して最早完了時刻で完了する。）でのタイムスケール表示形式の工程表を作成する。クリティカルパスを太矢印で示す（**図3・34**）。

(2)　**図3・34**　タイムスケール表示形式の工程表（最早計画）より，

①　工事開始から数えて12日目となる日が作業日となる作業：E，G

②　工事開始から数えて17日目となる日が作業日となる作業：J，H

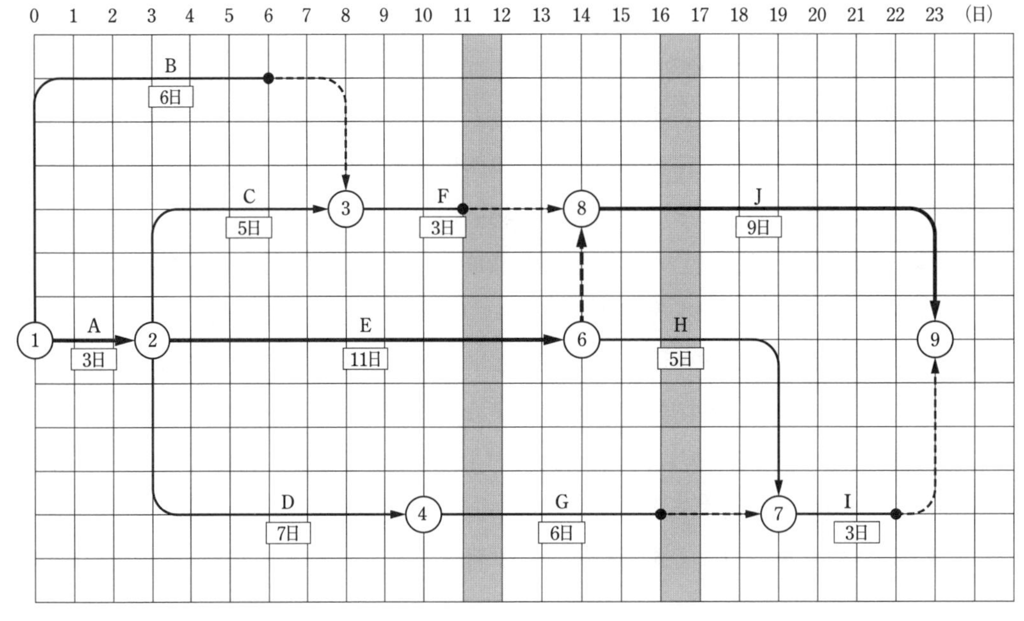

①→②→③→⑧→⑨	：3+5+3+9＝20
①→②→⑥→⑧→⑨	：3+11+9＝23
①→②→⑥→⑦→⑨	：3+11+5+3＝22
①→②→④→⑦→⑨	：3+7+6+3＝19
①→③→⑧→⑨	：6+3+9＝18

図3・34　タイムスケール表示形式の工程表（最早計画）

〔設問2〕

(3)①　クリティカルパス（イベントを矢印（ダミーは破線）でつなぐ形式で表示）：

①→②→④⋯→⑤→⑥⋯→⑧→⑨

②　クリティカルパスの所要日数は：3＋7＋6＋9＝25日である。

解　説　最遅計画（すべての作業を，最遅開始時刻で開始して最遅完了時刻で完了する。）でのタイムスケール表示形式の工程表を作成する（**図3・35**）。

(4)　**図3・35**　タイムスケール表示形式の工程表（最遅計画）より，

①　工事開始から数えて12日目となる日が作業日となる作業：B，C，E2

② 工事開始から数えて17日目となる日が作業日となる作業：J，G

⑸ **図３・35**　タイムスケール表示形式の工程表（最遅計画）より，

① 工事の開始から９日目が終了した時点における作業Cの出来高（％）：
1/5が完了　20％。

② 工事の開始から19日目が終了した時点における作業Hの出来高（％）：
2/5が完了　40％

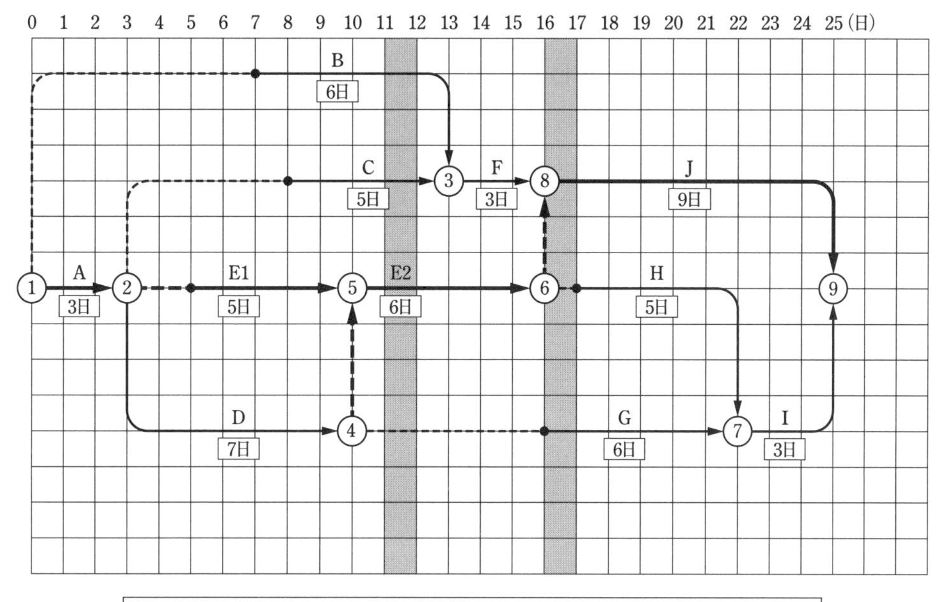

①→②→③→⑧→⑨	：3+5+3+9＝20
①→②→④→⑤→⑥→⑦→⑨	：3+7+6+5+3＝24
①→②→④→⑤→⑥→⑧→⑨	：3+7+6+9＝25
①→②→⑤→⑥→⑦→⑨	：3+5+6+5+3＝22
①→②→⑤→⑥→⑧→⑨	：3+5+6+9＝23
①→③→⑧→⑨	：3+6+3+9＝21

図３・35　タイムスケール表示形式の工程表（最遅計画）

【問題５】

〔設問１〕

事業者は，石綿等を取り扱う作業に常時従事する労働者について，［A：1］月を超えない期間ごとに，従事した作業の概要，当該作業に従事した期間等を記録し，これを当該労働者が当該工事現場において常時当該作業に従事しないこととなった日から［B：40］年間保存するものとする。

解　説　**石綿障害予防規則第三十五条（作業の記録）**　事業者は，石綿等の取扱い若しくは試験研究のための製造又は石綿分析用試料等の製造に伴い石綿等の粉じんを発散する場所において常時作業に従事する労働者について，1月を超えない期間ごとに次の事項を記録し，これを当該労働者が当該事業場において常時当該作業に従事しないこととなった日から40年間保存するものとする。

〔設問２〕

事業者は，移動式クレーンを用いて作業を行うときは，移動式クレーンの運転者及び玉掛けをする者が当該移動式クレーンの C：定格荷重 を常時知ることができるよう，表示その他の措置を講じなければならない。事業者は，移動式クレーンについては，原則として，

D：12 月以内ごとに１回，定期に自主検査を行わなければならない。

解　説　**クレーン等安全規則第七十条の二（定格荷重の表示等）**　事業者は，移動式クレーンを用いて作業を行うときは，移動式クレーンの運転者及び玉掛けをする者が当該移動式クレーンの定格荷重を常時知ることができるよう，表示その他の措置を講じなければならない。

クレーン等安全規則第七十六条（定期自主検査）　事業者は，移動式クレーンを設置した後，１年以内ごとに１回，定期に，当該移動式クレーンについて自主検査を行なわなければならない。ただし，１年を超える期間使用しない移動式クレーンの当該使用しない期間においては，この限りでない。

〔設問３〕

酸素欠乏等とは，空気中の酸素の濃度が18％未満である状態又は空気中の硫化水素の濃度が100万分の E：10 を超える状態をいう。

解　説　**酸素欠乏症等防止規則第二条（定義）**　この省令において，次の各号に掲げる用語の意義は，それぞれ当該各号に定めるところによる。

一　酸素欠乏　空気中の酸素の濃度が18％未満である状態をいう。

二　酸素欠乏等　前号に該当する状態又は空気中の硫化水素の濃度が100万分の10を超える状態をいう。

三　酸素欠乏症　酸素欠乏の空気を吸入することにより生ずる症状が認められる状態をいう。

【問題６】

第４章　施工経験した管工事の記述　を参照されたい。

受験のガイダンス
第1章　傾向分析
第2章　基礎知識
第3章　試験問題
第4章　経験記述

3・5　令和元年度　実地試験　試験問題

問題１は必須問題です。必ず解答してください。解答は**解答用紙**に記述してください。

【問題１】　次の設問１～設問３の答えを解答欄に記述しなさい。

〔設問１〕　(1)に示す排水系統図中に，**ループ通気管及び通気立て管を破線**で記入しなさい。

〔設問２〕　(2)に示す共板フランジ工法ダクトのフランジ部において，**フランジ押え金具の取り付け間隔Ａ（フランジ押え金具からフランジ押え金具までの間隔），Ｂ（ダクト端部からフランジ押え金具までの間隔）の上限の数値**を記述しなさい。（単位は mm とする。）

(1)　排水系統図　　　　　　(2)　フランジ押え金具取り付け要領図

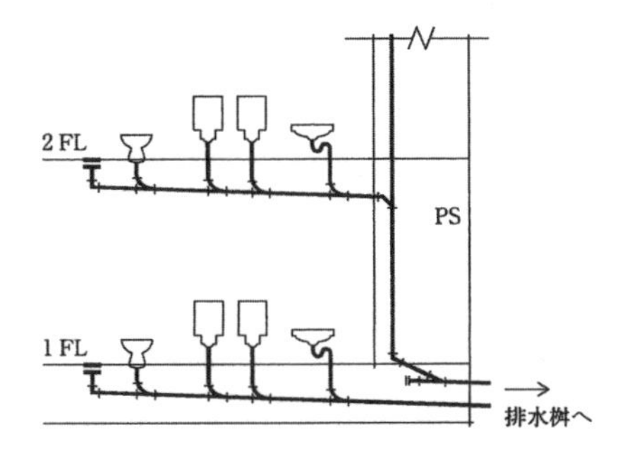

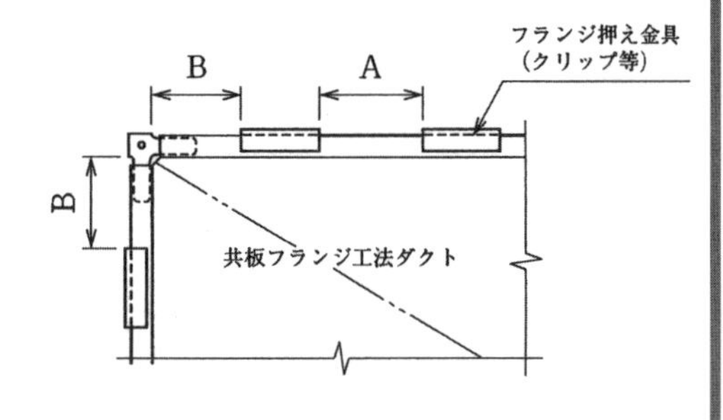

〔設問３〕　(3)～(5)に示す各図について，**適切でない部分の改善策**を具体的かつ簡潔に記述しなさい。

(3)　屋外排水平面図

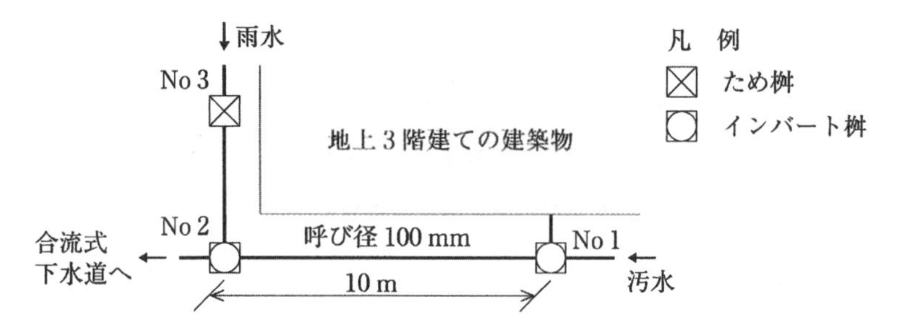

(4)　伸縮管継手まわり施工要領図　　　　(5)　排気ダクト防火区画貫通要領図

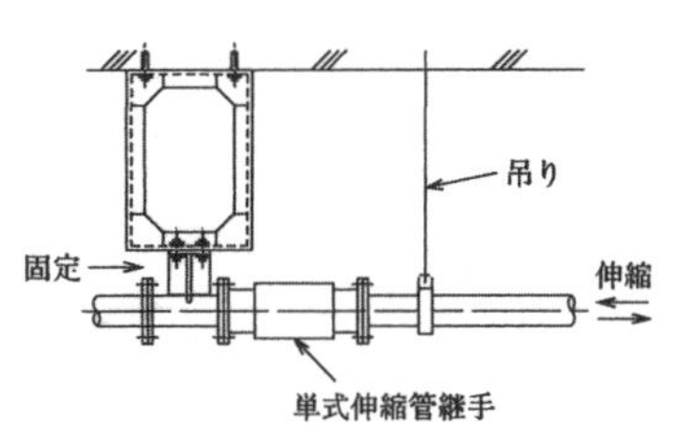

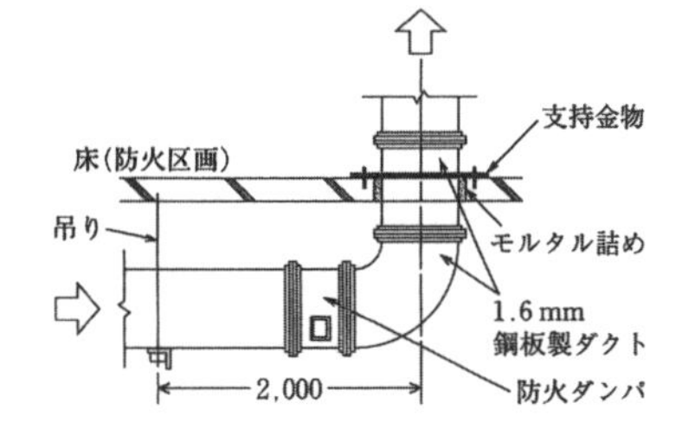

受験のガイダンス
第1章 傾向分析
第2章 基礎知識
第3章 試験問題
第4章 経験記述

問題2と問題3の2問題のうちから1問題を選択し，解答は**解答用紙**に記述してください。選択した問題は，解答用紙の**選択欄に○印**を記入してください。

【問題2】 空冷ヒートポンプマルチパッケージ形空気調和機の冷媒管の施工及び試運転調整を行う場合の**留意事項**を解答欄に具体的かつ簡潔に記述しなさい。ただし，冷媒管の接続は，ろう付け又はフランジ継手とする。**記述する留意事項は，次の(1)〜(4)**とし，工程管理及び安全管理に関する事項は除く。

(1)　冷媒管（断熱材被覆銅管）を施工する場合の留意事項（吊り又は支持に関するものを除く。）

(2)　冷媒管（断熱材被覆銅管）の吊り又は支持に関する留意事項

(3)　冷媒管の試験に関する留意事項

(4)　マルチパッケージ形空気調和機の試運転調整における留意事項

【問題3】 汚物用水中モーターポンプ及びポンプ吐出し管の施工及び試運転調整を行う場合の**留意事項**を解答欄に具体的かつ簡潔に記述しなさい。**記述する留意事項は，次の(1)〜(4)**とし，工程管理及び安全管理に関する事項は除く。

(1)　水中モーターポンプを排水槽内に据え付ける場合の設置位置に関する留意事項

(2)　水中モーターポンプを排水槽内に据え付ける場合の留意事項（設置位置に関するものを除く。）

(3)　ポンプ吐出し管（排水槽内～屋外）を施工する場合の留意事項

(4)　水中モーターポンプの試運転調整における留意事項

問題4と問題5の2問題のうちから1問題を選択し，解答は**解答用紙**に記述してください。選択した問題は，解答用紙の**選択欄に○印**を記入してください。

【問題4】 下図に示すネットワーク工程表において，次の設問1～設問5の答えを解答欄に記述しなさい。ただし，図中のイベント間のA～Jは作業内容，［○日］は作業日数，（○人）は作業員数を表す。

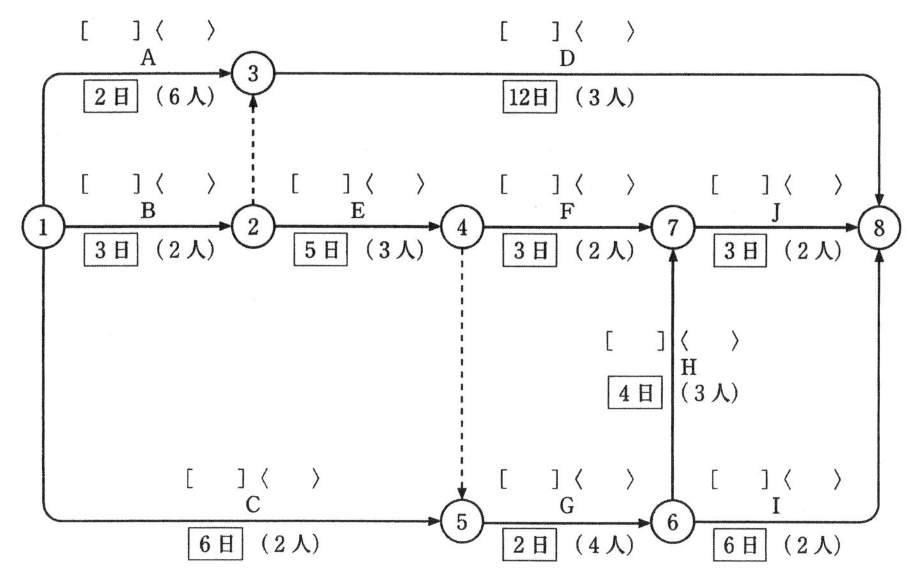

〔設問1〕 作業内容A～Jの左上の［ ］内に最早開始時刻（EST）を記入しなさい。

〔設問2〕 作業内容A～Jの右上の〈 〉内に最遅開始時刻（LST）を記入しなさい。

〔設問3〕 最早開始時刻（EST）による山積み図を完成させなさい。

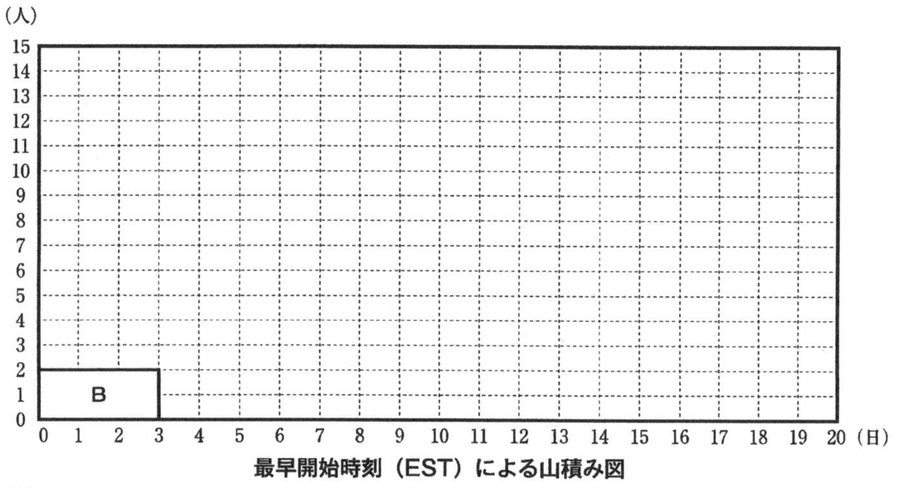

最早開始時刻（EST）による山積み図

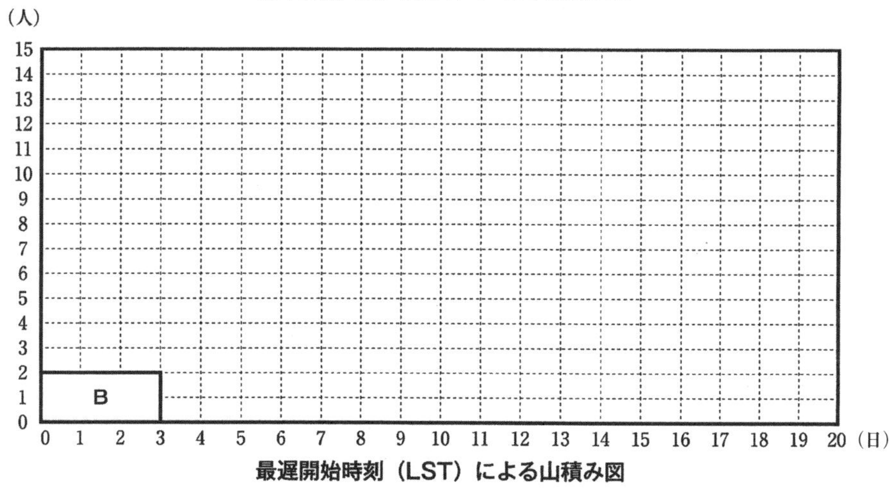

最遅開始時刻（LST）による山積み図

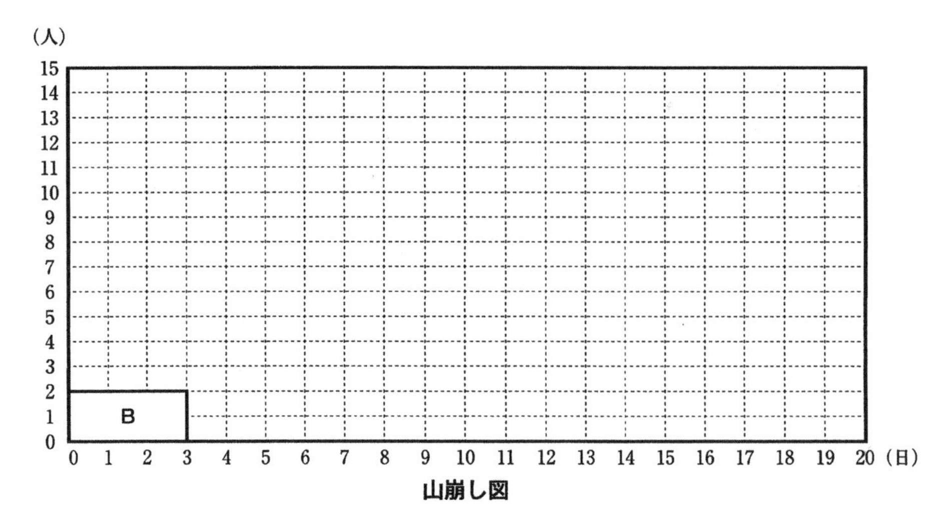

山崩し図

〔設問４〕　最遅開始時刻（LST）による山積み図を完成させなさい。

〔設問５〕　下記の条件で山崩しを行い，山崩し後において作業員数の合計が最も多くなる作業日の作業員数を記入しなさい。

（条件）①山崩しは，山崩し後において作業員数の合計が最も多くなる作業日の作業員数が最少となるように行う。

②A～Ｊの作業員数は，増減しないこととする。

③各作業とも作業を開始した後は，当該作業完了まで作業を中断する日を挟まないこととする。

【問題５】　次の設問１及び設問２の答えを解答欄に記述しなさい。

〔設問１〕　建設工事現場における，労働安全衛生に関する文中，［　　　］内に当てはまる「労働安全衛生法」に**定められている語句**を解答欄に記述しなさい。

⑴　建設業の事業者は，常時100人以上の労働者を使用する事業場ごとに，［　Ａ　］を選任し，労働者の危険又は健康障害を防止するための措置に関する業務を統括管理させなければならない。

⑵　事業者は，つり上げ荷重が１トン以上５トン未満の移動式クレーンの運転（道路上を走行させる運転を除く。）の業務については，小型移動式クレーン運転［　Ｂ　］を修了した者を当該業務に就かせることができる。

⑶　事業者は，足場の組立てに係る業務（地上又は堅固な床上における補助作業の業務を除く。）に労働者を就かせるときは，当該業務に関する安全のための［　Ｃ　］を行わなければならない。

〔設問２〕　熱中症予防に用いられる暑さ指数（WBGT）に関する文中，［D］内に**当てはまる語句**，及び［E］内に**当てはまる単位**を解答欄に記述しなさい。

(4)　暑さ指数（WBGT）は，「黒球温度」，「自然湿球温度」，「乾球温度」の三つをもとに算出される指数で，この三つのうち，暑さ指数（WBGT）への影響が最も大きいのは，［D］である。

暑さ指数（WBGT）の単位は，［E］である。

問題６は必須問題です。必ず解答してください。解答は**解答用紙**に記述してください。

【問題６】　あなたが経験した**管工事**のうちから，**代表的な工事を１つ選び**，次の設問１～設問３の答えを解答欄に記述しなさい。

〔設問１〕　その工事につき，次の事項について記述しなさい。

(1)　工事名〔例：◎◎ビル□□設備工事〕

(2)　工事場所〔例：◎◎県◇◇市〕

(3)　設備工事概要〔例：工事種目，工事内容，主要機器の能力・台数等〕

(4)　現場での施工管理上のあなたの立場又は役割

〔設問２〕　上記工事を施工するにあたり「**安全管理**」上，あなたが特に重要と考えた事項を解答欄の(1)に記述しなさい。また，それについてとった措置又は対策を解答欄の(2)に簡潔に記述しなさい。

〔設問３〕　上記工事の「**材料・機器の現場受入検査**」において，あなたが特に重要と考えて実施した検査内容を解答欄に簡潔に記述しなさい。

模範解答　（令和元年度）

【問題１】

〔設問１〕

(1)　排水系統図　ループ通気管，通気立て管と始点を赤破線で示す（図３・36）。

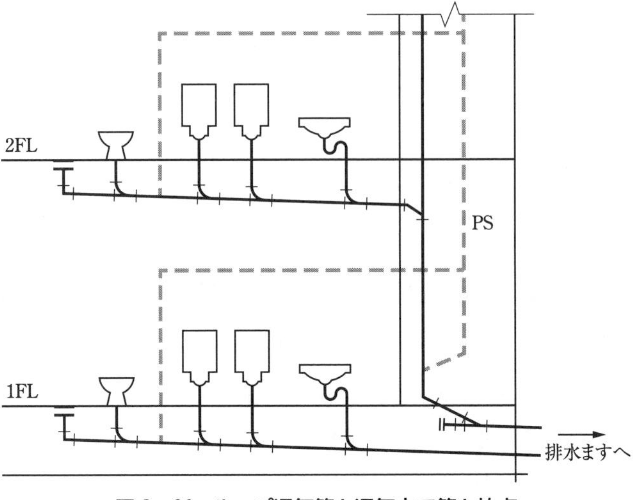

図３・36　ループ通気管と通気立て管と始点

〔設問２〕

(2)　フランジ押え金具取り付け要領図　寸法を記す。

A（フランジ押え金具からフランジ押え金具までの間隔）：200mm

B（ダクト端部からフランジ押え金具までの間隔）：150mm

(3)　屋外排水平面図　適切でない部分の改善策を１つ具体的に簡潔に記す。

①　**適切でない部分**　雨水配管がため桝No.3を介して汚水配管に接続されており，雨水配管が通気管となり臭気が流れるため適切でない。

改善策　ため桝No.3を「雨水トラップます」に取り替え臭気を遮断する。

解　説　敷地内で雨水管を一般排水管に合流させる場合は，手前に雨水トラップますを設置する（図３・37）。

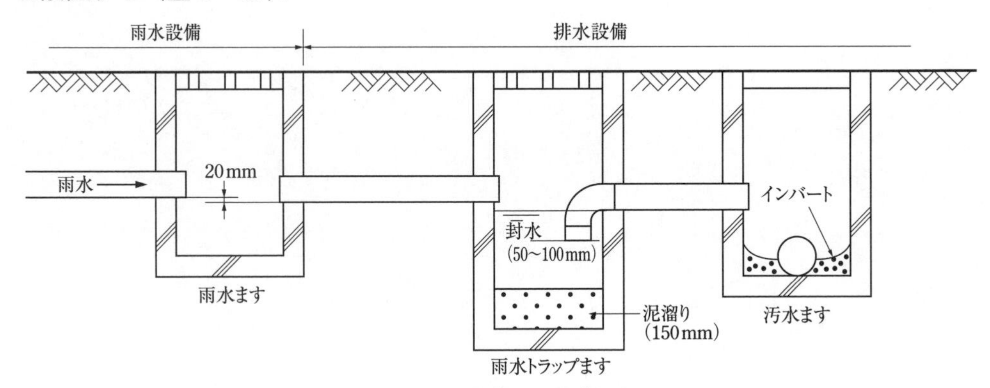

図３・37　雨水トラップます

(4)　伸縮管継手まわり施工要領図　適切でない部分の改善策を１つ具体的に簡潔に記す。

①　**適切でない部分**　単式伸縮管継手の右側を吊り支持としており，伸縮で配管が座屈するおそれがあり適切でない。

改善策　吊り支持を，形鋼の支持架台をスラブに固定し，配管箇所をガイドに取り替える（**図３・38**）。

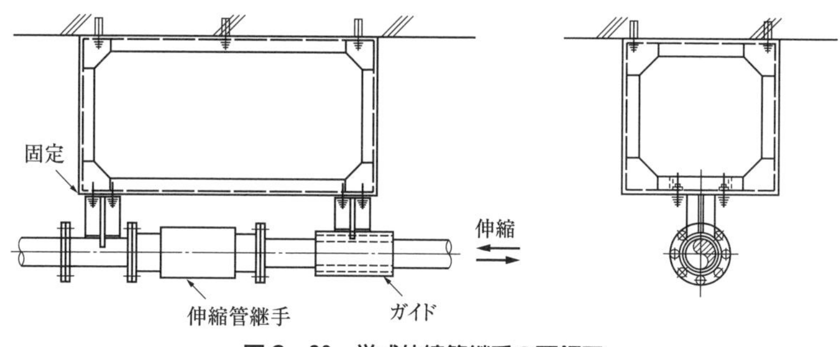

図３・38　単式伸縮管継手の要領図

(5)　排気ダクト防火区画貫通要領図　適切でない部分の改善策を１つ具体的に簡潔に記す。

①　**適切でない部分**　防火ダンパの支持がなく，火災時に脱落するおそれがあり法令上適切でない。

改善策　防火ダンパを床から４点吊り支持する（**図３・39**）。

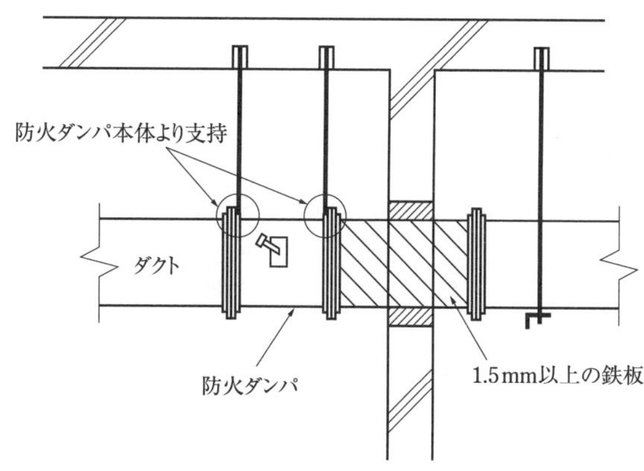

図３・39　防火区画貫通箇所の防火ダンパ要領図

【問題2】 空冷ヒートポンプマルチパッケージ形空気調和機の冷媒管の施工及び試運転調整を行う場合の**留意事項**

(1) 冷媒管（断熱材被覆銅管）を施工する場合の**留意事項**（吊り又は支持に関するものを除く。） 1つ具体的に簡潔に記す。

① 冷媒用銅管の切断は，チップソー，金切鋸，パイプカッタなどで管軸に直角に切断する。

② 曲がり部の施工は，ベンダを用いる。

③ 防火区画貫通箇所は，国土交通大臣認定の工法を採用する。

④ 逆鳥居配管とならないように敷設する。

⑤ ろう付け時は，冷媒管内に窒素充満させ，かつ窒素を流しながら行う。

解　説　**ろう付け**

冷媒管（銅管）の接合は，耐圧が要求されるので，「りん銅ろう」によるろう付けで行う。ろう付けでは，内面に酸化被膜ができないように，窒素を充満させる。もっと低温で行う「はんだ付け」とは異なる。

(2) 冷媒管（断熱材被覆銅管）の吊り又は支持に関する**留意事項**　1つ具体的に簡潔に記す。

① 冷媒管の横引き配管は，冷媒管の伸縮対策の固定点を除き，冷媒管断熱材の上から支持し，断熱材の厚みを圧縮させない保護プレート（トレー），保温材増貼り又は幅広樹脂バンドなどで支持する（**図3・40**）。

図3・40　冷媒管の保護プレート支持

② 冷媒管の立て配管の伸縮固定箇所は，専用の固定金具を用いて支持鋼材に固定し，固定金具と銅管をろう付けする。その後，断熱施工する（**図3・41**）。

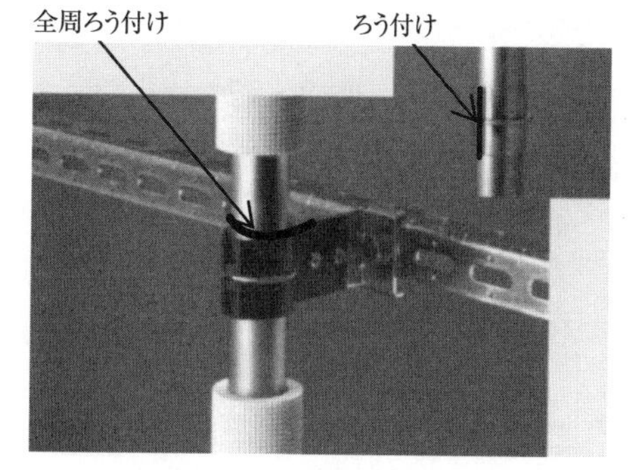

図３・41　冷媒管の固定支持

(3)　冷媒管の試験に関する**留意事項**　１つ具体的に簡潔に記す。

①　冷媒管の試験は，水圧試験ではなく窒素による気密・耐圧試験となるので，急激に圧力を上昇させると危険なので，試験圧力までステップ（圧力と時間）で圧力を徐々に上昇させる。

②　試験圧力まで到達したら，管継手まわりを触手，耳で聞く又は石鹸水・エアコンチェッカでチェックし，漏洩のないことで合格とする。

③　気密・耐圧試験後は，安全を考慮して，かつ異物の混入を防ぐ意味で約0.2MPa程度に圧力を下げ，機器接続まで保持する。

(4)　マルチパッケージ形空気調和機の試運転調整における**留意事項**　１つ具体的に簡潔に記す。

①　準備作業（施工検査記録及びシステム点検，本体及び付属品（据付け状況，リモコンユニット），電源設備（電源盤，電気配線），冷媒配管（支持，気密試験，断熱），ドレン配管（勾配，通水試験，断熱），ドレンアップ装置（ドレンポンプ），電源投入（圧縮機保護が必要な場合，事前に電源投入。通電時間は取扱説明書参照），メーカーの出荷前検査記録（工場試験検査記録），電源投入（圧縮機保護が必要な場合は，事前に電源を投入する。）を確認する。

②　試運転モードで運転する。

③　運転切替えを確認（冷房，暖房，除湿）する。

④　オートベーン，ルーバーの作動状況を確認する。

⑤　ドレンアップ装置の排出状況を確認する。

⑥　次の項目を測定する（吸込・吹出空気温度，給気風量，運転電流，電圧）。

【問題３】　汚物用水中モーターポンプ及びポンプ吐出し管の施工及び試運転調整を行う場合の**留意事項**

(1)　水中モーターポンプを排水槽内に据え付ける場合の設置位置に関する**留意事項**　１つ具体的に簡潔に記す。

① 水中モーターポンプを釜場に設けるとき，ポンプケーシングから壁面までの距離が200mm以上となる位置に設置する（**図3・42**）。

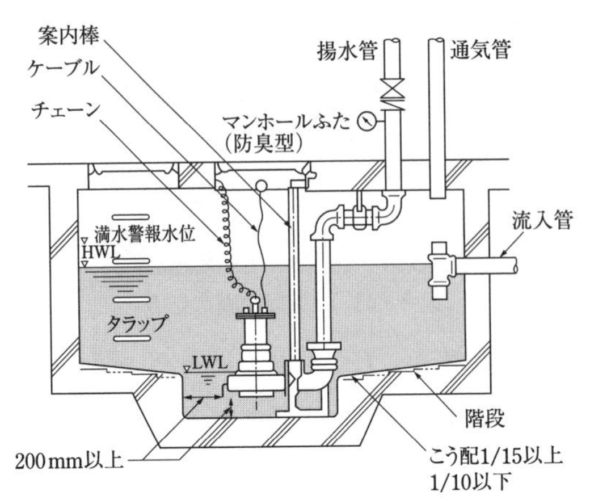

図3・42　排水槽内の納まり図

(2) 水中モーターポンプを排水槽内に据え付ける場合の**留意事項**（設置位置に関するものを除く。）1つ具体的に簡潔に記す。

① 釜場内に設置する。

② 水中ポンプを引き上げやすくするため，ポンプ直上にφ600mmのマンホールを取り付ける。

(3) ポンプ吐出し管（排水槽内～屋外）を施工する場合の**留意事項**　1つ具体的に簡潔に記す。

① 汚水槽内では，水中ポンプを引き上げる際，ポンプ吐出し管が容易に取り外せるようにフランジ接合とする。

② ポンプ吐出し管は，自然排水系の排水管と合流せず，単独で屋外の桝まで導く。

(4) 水中モーターポンプの試運転調整における**留意事項**　1つ具体的に簡潔に記す。

① 準備作業（設計図書との照合，排水・電源供給などの状況確認，外観及び据付状態を確認，機器本体及び排水槽内の清掃状態を確認）

② 排水槽の水中ポンプ制御盤の電源及び制御配線が整備されているか確認する。

③ 排水がない状態で瞬時起動させ回転方向を確認する。

④ 実排水で運転後，異常振動などを確認する。

⑤ 所定の水量となるように吐出弁開度などを調整する。

⑥ 水中ポンプの制御水位レベルが正しく設定されているか確認する。

⑦ 水中ポンプのフロート位置を起動水位及び停止水位に調整する。

⑧ フロートスイッチでON-OFF作動することを確認する。

⑨ 自動交互追従式の場合は，自動交互及び追従運転を確認する（SHASE-G 0022-2016　建築設備の試運転調整ガイドライン）。

⑩　運転時の圧力や電流値，水量などを機器成績表と照合する。

【問題4】

〔設問1〕　最早開始時刻（EST）を［　］に記入する：**図3・43**による。

最早開始時刻（EST）を計算する（**表3・13**）。

表3・13　最早開始時刻（EST）の計算

イベント	作業内容	アクティビティ	計算	最早開始時刻
①				0
②	B	①→②	0+3=3	3
③	A ダミー	①→③ ②⇢③	0+2=2 3+0=3　｝3>2	3
④	E	②→④	3+5=8	8
⑤	C ダミー	①→⑤ ④⇢⑤	0+6=6 8+0=8　｝8>6	8
⑥	G	⑤→⑥	8+2=10	10
⑦	F H	④→⑦ ⑥→⑦	8+3=11 10+4=14　｝14>11	14
⑧	D J I	③→⑧ ⑦→⑧ ⑥→⑧	3+12=15 14+3=17 10+6=16　｝17>16>15	17

〔設問2〕　最遅開始時刻（LST）を〈　〉に記入する：**図3・43**による。

最遅開始時刻（LST）を計算する（**表3・14**）。

表3・14　最遅開始時刻（LST）の計算

イベント	作業内容	アクティビティ	計算	最遅開始時刻
⑧				17
⑦	J	⑦→⑧	17−3=14	14
⑥	I	⑥→⑧	17−6=11	11
	H	⑥→⑦	14−4=10	10
⑤	G	⑤→⑥	10−2=8	8
④	F	④→⑦	14−3=11	11
	ダミー	④⇢⑤	8−0=8	−
③	D	③→⑧	17−12=5	5
②	E	②→④	8−5=3	3
	ダミー	②⇢③	5−0=5	−

①	A	①→③	5−2=3	3
	B	①→②	3−3=0	0
	C	①→⑤	8 −6=2	2

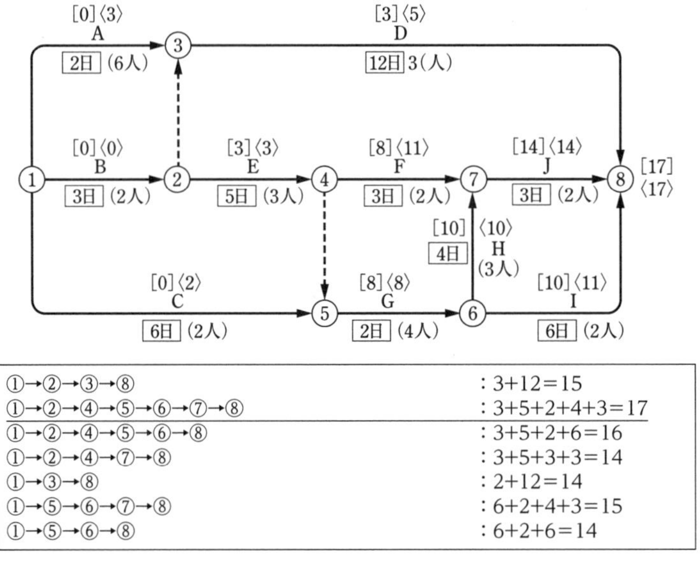

図3・43 ネットワーク工程表

〔設問3〕 最早開始時刻（EST）による山積み図：**図3・44**による。

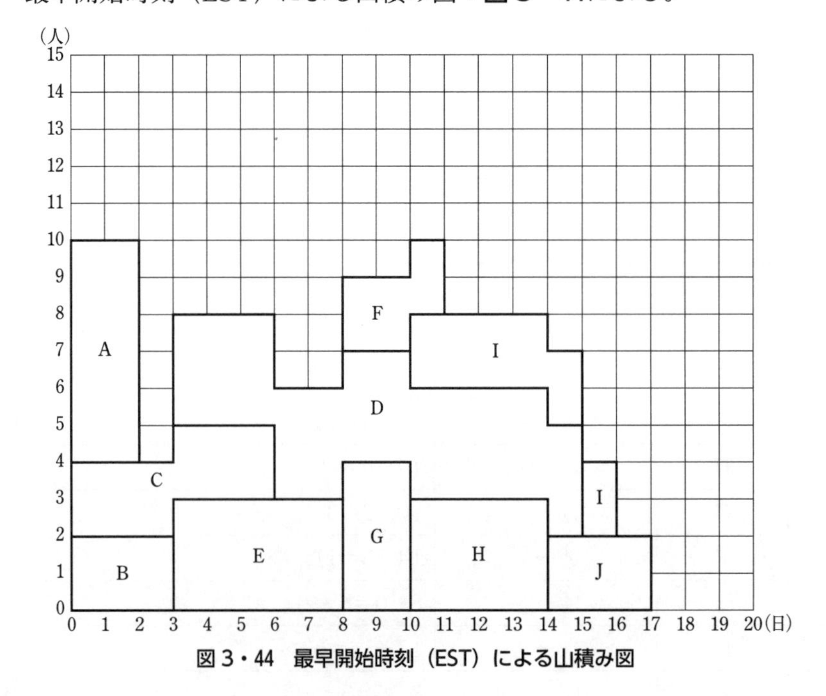

図3・44 最早開始時刻（EST）による山積み図

解 説 B→E→G→H→Jがクリティカルパスである。

〔設問4〕　最遅開始時刻（LST）による山積み図：**図3・45**による。

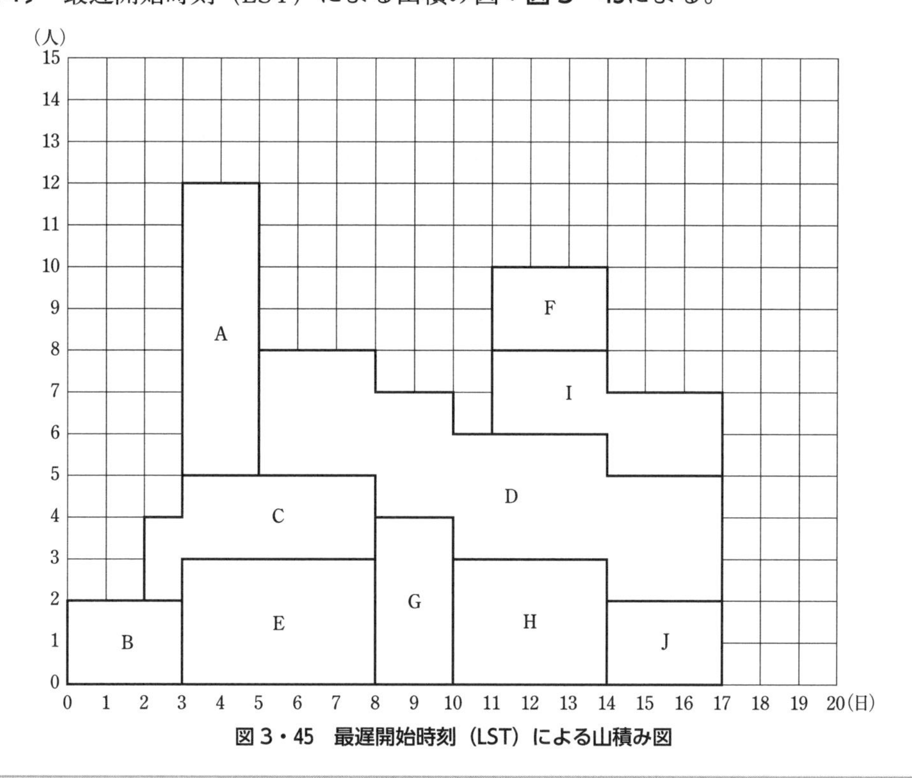

図3・45　最遅開始時刻（LST）による山積み図

〔設問5〕

山崩し後において作業員数の合計が最も多くなる作業日の作業員数：９人

解　説　山崩し後の山積み図を示す（**図3・46**）。

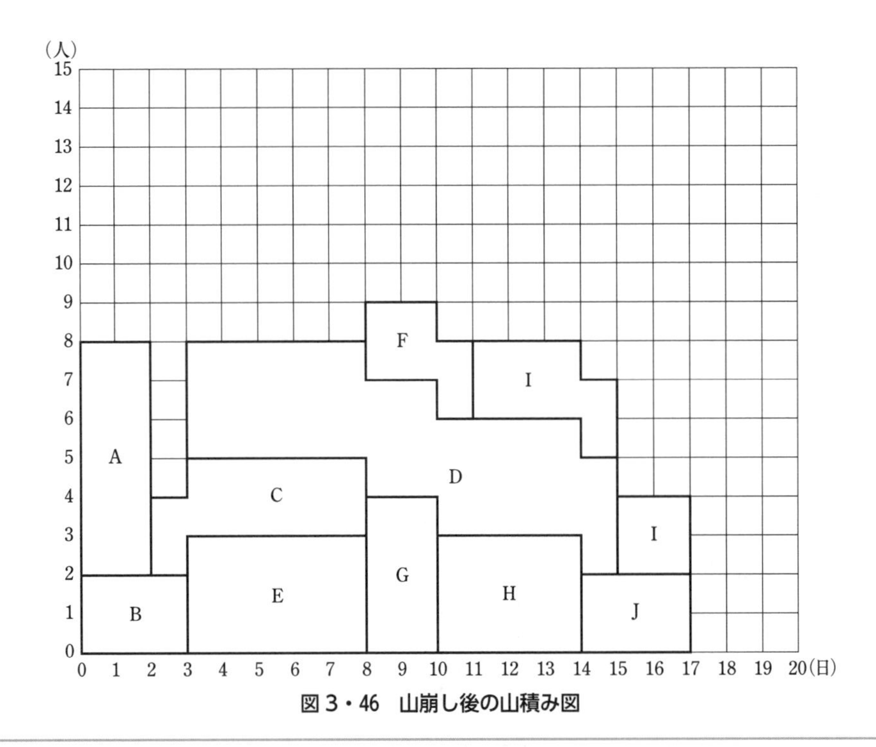

図３・46　山崩し後の山積み図

【問題５】

〔設問１〕

(1)　建設業の事業者は，常時100人以上の労働者を使用する事業場ごとに，A：総括安全衛生管理者 を選任し，労働者の危険又は健康障害を防止するための措置に関する業務を統括管理させなければならない。

解　説　**法第十条（総括安全衛生管理者）**　事業者は，政令で定める規模の事業場ごとに，厚生労働省令で定めるところにより，総括安全衛生管理者を選任し，その者に安全管理者，衛生管理者又は第二十五条の二第２項の規定により技術的事項を管理する者の指揮をさせるとともに，次の業務を統括管理させなければならない。

一　労働者の危険又は健康障害を防止するための措置に関すること。

二　労働者の安全又は衛生のための教育の実施に関すること。

三　健康診断の実施その他健康の保持増進のための措置に関すること。

四　労働災害の原因の調査及び再発防止対策に関すること。

令第二条（総括安全衛生管理者を選任すべき事業場）　労働安全衛生法第十条第１項の政令で定める規模の事業場は，次の各号に掲げる業種の区分に応じ，常時当該各号に掲げる数以上の労働者を使用する事業場とする。

一　林業，鉱業，建設業，運送業及び清掃業　100人

二　製造業（物の加工業を含む。），電気業，ガス業，熱供給業，水道業，通信業，各種商品卸売業，家具・建具・じゆう器等卸売業，各種商品小売業，家具・建具・じ

ゆう器小売業，燃料小売業，旅館業，ゴルフ場業，自動車整備業及び機械修理業　300人

三　その他の業種　1000人

(2)　事業者は，つり上げ荷重が1トン以上5トン未満の移動式クレーンの運転（道路上を走行させる運転を除く。）の業務については，小型移動式クレーン運転 B：技能講習 を修了した者を当該業務に就かせることができる。

解　説　**法第六十一条（就業制限）**　事業者は，クレーンの運転その他の業務で，政令で定めるものについては，都道府県労働局長の当該業務に係る免許を受けた者又は都道府県労働局長の登録を受けた者が行う当該業務に係る技能講習を修了した者その他厚生労働省令で定める資格を有する者でなければ，当該業務に就かせてはならない。

2　前項の規定により当該業務につくことができる者以外の者は，当該業務を行なつてはならない。

(3)　事業者は，足場の組立てに係る業務（地上又は堅固な床上における補助作業の業務を除く。）に労働者を就かせるときは，当該業務に関する安全のための C：特別の教育 を行わなければならない。

解　説　**法第五十九条（安全衛生教育）**　事業者は，労働者を雇い入れたときは，当該労働者に対し，厚生労働省令で定めるところにより，その従事する業務に関する安全又は衛生のための教育を行なわなければならない。

2　前項の規定は，労働者の作業内容を変更したときについて準用する。

3　事業者は，危険又は有害な業務で，厚生労働省令で定めるものに労働者をつかせるときは，厚生労働省令で定めるところにより，当該業務に関する安全又は衛生のための特別の教育を行なわなければならない。

規則第三十六条（特別教育を必要とする業務）　法第五十九条第3項の厚生労働省令で定める危険又は有害な業務は，次のとおりとする。

一　研削といしの取替え又は取替え時の試運転の業務

二　動力により駆動されるプレス機械（動力プレス）の金型，シャーの刃部又はプレス機械若しくはシャーの安全装置若しくは安全囲いの取付け，取外し又は調整の業務

三　アーク溶接機を用いて行う金属の溶接，溶断等（アーク溶接等）の業務

六　制限荷重5トン未満の揚貨装置の運転の業務

十の四　建設工事の作業を行う場合における，ジャッキ式つり上げ機械の調整又は運転の業務

十の五　作業床の高さ（令第十条第四号の作業床の高さをいう。）が10m未満の高所作業車の運転（道路上を走行させる運転を除く。）の業務

十一 動力により駆動される巻上げ機（電気ホイスト，エヤーホイスト及びこれら以外の巻上げ機でゴンドラに係るものを除く。）の運転の業務

十四 小型ボイラーの取扱いの業務

十五 次に掲げるクレーン（移動式クレーンを除く。）の運転の業務

イ つり上げ荷重が5トン未満のクレーン

ロ つり上げ荷重が5トン以上の跨線テルハ

十六 つり上げ荷重が1トン未満の移動式クレーンの運転（道路上を走行させる運転を除く。）の業務

二十六 令別表第六に掲げる酸素欠乏危険場所における作業に係る業務

三十七 石綿障害予防規則第四条第1項に掲げる作業に係る業務

三十九 足場の組立て，解体又は変更の作業に係る業務（地上又は堅固な床上における補助作業の業務を除く。）

四十一 高さが2m以上の箇所であって作業床を設けることが困難なところにおいて，墜落制止用器具のうちフルハーネス型のものを用いて行う作業に係る業務

〔設問2〕

(4) 暑さ指数（WBGT）は，「黒球温度」，「自然湿球温度」，「乾球温度」の三つをもとに算出される指数で，この三つのうち，暑さ指数（WBGT）への影響が最も大きいのは，**D：湿球温度** である。

暑さ指数（WBGT）の単位は，**E：摂氏度〔℃〕** である。

解 説 **暑さ指数（WBGT）**

暑さ指数（WBGT）＝0.7×湿球温度＋0.3×黒球温度＋0.1×乾球温度

・湿球温度：湿度が低い程水分の蒸発により気化熱が大きくなることを利用した，空気の湿り具合を示す温度。湿球温度は湿度が高い時に乾球温度に近づき，湿度が低い時に低くなる。

・黒球温度：黒色に塗装した中空の銅球で計測した温度。日射や高温化した路面からの輻射熱の強さ等により，黒球温度は高くなる。

・乾球温度：通常の温度計が示す温度，いわゆる気温のこと。

熱中症を引き起こす条件として「気温」は重要ですが，わが国の夏のように蒸し暑い状況では，気温だけでは熱中症のリスクは評価できません。暑さ指数（WBGT：Wet Bulb Globe Temperature：湿球黒球温度）は，人体と外気との熱のやりとり（熱収支）に着目し，気温，湿度，日射・輻射，風の要素をもとに算出する指標として，特に労働や運動時の熱中症予防に用いられている。

【問題６】

第４章　施工経験した管工事の記述　を参照されたい。

3・6　平成30年度　実地試験　試験問題

問題１は必須問題です。必ず解答してください。解答は**解答用紙**に記述してください。

【問題１】　次の設問１及び設問２の答えを解答欄に記述しなさい。

〔設問１〕　(1)に示す図について，(イ)及び(ロ)の答えを解答欄に記入しなさい。

(イ)　図－１に示す特性のポンプを，図－２のように２台同時に並列運転した場合の揚程曲線を記入しなさい。ただし，抵抗曲線は変化しないものとする。

(ロ)　(イ)の並列運転の場合，２台当たりのポンプの水量［L/min］を記入しなさい。

(1)　ポンプの特性曲線及びポンプ２台の並列運転図

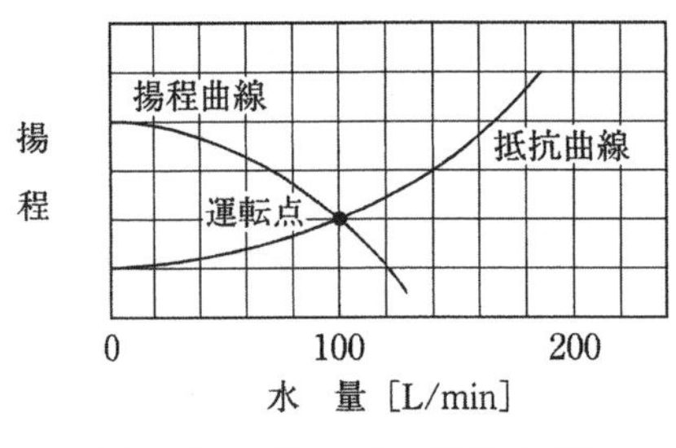

図－１　ポンプの特性曲線

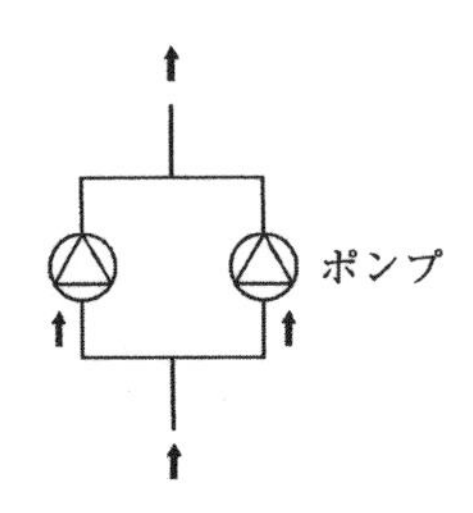

図－２　ポンプ２台の並列運転

〔設問２〕　(2)～(5)に示す図について，**適切でない部分の改善策**を具体的かつ簡潔に記述しなさい。

(2)　洋風便器８個を受け持つ排水横枝管の通気方式図

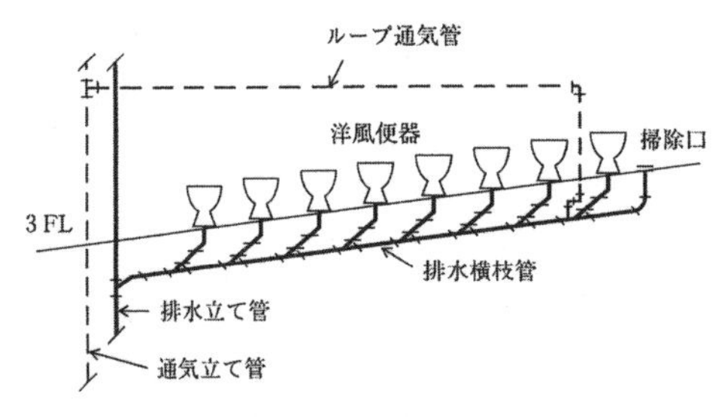

(3)　吹出口取付け要領図

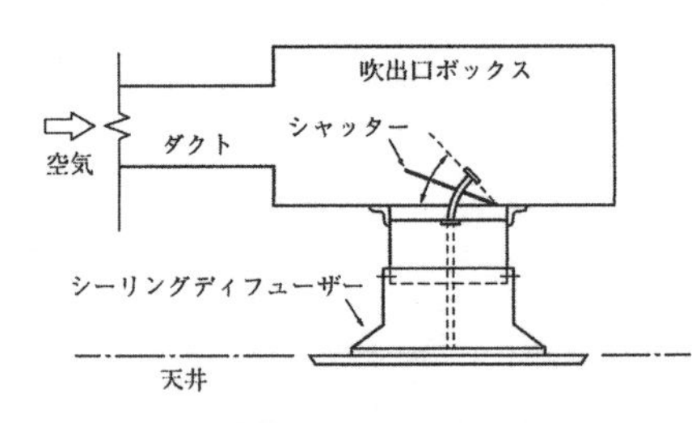

(4)　冷温水管保温要領図(天井内隠ぺい)

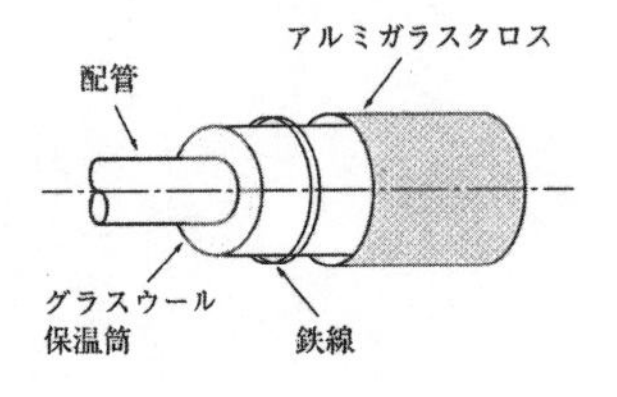

(5)　屋内消火栓設備の加圧送水装置まわり図

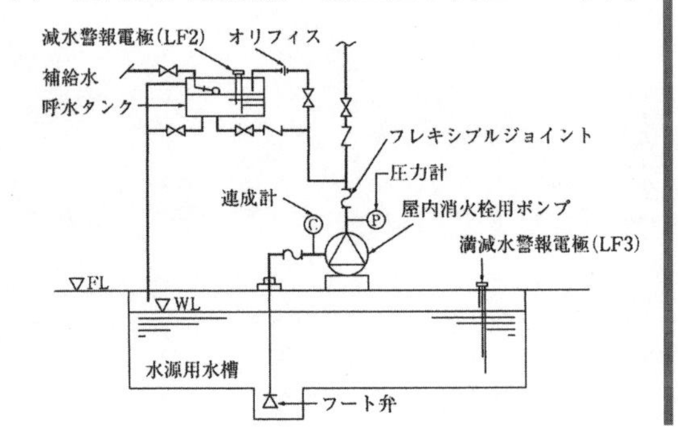

問題２と問題３の２問題のうちから１問題を選択し，解答は**解答用紙**に記述してください。選択した問題は，解答用紙の**選択欄に○印**を記入してください。

【問題２】 中央式の空気調和設備を施工する場合の留意事項を解答欄に具体的かつ簡潔に記述しなさい。**記述する留意事項は，次の**⑴～⑷とし，工程管理及び安全管理に関する事項は除く。

⑴　冷凍機まわりの配管施工に関し，運転又は保守管理の観点から留意する事項

⑵　冷温水配管の施工に関し，管の熱伸縮の観点から留意する事項（吊り又は支持に関するものを除く。）

⑶　冷温水配管の吊り又は支持に関し，管の熱伸縮の観点から留意する事項

⑷　冷温水配管の勾配又は空気抜きに関し留意する事項

【問題３】 中央式の強制循環式給湯設備を施工する場合の**留意事項**を解答欄に具体的かつ簡潔に記述しなさい。**記述する留意事項は，次の**⑴～⑷とし，工程管理及び安全管理に関する事項は除く。

⑴　貯湯槽の配置に関し，保守管理の観点から留意する事項

⑵　給湯配管の施工に関し，管の熱伸縮の観点から留意する事項（吊り又は支持に関するものを除く。）

⑶　給湯配管の吊り又は支持に関し，管の熱伸縮の観点から留意する事項

⑷　給湯配管の勾配又は空気抜きに関し留意する事項

問題４と問題５の２問題のうちから１問題を選択し，解答は**解答用紙**に記述してください。選択した問題は，解答用紙の**選択欄に○印**を記入してください。

【問題４】 下図に示すネットワーク工程表において，次の設問１～設問５の答えを解答欄に記述しなさい。ただし，図中のイベント間のＡ～Ｉは作業内容，［○日］は作業日数，（○人）は作業員数，イベント右上の［　］内の数値は最早開始時刻（EST）を表す。

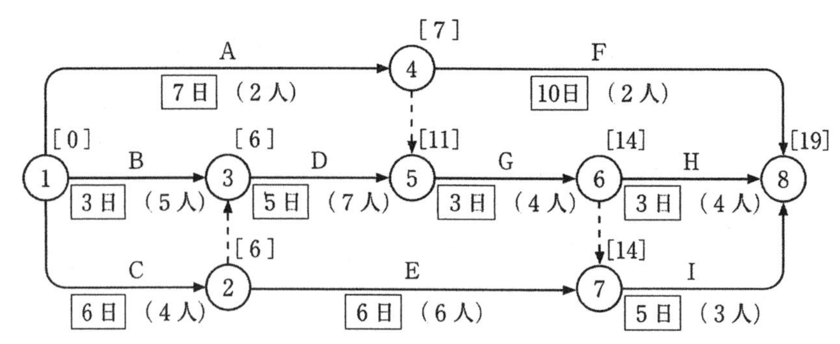

〔設問１〕 クリティカルパスをイベント番号と矢印で記入しなさい。ただし，ダミーは破線矢印とする。

〔設問２〕 工事の作業日数を再確認したところ，作業Ａで３日，作業Ｂで２日，作業Ｅで４日作業日数が増え，その他の作業は予定どおりの作業日数となることが判明した。フォローアップを行い，ネットワーク工程表にフォローアップ後の最早開始時刻を記入しなさい。

〔設問３〕 フォローアップ後のクリティカルパスの作業日数は，当初のクリティカルパスの作業日数から何日増えるか記入しなさい。

〔設問４〕 山積み図を作成する目的を記述しなさい。

〔設問５〕 フォローアップ後のネットワーク工程表に基づき，最早開始時刻（EST）による山積み図を完成させなさい。

【問題５】 次の設問１及び設問２の答えを解答欄に記述しなさい。

〔設問１〕 建設工事現場における，労働安全衛生に関する文中，[　　　]内に当てはまる「労働安全衛生法」上に**定められている語句又は数値**を解答欄に記述しなさい。

⑴ 事業者は，既設の汚水槽の内部にて作業する場合，その日の作業を開始する前に，当該汚水槽の内部における空気中の酸素及び[　Ａ　]の濃度を測定しなければならない。また，その測定の記録は，[　Ｂ　]年間保存しなければならない。

⑵ 事業者は，可燃性ガス及び酸素を用いて行う金属の溶接については，ガス溶接作業主任者免許を受けた者，ガス溶接に係る[　Ｃ　]を修了した者その他厚生労働省令で定める資格を有する者でなければ，当該業務に就かせてはならない。

〔設問２〕　建設工事現場における，石綿作業主任者の職務に関する文中，［　　］内に当てはまる「労働安全衛生法」上に**定められている語句又は数値**を解答欄に記述しなさい。

(3)　事業者は，石綿作業主任者に次の事項を行わせなければならない。

一　作業に従事する労働者が石綿等の粉じんに汚染され，又はこれらを吸入しないように，作業の方法を決定し，労働者を指揮すること。

二　局所排気装置，プッシュプル型換気装置，除じん装置その他労働者が健康障害を受けることを予防するための装置を［　D　］月を超えない期間ごとに点検すること。

三　［　E　］具の使用状況を監視すること。

問題６は必須問題です。必ず解答してください。解答は**解答用紙**に記述してください。

【問題６】　あなたが経験した**管工事**のうちから，**代表的な工事を１つ選び**，次の設問１～設問３の答えを解答欄に記述しなさい。

〔設問１〕　その工事につき，次の事項について記述しなさい。

(1)　工事名〔例：◎◎ビル□□設備工事〕

(2)　工事場所〔例：◎◎県◇◇市〕

(3)　設備工事概要〔例：工事種目，工事内容，主要機器の能力・台数等〕

(4)　現場での施工管理上のあなたの立場又は役割

〔設問２〕　上記工事を施工するにあたり，「**工程管理**」上，あなたが特に重要と考えた事項をあげ，それについてとった措置又は対策を簡潔に記述しなさい。

〔設問３〕　上記工事の「**総合的な試運転調整**」又は「**完成に伴う自主検査**」において，あなたが特に重要と考えた事項をあげ，それについてとった措置を簡潔に記述しなさい。

模範解答　（平成30年度）

【問題1】

〔設問1〕

(1)　(イ)ポンプ並列2台運転時の揚程曲線を破線で示す（**図3・47**）。

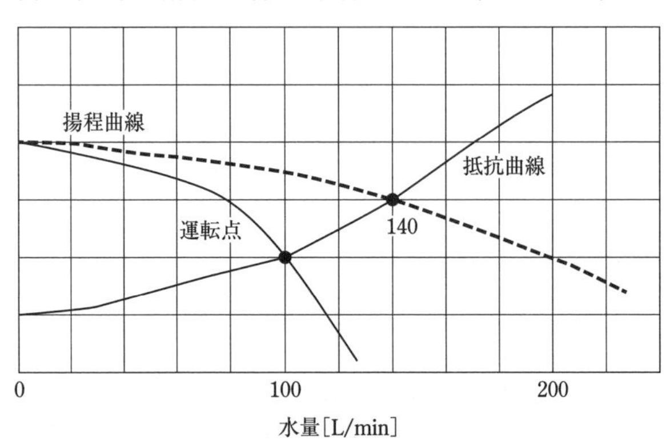

図3・47　ポンプ並列2台運転時

解　説　ポンプ並列2台運転時は，1台運転時の揚程は変わらず，流量だけが各揚程で2倍となる。したがって，ポンプ1台時の揚程曲線を，右に2倍広げた曲線を描く。

(ロ)　2台当たりのポンプの水量［L/min］：約140L/min

(2)　洋風便器8個を受け持つ排水横枝管の通気方式図　適切でない部分の改善策を1つ具体的に簡潔に記す。

①　**適切でない部分**　洋風便器8個以上を受け持つ排水横枝管の通気は，ループ通気だけでは，通気が十分ではなく適切でない。

改善策　最下流の大便器が接続されている排水横枝管の直近の下流から逃がし通気管を取り出し，ループ通気管に接続する。

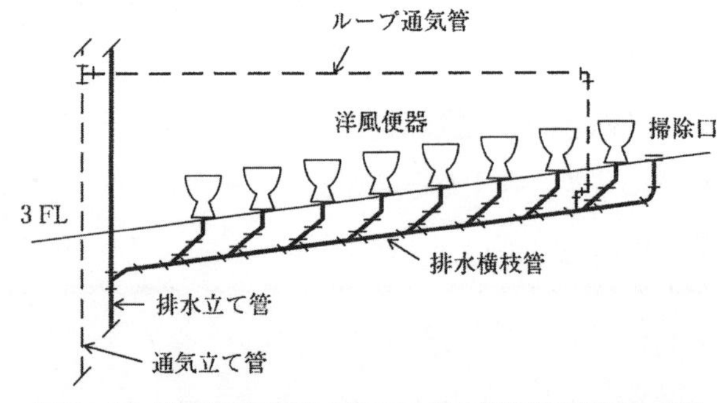

図3・48　洋風便器8個を受け持つ排水横枝管の通気方式図

(3)　吹出口取付け要領図　適切でない部分の改善策を1つ具体的に簡潔に記す。

①　**適切でない部分**　シャッタの取付方向がダクトの方向に向いており，チャンバがあるにもかかわらず，吹き出し気流の偏流，騒音のおそれがあるので適切でない。

改善策　シャッタの取付方向を逆として，チャンバ内で吹き出し気流が均等となるようにする。

⑷　冷温水管保温要領図（天井内隠ぺい）　適切でない部分の改善策を１つ具体的に簡潔に記す。

①　**適切でない部分**　アルミガラスクロスの下にポリエチレンフィルムがないので，冷水の場合結露しやすく適切でない。

改善策　アルミガラスクロスの下にポリエチレンフィルムを施す（**図３・49**）。

施工手順

①　グラスウール保温筒

②　鉄線（保温筒1本につき２カ所以上２回巻き締め）

③　ポリエチレンフィルム（1/2重ね巻き）

⑤　アルミガラスクロステープ（重ね幅15mm 以上）

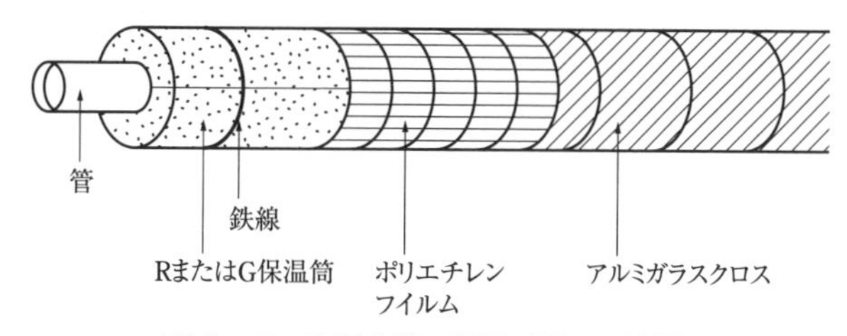

図３・49　冷温水管の保温（隠ぺい仕様）

⑸　屋内消火栓設備の加圧送水装置まわり図　適切でない部分の改善策を１つ具体的に簡

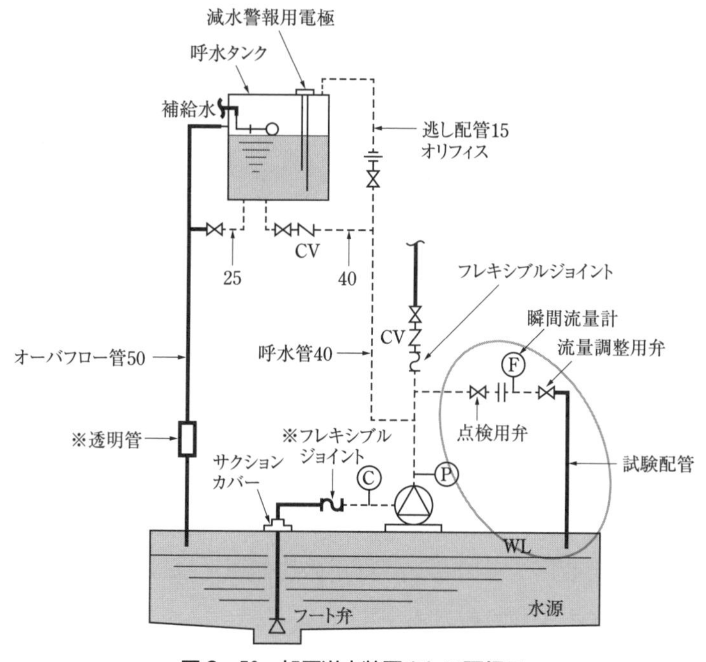

図３・50　加圧送水装置まわり要領図

潔に記す。

① **適切でない部分**　ポンプ性能をテスト試験するための流量計が付いていないので法令上適切でない。

改善策　ポンプ吐出管のフレキシブルジョイント手前から配管を分岐し，分岐した配管をテスト用配管としてGV，流量計を取り付け，以降は水源用水槽に接続する（**図３・50**）。

【問題２】　中央式の空気調和設備を施工する場合の**留意事項**

⑴　冷凍機まわりの配管施工に関し，運転又は保守管理の観点から**留意する事項**　１つ具体的に簡潔に記す。

① 冷凍機まわりの配管は，冷凍機の運転，保守管理のためのスペースが確保できる位置に敷設する。

② 冷凍機コイルの引き抜きが容易に行えるように，冷凍機への接続箇所はフランジ接合とする。

③ 冷水・冷却水配管の入り口側に，ストレーナを設ける。

④ 冷凍機と配管類の接続は，防振継手又は可とう継手とする

⑵　冷温水配管の施工に関し，管の熱伸縮の観点から**留意する事項**（吊り又は支持に関するものを除く。）　１つ具体的に簡潔に記す。

① 主管からの分岐枝管は，主管の伸縮量に応じで，配管とエルボを２～３個組み合わせたスイベルジョイント工法で対処する（**図３・51**）。

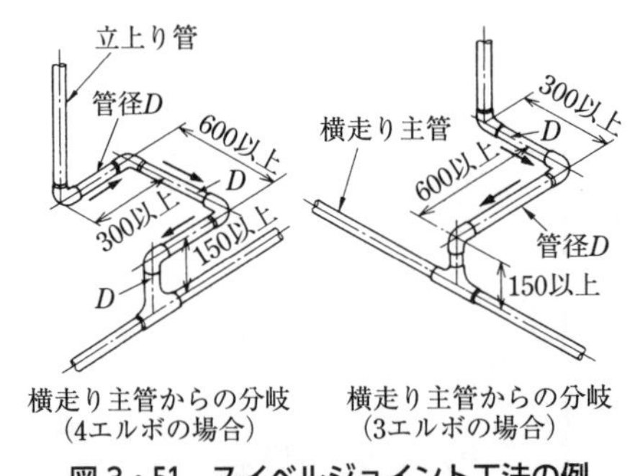

図３・51　スイベルジョイント工法の例

② 熱による配管の伸縮に対して，鋼管の場合は30mに１カ所，伸縮管継手を設ける。

⑶　冷温水配管の吊り又は支持に関し，管の熱伸縮の観点から**留意する事項**　１つ具体的に簡潔に記す。

① 単式伸縮管継手を使用する場合，管継手の片側直近部は形鋼架台に固定し，反対側は座屈防止用のガイドを取り付ける。

② 複式伸縮管継手を使用する場合，管継手本体を形鋼架台に固定し，管継手の両端は

座屈防止用のガイドを取り付ける。

③　伸縮継手に対する固定点以外は，配管が伸縮できるように吊りバンド等は緩く締め付ける。

(4)　冷温水配管の勾配又は空気抜きに関し**留意する事項**　1つ具体的に簡潔に記す。

①　冷温水配管横走りの冷温水配管では，配管の勾配として往き管，返り管とも先上がりで，勾配は水抜き，空気抜きが容易にできる勾配とする（機械設備工事監理指針　令和4年版　第2編　第2章　第6節　勾配，吊り及び支持　表2.6.2　配管の勾配の例）。

②　横走り配管は鳥居配管にならないように敷設する。

③　異形のつなぎ箇所は，偏心異形レジューサーを用い，天端をフラットにする。

④　冷温水配管の頂部で，かつ動水圧が正圧となる箇所にGV＋自動エア抜き弁を設ける。

【問題3】　中央式の強制循環式給湯設備を施工する場合の**留意事項**

(1)　貯湯槽の配置に関し，保守管理の観点から**留意する事項**　1つ具体的に簡潔に記す。

①　加熱コイルが引き抜けるスペースが確保できる位置に配置する。

②　壁との距離が貯湯槽断熱被覆外面から450mm以上確保できる位置に配置する。

(2)　給湯配管の施工に関し，管の熱伸縮の観点から**留意する事項**（吊り又は支持に関するものを除く。）　1つ具体的に簡潔に記す。

①　主管からの分岐枝管は，主管の伸縮量に応じで，配管とエルボを2～3個組み合わせたスイベルジョイント工法で対処する。

②　熱による配管の伸縮に対して，ステンレス管・銅管の場合は20mに1カ所，伸縮管継手を設ける。

(3)　給湯配管の吊り又は支持に関し，管の熱伸縮の観点から**留意する事項**　1つ具体的に簡潔に記す。

①　単式伸縮管継手を使用する場合，管継手の片側直近部は形鋼架台に固定し，反対側は座屈防止用のガイドを取り付ける。

②　複式伸縮管継手を使用する場合，管継手本体を形鋼架台に固定し，管継手の両端は座屈防止用のガイドを取り付ける。

③　伸縮継手に対する固定点以外は，配管が伸縮できるように吊りバンド等は緩く締め付ける。

④　給湯配管にステンレス管，銅管を使用するとき，吊りバンドは樹脂等の絶縁材を介したものとする（**図3・52**）。

⑤　伸縮継手に対する固定点以外は，吊りバンド等は緩く締め付ける。

(4)　給湯配管の勾配又は空気抜きに関し**留意する事項**　1つ具体的に簡潔に記す。

図３・52　吊りバンド（樹脂ライニング）

① 横走り配管は，往き管は先上がり，還り管は先下がりとし，そのこう配は1/250とする。

② 給湯配管の頂部で，かつ動水圧が正圧となる箇所にGV＋自動エア抜き弁を設ける。

【問題４】

〔設問１〕 クリティカルパス（イベント番号を矢印（ダミーは破線）でつなぐ形式で表示）：

①→②⇢③→⑤→⑥⇢⑦→⑧

解　説 クリティカルパスを太破線で示す（**図３・53**）。

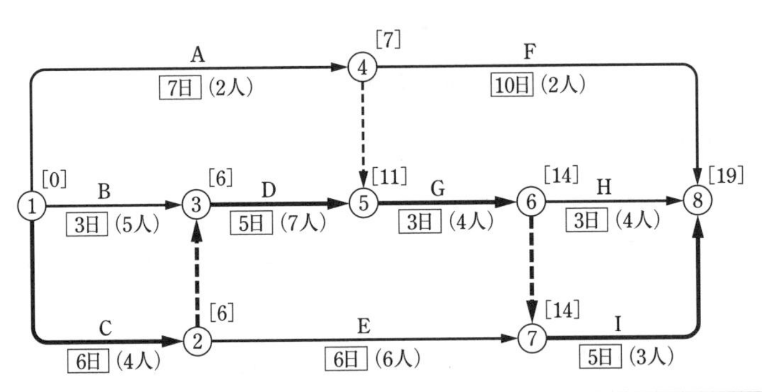

①→②→③→⑤→⑥→⑦→⑧	：6+5+3+5=19
①→②→③→⑤→⑥→⑧	：6+5+3+3=17
①→②→⑦→⑧	：6+6+5=17
①→③→⑤→⑥→⑦→⑧	：3+5+3+5=16
①→③→⑤→⑥→⑧	：3+5+3+3=14
①→④→⑤→⑥→⑦→⑧	：7+3+5=15
①→④→⑤→⑥→⑧	：7+3+3=13
①→④→⑧	：7+10=17

図３・53　ネットワーク工程表

〔設問２〕 最早開始時刻（EST）：**図3・54**の［　］内に示す。

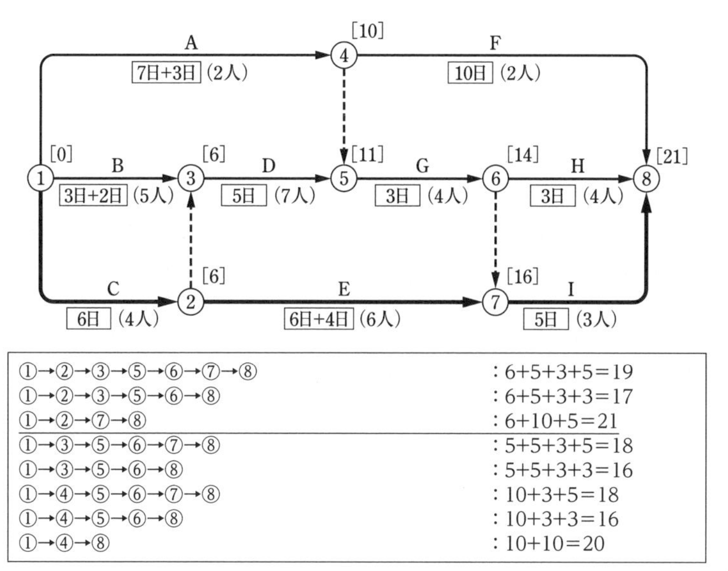

①→②→③→⑤→⑥→⑦→⑧	:6+5+3+5=19
①→②→③→⑤→⑥→⑧	:6+5+3+3=17
①→②→⑦→⑧	:6+10+5=21
①→③→⑤→⑥→⑦→⑧	:5+5+3+5=18
①→③→⑤→⑥→⑧	:5+5+3+3=16
①→④→⑤→⑥→⑦→⑧	:10+3+5=18
①→④→⑤→⑥→⑧	:10+3+3=16
①→④→⑧	:10+10=20

図3・54　ネットワーク工程表

〔設問3〕　工期は何日増えるか：19日→21日　2日増える。

〔設問4〕　山積み図を作成する目的：工期を通じて労務等の平準化を図るため「山崩し」を行うが，その前作業として「山積み」を行い，労務等の凹凸を見える化する。

〔設問5〕　最早開始時刻（EST）による山積み図を完成させる（**図3・55**）。

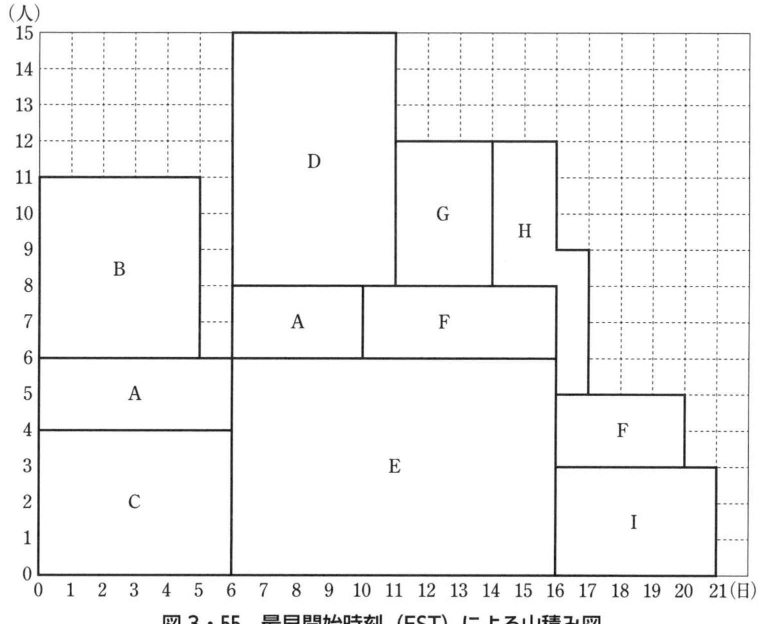

図3・55　最早開始時刻（EST）による山積み図

解 説 C→E→Iがクリティカルパスである。

【問題5】

〔設問1〕

(1) 事業者は，既設の汚水槽の内部にて作業する場合，その日の作業を開始する前に，当該汚水槽の内部における空気中の酸素及び［A：硫化水素］の濃度を測定しなければならない。また，その測定の記録は，［B：3］年間保存しなければならない。

解 説 **酸素欠乏症等防止規則第三条（作業環境測定等）** 事業者は，令第二十一条第九号に掲げる作業場について，その日の作業を開始する前に，当該作業場における空気中の酸素（第二種酸素欠乏危険作業に係る作業場にあっては，酸素及び硫化水素）の濃度を測定しなければならない。

2 事業者は，前項の規定による測定を行つたときは，そのつど，次の事項を記録して，これを3年間保存しなければならない。

(2) 事業者は，可燃性ガス及び酸素を用いて行う金属の溶接については，ガス溶接作業主任者免許を受けた者，ガス溶接に係る［C：技能講習］を修了した者その他厚生労働省令で定める資格を有する者でなければ，当該業務に就かせてはならない。

解 説 **法第六十一条（就業制限）** 事業者は，クレーンの運転その他の業務で，政令で定めるものについては，都道府県労働局長の当該業務に係る免許を受けた者又は都道府県労働局長の登録を受けた者が行う当該業務に係る技能講習を修了した者その他厚生労働省令で定める資格を有する者でなければ，当該業務に就かせてはならない。

令第二十条（就業制限に係る業務） 法第六十一条第1項の政令で定める業務は，次のとおりとする。

二 制限荷重が5トン以上の揚貨装置の運転の業務

三 ボイラー（小型ボイラーを除く。）の取扱いの業務

五 ボイラー（小型ボイラー及び次に掲げるボイラーを除く。）又は第六条第十七号の第一種圧力容器の整備の業務

六 つり上げ荷重が5トン以上のクレーン（跨線テルハを除く。）の運転の業務

七 つり上げ荷重が1トン以上の移動式クレーンの運転の業務

十 可燃性ガス及び酸素を用いて行なう金属の溶接，溶断又は加熱の業務

十一 最大荷重（フオークリフトの構造及び材料に応じて基準荷重中心に負荷させることができる最大の荷重をいう。）が1トン以上のフオークリフトの運転（道路上を走行させる運転を除く。）の業務

十五 作業床の高さが10m以上の高所作業車の運転（道路上を走行させる運転を除く。）の業務

十六　制限荷重が１トン以上の揚貨装置又はつり上げ荷重が１トン以上のクレーン，移動式クレーン若しくはデリックの玉掛けの業務

〔設問２〕

(3)　事業者は，石綿作業主任者に次の事項を行わせなければならない。

一　作業に従事する労働者が石綿等の粉じんに汚染され，又はこれらを吸入しないように，作業の方法を決定し，労働者を指揮すること。

二　局所排気装置，プッシュプル型換気装置，除じん装置その他労働者が健康障害を受けることを予防するための装置を［D：1］月を超えない期間ごとに点検すること。

三　［E：保護］具の使用状況を監視すること。

解　説　**石綿障害予防規則第二十条（石綿作業主任者の職務）**　事業者は，石綿作業主任者に次の事項を行わせなければならない。

一　作業に従事する労働者が石綿等の粉じんにより汚染され，又はこれらを吸入しないように，作業の方法を決定し，労働者を指揮すること。

二　局所排気装置，プッシュプル型換気装置，除じん装置その他労働者が健康障害を受けることを予防するための装置を1月を超えない期間ごとに点検すること。

三　保護具の使用状況を監視すること。

【問題６】

第４章　施工経験した管工事の記述　を参照されたい。

3・7　平成29年度　実地試験　試験問題

問題１は必須問題です。必ず解答してください。解答は**解答用紙**に記述してください。

【問題１】　次の設問１～設問３の答えを解答欄に記述しなさい。

〔設問１〕　⑴に示す図の**適切でない部分**のうち，**２か所**について，それぞれの**改善策**を具体的かつ簡潔に記述しなさい。

〔設問２〕　⑵に示す図について，(イ)及び(ロ)の答えを記述しなさい。

(イ)　送風機がＡ点で運転されている場合，設計点Ｃで運転するように調整する方法を簡潔に記述しなさい。

(ロ)　送風機がＢ点で運転されている場合，設計点Ｃで運転するように調整する方法を簡潔に記述しなさい。

⑴　排水，通気設備系統図

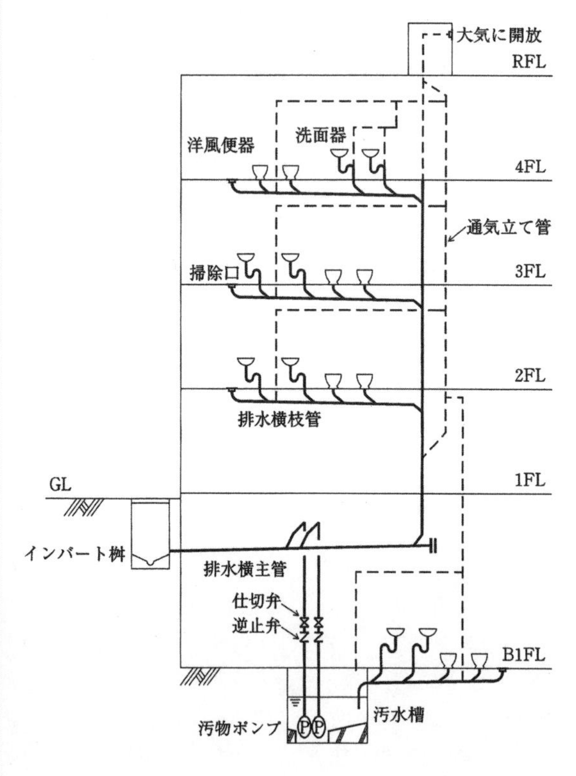

⑵　特性曲線及び送風機廻り詳細図

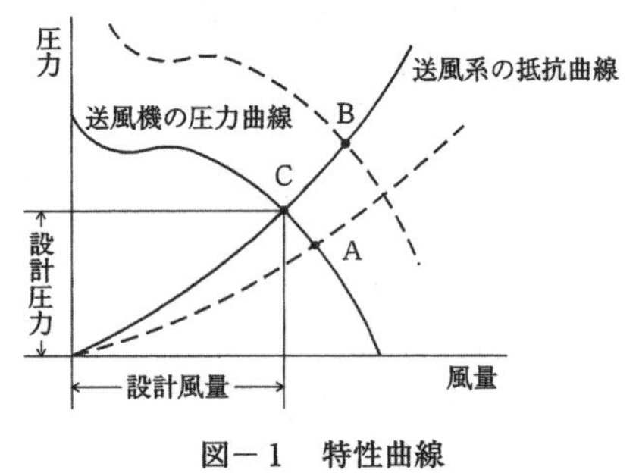

図－１　特性曲線

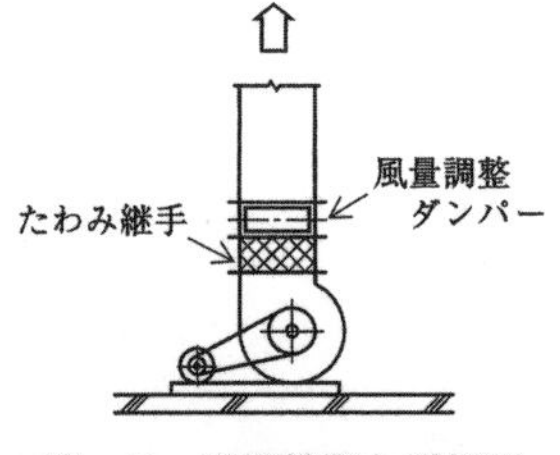

図－２　送風機廻り詳細図

〔設問３〕　(3)～(5)に示す各図について，**適切でない部分の改善策**を具体的かつ簡潔に記述しなさい。

(3)　冷温水コイル廻り配管要領　(4)　地上式タンクにおける揚水ポンプ廻り施工要領

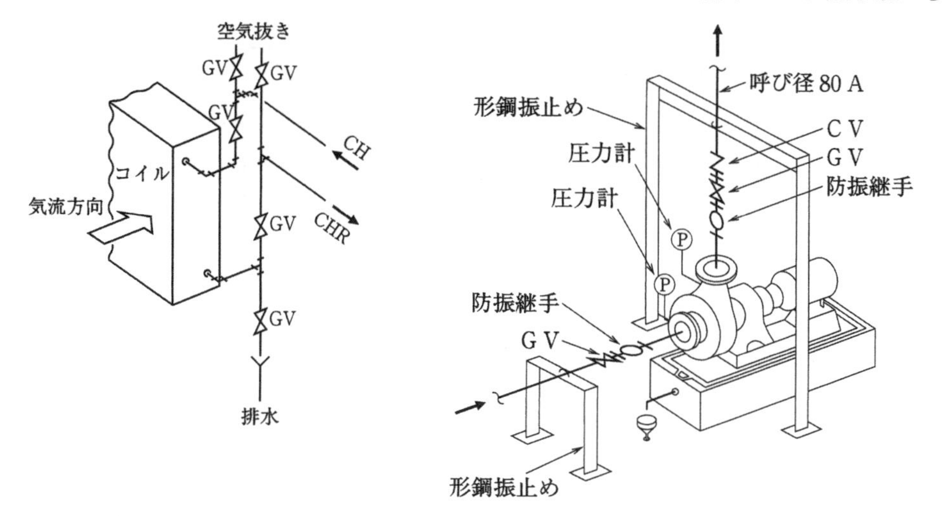

(5)　複式伸縮管継手の取付け要領

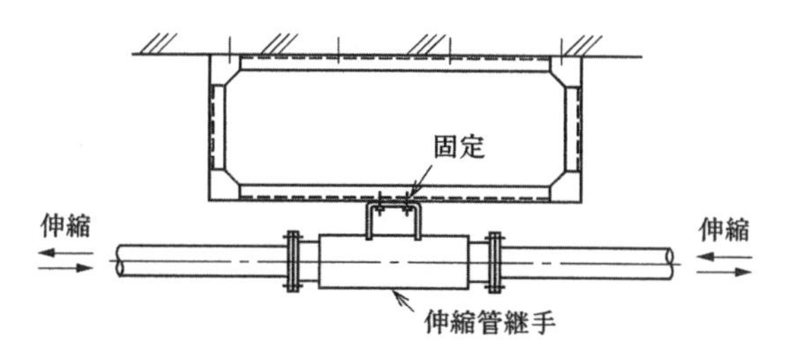

問題２と問題３の２問題のうちから１問題を選択し，解答は**解答用紙**に記述してください。選択した問題は，解答用紙の**選択欄に〇印**を記入してください。

【問題２】　厨房排気用長方形ダクトを製作並びに施工する場合の留意事項を，４つ解答欄に具体的かつ簡潔に記述しなさい。ただし，工程管理及び安全管理に関する事項は除く。

【問題３】　給水ポンプユニットの製作図を審査する場合の留意事項を，４つ解答欄に具体的かつ簡潔に記述しなさい。

問題４と問題５の２問題のうちから１問題を選択し，解答は**解答用紙**に記述してください。選択した問題は，解答用紙の**選択欄に〇印**を記入してください。

【問題４】 下図に示すネットワーク工程表において，次の設問１～設問５の答えを解答欄に記述しなさい。ただし，図中のイベント間のＡ～Ｊは作業内容，日数は作業日数を表す。

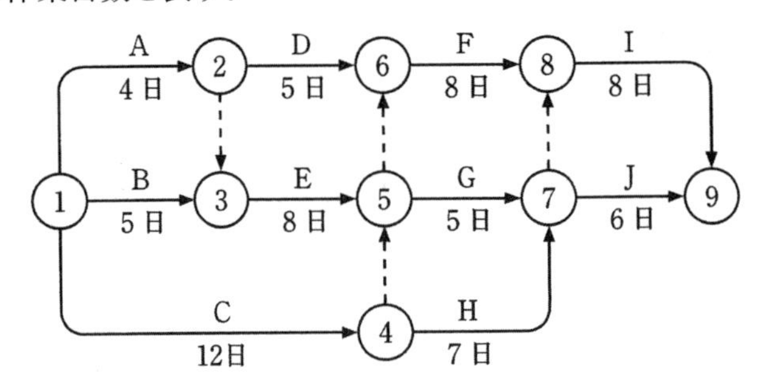

〔設問１〕 クリティカルパスを，作業名で示しなさい。

〔設問２〕 工事着手後日目に進行状況をチェックしたところ，作業Ａが１日，作業Ｂが１日，作業Ｃは３日遅れていた。また，作業Ｇは更に２日必要なことが判明した。その他の作業の所要日数に変更はないものとして，当初の工期より工期は何日延長になるか示しなさい。

〔設問３〕 設問で進行状況をチェックした時点（日目）のイベント⑧の最早開始時刻（EST）は何日か。

〔設問４〕 設問で進行状況をチェックした時点（日目）において，工事着手後30日の工期で完成させるためには，どの作業を何日短縮すればよいか。ただし，現在施工中の作業は短縮できないものとする。また，短縮できる作業日数は，当初作業日数の２割以内でかつ整数とし，短縮する作業の数は最少とする。

〔設問５〕 工程計画に遅れが生じたときに，遅れを取り戻すために行う工程管理上の方法を２つ記述しなさい。

【問題５】 次の設問１及び設問２の答えを解答欄に記述しなさい。

〔設問１〕 建設工事現場等における，労働安全衛生に関する文中，［　　　］内に当てはまる「労働安全衛生法」上に**定められている語句又は数値**を記述しなさい。

(1) 事業者は，常時100人以上の労働者を使用する事業場において，[A]を選任し，労働者の危険又は健康障害を防止する措置に関することを統括管理させなければならない。

(2) 事業者は，ガス溶接等の業務に使用するガス等の容器は，転倒のおそれがないように保持し，容器の温度を[B]度以下に保たなければならない。

(3) 事業者は，常時50人以上の事業場において，労働災害の原因及び再発防止対策で，衛生に係るものについて調査審議させ，事業者に対し意見を述べさせるため，[C]を設けなければならない。

〔設問２〕 建設工事現場における，足場組立作業に関する文中，[ ]内に当てはまる「労働安全衛生法」上に**定められている語句**を記述しなさい。

(1) 事業者は，高さ５m以上の足場組立作業に従事する作業員の指揮をさせるために，当該作業に関する技能講習を修了した足場の組立等の[D]を選任しなければならない。

(2) 事業者は，足場組立作業（地上又は堅固な床上における補助作業を除く）に従事する労働者に対して当該作業に対する安全のための[E]を行わなければならない。

問題６は必須問題です。必ず解答してください。解答は**解答用紙**に記述してください。

【問題６】 あなたが経験した**管工事**のうちから，**代表的な工事を１つ選び**，次の設問１～設問３の答えを解答欄に記述しなさい。

〔設問１〕 その工事につき，次の事項について記述しなさい。

(1) 工事名〔例：◎◎ビル□□設備工事〕

(2) 工事場所〔例：◎◎県◇◇市〕

(3) 設備工事概要〔例：工事種目，工事内容，主要機器の能力・台数等〕

(4) 現場での施工管理上のあなたの立場又は役割

〔設問２〕 上記工事を施工するにあたり，**「安全管理」**上，あなたが特に重要と考えた事項をあげ，それについてとった措置又は対策を簡潔に記述しなさい。

〔設問３〕 上記工事の**「材料・機器の現場受入検査」**において，あなたが特に重要と考えて実施した検査内容を簡潔に記述しなさい。

模範解答　（平成29年度）

【問題１】

〔設問１〕

(1)　排水，通気設備系統図　適切でない部分の改善策を２つ記す（**図３・56**）。

①　**適切でない部分**　汚物ポンプのポンプ排水管が排水横主管に接続されている。ポンプ運転時に，自然排水の流れに影響がでるので適切でない。

改善策　汚物ポンプのポンプ排水管を単独で，インバートますまで導く。

②　**適切でない部分**　地階の排水管の汚水槽への流出箇所にエルボが用いられている。汚水槽が満水に近いとき，排水系が２重トラップとなり，自然排水の流れに影響がでるので適切でない。

改善策　エルボを90°Ｙ継手に取替え，上部を大気に開放する。

③　**適切でない部分**　汚水槽の通気管が自然排水系の通気立て管に接続されている。自然排水系の通気に影響が出るので適切でない。

改善策　汚水槽の通気管を単独で屋上まで立ち上げ，屋上で大気に放する。

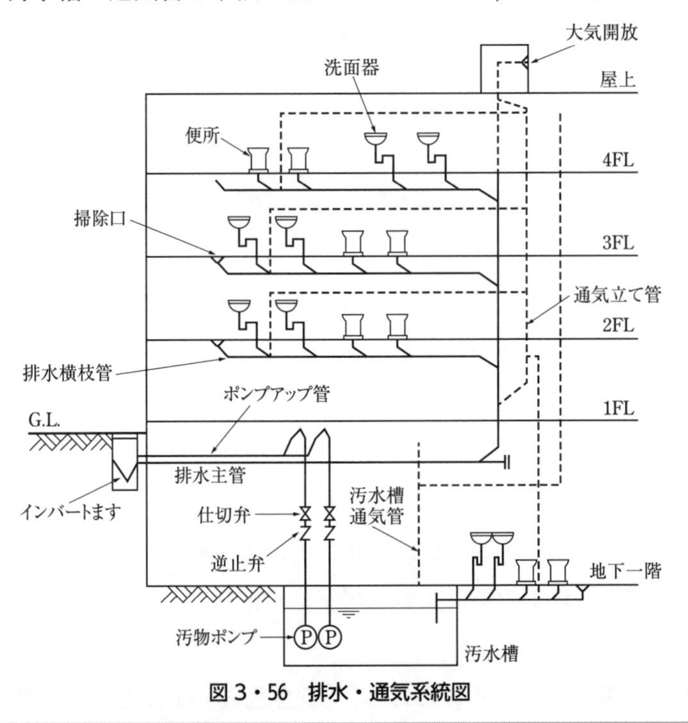

図３・56　排水・通気系統図

〔設問２〕

(2)　特性曲線及び送風機廻り詳細図

(ｲ)　送風機がＡ点→設計点Ｃで運転するように調整する方法：送風系の抵抗曲線の抵抗を増やす必要があり，風量調節ダンパ風量を絞る（吐出側ダンパ調整法）。

(ロ)　送風機がＢ点→設計点Ｃで運転するように調整する方法：送風機の圧力曲線を全体的に下げる必要があり，インバータやプーリーダウンで回転数を減らし，圧力と風量を減らす（回転数調整法）。

〔設問３〕

(3)　冷温水コイル廻り配管要領　適切でない部分の改善策を１つ具体的に簡潔に記す。

①　往き管と還り管が逆となっている。冷温水コイルの気流出口側に還り管が接続されており，コイルの熱交換率が悪く適切でない。冷温水コイルに対する配管出入り口の接続は，水の流れが空気の流れ方向に対して逆になるようにカウンターフローに接続する。具体的には，往き管と還り管を入れ替える。

②　元図の還り管側は，手前で二方弁又は三方弁が組み込まれることになるので，コイル側に GV は必要なく適切でない。元図の還り管側には，GV を設けない。

(4)　地上式タンクにおける揚水ポンプ廻り施工要領　適切でない部分の改善策を１つ具体的に簡潔に記す。

①　ポンプ吐出管に設けてある CV（逆止弁）と GV（仕切弁）の取付位置が逆となっており適切でなく，現状では，CV のメンテナンスが非常に困難となる。ポンプ吐出管に設けてある CV と GV の取付位置を逆にする。すなわち，ポンプ側から見て，防振継手，CV，GV の順となる。

(5)　複式伸縮管継手の取付け要領　適切でない部分の改善策を１つ具体的に簡潔に記す。

①　複式伸縮継手の直近に伸縮用ガイドがなく適切でなく，座屈によりうまく伸縮を吸収できなくなる。固定用鋼材の両端に伸縮用ガイドを設ける（**図３・57**）。

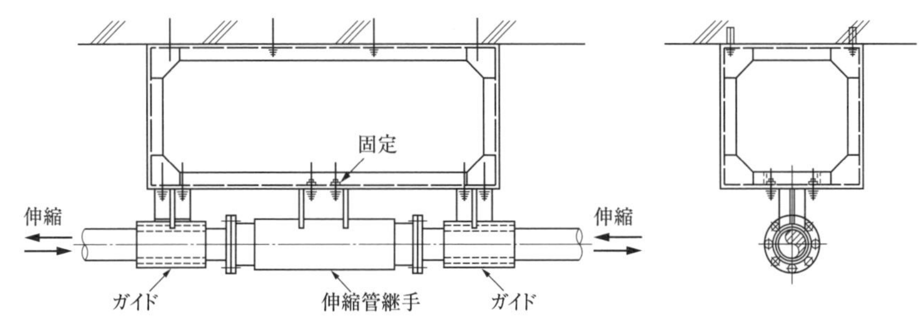

図３・57　複式伸縮継手まわりの要領図

【問題２】　厨房排気用長方形ダクトを製作並びに施工する場合の**留意事項**　４つ具体的に簡潔に記す。

①　鉄板厚さは，長方形ダクトの長辺で決める。

②　長方形ダクトのアスペクト比は，強度・圧力損失の観点より，４：１以下とする。

③　長方形ダクトの角のはぜは，ダクトの強度を確保するため，１カ所を超えるようにし，極力天端２カ所とする。

④ ダクト折り返しのフランジ四隅にコーナーシールを施す（**図３・58**）。

⑤ 内部ダクト内部のはぜ部等に，シールを施す。特にはぜが底部にある場合は入念にシールを施す。ダクト内の油脂分の漏れを防止する。

⑥ ダクト接合用フランジのガスケットは，厚さ３mm 以上のものとし，ダクト辺部中央で25mm 以上ダブルガスケットとする。接続箇所は，ボルト・ナット部を含め外からシールを施す（**図３・59**）。

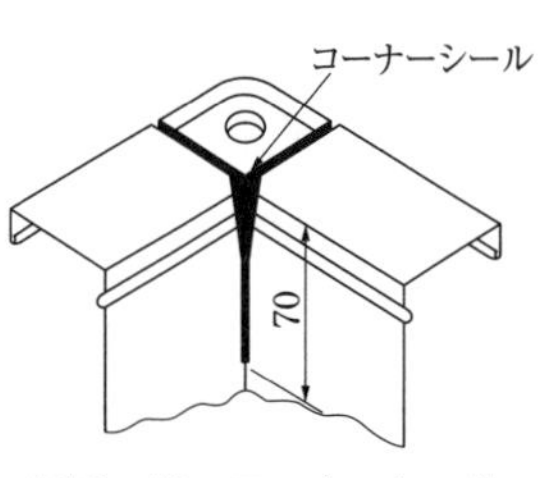

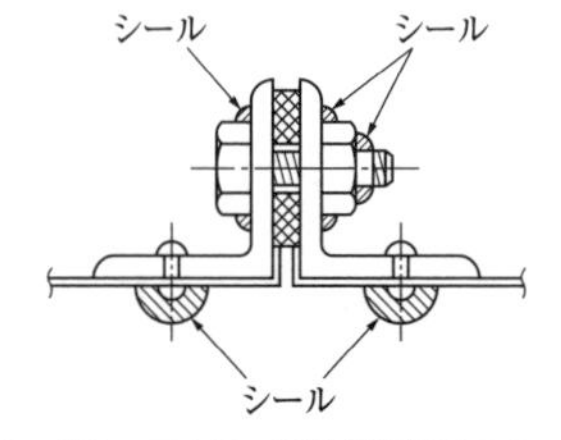

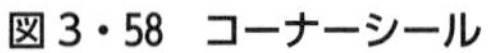

図３・58 コーナーシール

図３・59 フランジ接続箇所のシール

【問題３】 給水ポンプユニットの製作図を審査する場合の**留意事項** ４つ具体的に簡潔に記す。

① 機器仕様を設計図書と照合，確認する（形式，口径，揚水量，揚程，電気容量など）。

② ホンプの仕様をプロットした性能曲線が添付されていて，設計仕様以上の能力がでることを確認する。

③ 制御方式を確認する（末端圧力推定制御，小水量停止機能など）。

④ 瞬時大流量の給水負荷のために，圧力タンクの増設が必要か確認する。

⑤ 防振の方法が明記されていることを確認する。

⑥ 附属品が明記されていることを確認する。（圧力計，ドレンコック，相フランジ，基礎ボルト，工具類など）

【問題４】

〔設問１〕 クリティカルパス（作業名を矢印でつなぐ形式で表示）：

B → E → F → I

工期：29日である。

解 説 クリティカルパスを太矢印で示す（**図３・60**）。

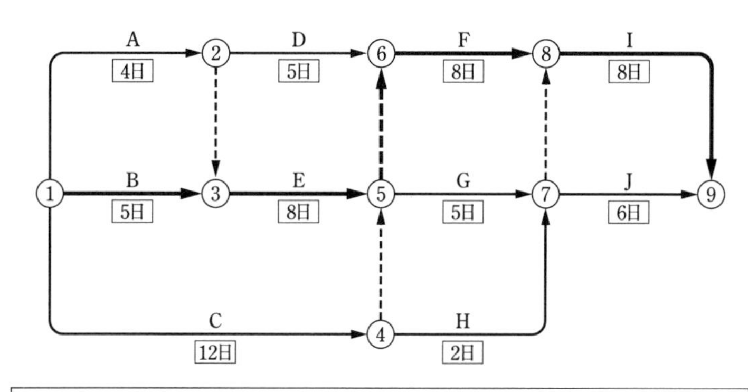

①→②→③→⑤→⑥→⑧→⑨	：4+8+8+8=28
①→②→③→⑤→⑦→⑧→⑨	：4+8+5+8=25
①→②→③→⑤→⑦→⑨	：4+8+5+6=23
①→②→⑥→⑧→⑨	：4+5+8+8=25
①→③→⑤→⑥→⑧→⑨	：5+8+8+8=29
①→③→⑤→⑦→⑧→⑨	：5+8+5+8=26
①→③→⑤→⑦→⑨	：5+8+5+6=24
①→④→⑤→⑥→⑧→⑨	：12+8+8=28
①→④→⑤→⑦→⑧→⑨	：12+5+8=25
①→④→⑤→⑦→⑨	：12+5+6=23
①→④→⑦→⑧→⑨	：12+2+8=22
①→④→⑦→⑨	：12+2+6=20

図3・60　ネットワーク工程表

〔設問2〕　クリティカルパス（作業名を矢印でつなぐ形式で表示）：　C→F→I

工期：31日で，工期は2日延長となる。

解　説　クリティカルパスを太矢印で示す（**図3・61**）。

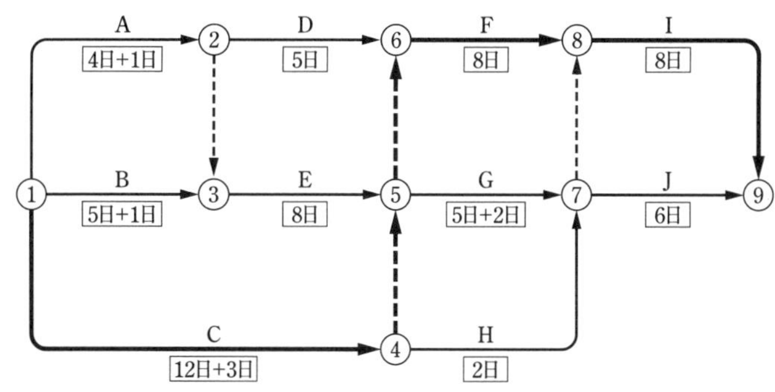

①→②→③→⑤→⑥→⑧→⑨	：5+8+8+8=29
①→②→③→⑤→⑦→⑧→⑨	：5+8+7+8=28
①→②→③→⑤→⑦→⑨	：5+8+7+6=26
①→②→⑥→⑧→⑨	：5+5+8+8=26
①→③→⑤→⑥→⑧→⑨	：6+8+8+8=30
①→③→⑤→⑦→⑧→⑨	：6+8+7+8=29
①→③→⑤→⑦→⑨	：6+8+7+6=27
①→④→⑤→⑥→⑧→⑨	：15+8+8=31
①→④→⑤→⑦→⑧→⑨	：15+7+8=30
①→④→⑤→⑦→⑨	：15+7+6=28
①→④→⑦→⑧→⑨	：15+2+8=25
①→④→⑦→⑨	：15+2+6=23

図3・61　ネットワーク工程表

〔設問3〕　イベント⑧の最早開始時刻：0＋15＋8＝23日

〔設問4〕　F又はIを1日短縮する。

〔設問5〕　遅れを取り戻すために行う工程管理上の方法：

① 作業員を増やす。
② 工場プレハブ・モジュール化を取り入れる。
③ 現場作業に機械化を取り入れる
④ 施工方法を検討する。

【問題5】

〔設問1〕

(1)　事業者は，常時100人以上の労働者を使用する事業場において，A：総括安全衛生管理者を選任し，労働者の危険又は健康障害を防止する措置に関することを統括管理させなければならない。

解　説　**法第十条（総括安全衛生管理者）**　事業者は，政令で定める規模の事業場ごとに，厚生労働省令で定めるところにより，総括安全衛生管理者を選任し，その者に安全管理者，衛生管理者又は第二十五条の二第2項の規定により技術的事項を管理する者の指揮をさせるとともに，次の業務を統括管理させなければならない。

一　労働者の危険又は健康障害を防止するための措置に関すること。
二　労働者の安全又は衛生のための教育の実施に関すること。
三　健康診断の実施その他健康の保持増進のための措置に関すること。
四　労働災害の原因の調査及び再発防止対策に関すること。
五　前各号に掲げるもののほか，労働災害を防止するため必要な業務で，厚生労働省令で定めるもの

令第二条（総括安全衛生管理者を選任すべき事業場）　労働安全衛生法第十条第1項の政令で定める規模の事業場は，次の各号に掲げる業種の区分に応じ，常時当該各号に掲げる数以上の労働者を使用する事業場とする。

一　林業，鉱業，建設業，運送業及び清掃業　100人
二　製造業（物の加工業を含む。），電気業，ガス業，熱供給業，水道業，通信業，各種商品卸売業，家具・建具・じゆう器等卸売業，各種商品小売業，家具・建具・じゆう器小売業，燃料小売業，旅館業，ゴルフ場業，自動車整備業及び機械修理業　300人
三　その他の業種　1000人

⑵　事業者は，ガス溶接等の業務に使用するガス等の容器は，転倒のおそれがないように保持し，容器の温度を B：40℃ 度以下に保たなければならない。

解　説　**規則第二百六十三条（ガス容器等の取扱い）** 事業者は，可燃性ガス及び酸素を用いて行う金属の溶接作業に使用するガス等の容器の温度を，40度以下に保たなければならない。

⑶　事業者は，常時50人以上の事業場において，労働災害の原因及び再発防止対策で，衛生に係るものについて調査審議させ，事業者に対し意見を述べさせるため，C：安全委員会 を設けなければならない。

解　説　**法第十七条（安全委員会）** 事業者は，政令で定める業種及び規模の事業場ごとに，次の事項を調査審議させ，事業者に対し意見を述べさせるため，安全委員会を設けなければならない。

一　労働者の危険を防止するための基本となるべき対策に関すること。

二　労働災害の原因及び再発防止対策で，安全に係るものに関すること。

三　前二号に掲げるもののほか，労働者の危険の防止に関する重要事項

〔設問２〕

⑴　事業者は，高さ５m以上の足場組立作業に従事する作業員の指揮をさせるために，当該作業に関する技能講習を修了した足場の組立等の D：作業主任者 を選任しなければならない。

解　説　**法第十四条（作業主任者）** 事業者は，高圧室内作業その他の労働災害を防止するための管理を必要とする作業で，政令で定めるものについては，都道府県労働局長の免許を受けた者又は都道府県労働局長の登録を受けた者が行う技能講習を修了した者のうちから，厚生労働省令で定めるところにより，当該作業の区分に応じて，作業主任者を選任し，その者に当該作業に従事する労働者の指揮その他の厚生労働省令で定める事項を行わせなければならない。

⑵　事業者は，足場組立作業（地上又は堅固な床上における補助作業を除く）に従事する労働者に対して当該作業に対する安全のための E：特別の教育 を行わなければならない。

解　説　**法第五十九条（安全衛生教育）** 事業者は，労働者を雇い入れたときは，当該労働者に対し，厚生労働省令で定めるところにより，その従事する業務に関する安全又は衛生のための教育を行なわなければならない。

2　前項の規定は，労働者の作業内容を変更したときについて準用する。

3　事業者は，危険又は有害な業務で，厚生労働省令で定めるものに労働者をつかせるときは，厚生労働省令で定めるところにより，当該業務に関する安全又は衛生のため

の特別の教育を行なわなければならない。

規則第三十六条（特別教育を必要とする業務） 法第五十九条第３項の厚生労働省令で定める危険又は有害な業務は，次のとおりとする。

一　研削といしの取替え又は取替え時の試運転の業務

二　動力により駆動されるプレス機械（動力プレス）の金型，シャーの刃部又はプレス機械若しくはシャーの安全装置若しくは安全囲いの取付け，取外し又は調整の業務

三　アーク溶接機を用いて行う金属の溶接，溶断等（アーク溶接等）の業務

六　制限荷重５トン未満の揚貨装置の運転の業務

十の四　建設工事の作業を行う場合における，ジャッキ式つり上げ機械の調整又は運転の業務

十の五　作業床の高さ（令第十条第四号の作業床の高さをいう。）が10m 未満の高所作業車の運転（道路上を走行させる運転を除く。）の業務

十一　動力により駆動される巻上げ機（電気ホイスト，エヤーホイスト及びこれら以外の巻上げ機でゴンドラに係るものを除く。）の運転の業務

十四　小型ボイラーの取扱いの業務

十五　次に掲げるクレーン（移動式クレーンを除く。）の運転の業務

イ　つり上げ荷重が５トン未満のクレーン

ロ　つり上げ荷重が５トン以上の跨線テルハ

十六　つり上げ荷重が１トン未満の移動式クレーンの運転（道路上を走行させる運転を除く。）の業務

二十六　令別表第六に掲げる酸素欠乏危険場所における作業に係る業務

三十七　石綿障害予防規則第四条第１項に掲げる作業に係る業務

三十九　足場の組立て，解体又は変更の作業に係る業務（地上又は堅固な床上における補助作業の業務を除く。）

四十一　高さが２m 以上の箇所であつて作業床を設けることが困難なところにおいて，墜落制止用器具のうちフルハーネス型のものを用いて行う作業に係る業務

【問題６】

第４章　施工経験した管工事の記述　を参照されたい。

受験のガイダンス
第1章 傾向分析
第2章 基礎知識
第3章 試験問題
第4章 経験記述

3・8　平成28年度　実地試験　試験問題

問題１は必須問題です。必ず解答してください。解答は**解答用紙**に記述してください。

【問題１】　次の設問１及び設問２の答えを解答欄に記述しなさい。

〔設問１〕　(1)～(4)に示す各図について，**適切でない部分の改善策**を具体的かつ簡潔に記述しなさい。

(1)　重量機器のアンカーボルトの施工要領

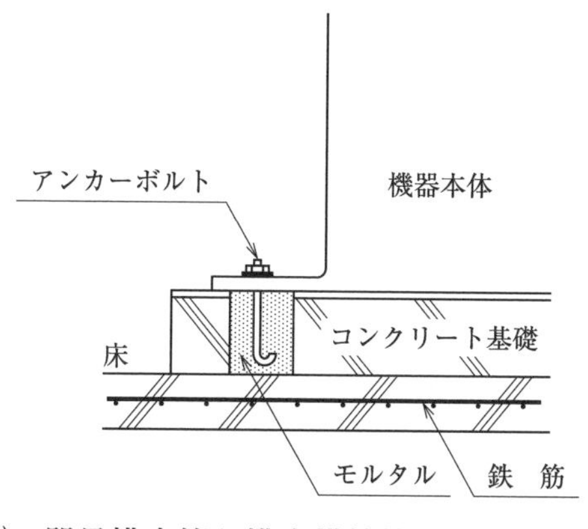

(2)　ダクト施工要領

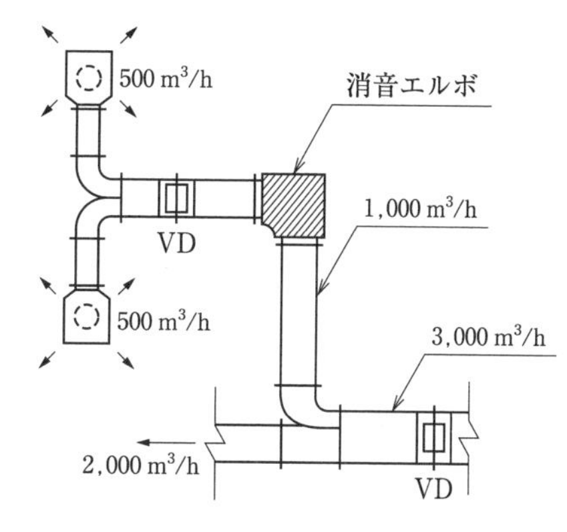

(3)　器具排水管と排水横枝管の施工要領　(4)　防火区画を貫通する配管の施工要領

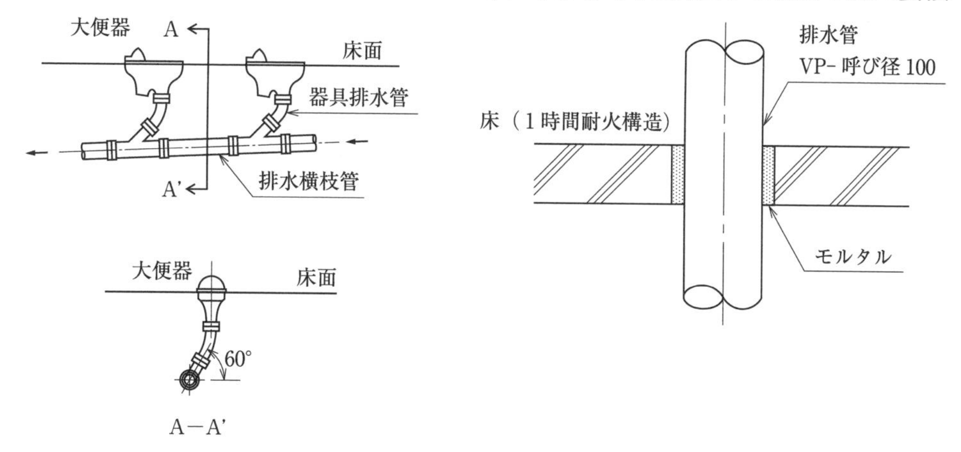

〔設問２〕　(5)に示すダイレクトリターン方式の配管図を，リバースリターン方式となるように図を変更しなさい。（不要となる部分は，〜〜〜のように記載する。）また，ダイレクトリターン方式と比較した場合のリバースリターン方式の長所を記述しなさい。

(5)　ダイレクトリターン方式

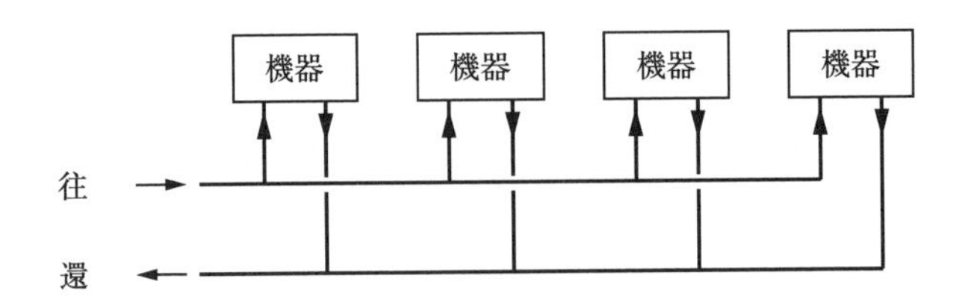

問題2と問題3の2問題のうちから1問題を選択し，解答は**解答用紙**に記述してください。選択した問題は，解答用紙の**選択欄に○印**を記入してください。

【問題2】　直だきの吸収冷温水機について，据付けにおける施工上の留意事項，単体試運転調整における確認・調整事項のうちから，4つ解答欄に具体的かつ簡潔に記述しなさい。ただし，搬入，工程管理及び安全管理に関する事項は除く。

【問題3】　高置タンク方式の給水設備について，揚水用渦巻ポンプの単体試運転調整における確認・調整事項を，4つ解答欄に具体的かつ簡潔に記述しなさい。ただし，工程管理及び安全管理に関する事項は除く。

問題4と問題5の2問題のうちから1問題を選択し，解答は**解答用紙**に記述してください。選択した問題は，解答用紙の**選択欄に○印**を記入してください。

【問題4】　図－1に示すネットワーク工程表において，次の設問1～設問5の答えを解答欄に記述しなさい。

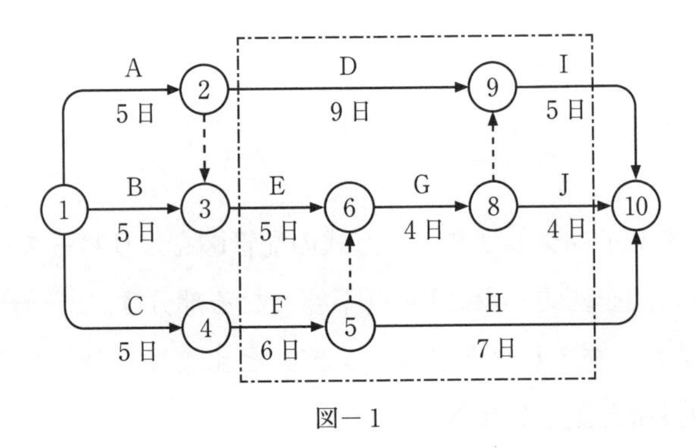

図－1

受験のガイダンス
第1章 傾向分析
第2章 基礎知識
第3章 試験問題
第4章 経験記述

〔設問１〕　クリティカルパスを作業名で示しなさい。

〔設問２〕　次の⑴及び⑵の事実が作業開始後に判明し，図－１のネットワーク工程表の一点鎖線で囲んだ部分の変更が必要となった。図－２の変更後のネットワーク工程表を完成させなさい。

⑴　作業Ｄを前期と後期に分割する必要が生じ，前期の作業Dlは３日，後期の作業D2は６日となった。また，後期の作業D2は，イベント⑥の後でなければ開始できないこととなった。この際，作業Dlと作業D2の間のイベントを⑦とする。

⑵　作業Ｇが５日となった。

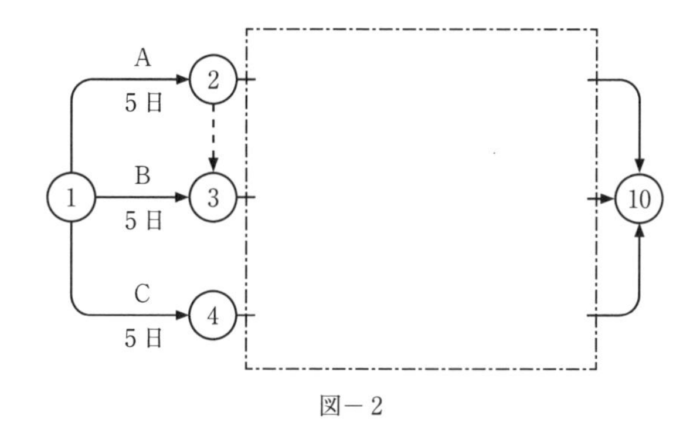

図－２

〔設問３〕　変更後のイベント⑨の最早開始時刻（EST）は何日か。

〔設問４〕　変更後の所要工期を示しなさい。

〔設問５〕　変更後の工期を従来の工期で完了させるためには，どの作業を何日短縮すればよいか。ただし，短縮できる作業は，開始５日日以降からの作業とし，〔設問２〕に示す開始後に変更した作業（Dl，D2及びG）は再変更できない。また，短縮できる作業日数は，当初作業日数の２割以内でかつ整数とし，短縮する作業の数は最少とする。

【問題５】　次の設問１及び設問２の答えを解答欄に記述しなさい。

〔設問１〕　建設工事現場における，労働安全衛生に関する文中，［　　　］内に当てはまる「労働安全衛生法」上に**定められている用語又は数値**を記述しなさい。

受験のガイダンス
第1章　傾向分析
第2章　基礎知識
第3章　試験問題
第4章　経験記述

(1)　事業者は，常時50人以上の労働者を使用する事業場において，安全委員会，衛生委員会又は安全衛生委員会を毎月１回以上開催し，その議事で重要なものに係る記録を作成して，これを［　A　］年間保存しなければならない。

(2)　統括安全衛生責任者を選任した事業者は，厚生労働省令で定める資格を有する者のうちから，［　B　］を選任し，その者に統括安全衛生責任者が統括管理すべき事項のうち，技術的事項を管理させなければならない。

(3)　事業者は，排水管の敷設において，掘削面の高さが３ｍとなる地山の掘削作業をする場合，その作業の方法を決定し，作業を直接指揮させるために，［　C　］を選任しなければならない。

(4)　足場（一側足場を除く）における高さが３ｍの作業場所の作業床は，つり足場の場合を除き，その幅は40cm 以上とし，床材間のすき間は［　D　］cm 以下としなければならない。

〔設問２〕　建物内の既設汚水槽の内部にて作業をする場合，作業開始前に，その汚水槽内部の空気中において濃度を測定しなければならない気体の名称を２つ記述しなさい。

問題６は必須問題です。必ず解答してください。解答は**解答用紙**に記述してください。

【問題６】　あなたが経験した**管工事**のうちから，**代表的な工事を１つ選び**，次の設問１～設問３の答えを解答欄に記述しなさい。

〔設問１〕　その工事につき，次の事項について記述しなさい。

(1)　工事名〔例：◎◎ビル□□設備工事〕

(2)　工事場所〔例：◎◎県◇◇市〕

(3)　設備工事概要〔例：工事種目，工事内容，主要機器の能力・台数等〕

(4)　現場での施工管理上のあなたの立場又は役割

〔設問２〕　上記工事を施工するにあたり，「**安全管理**」上，あなたが特に重要と考えた事項をあげ，それについてとった措置又は対策を簡潔に記述しなさい。

〔設問３〕　上記工事の「**総合的な試運転調整**」又は「**完成に伴う自主検査**」において，あなたが特に重要と考えた事項をあげ，それについてとった措置を簡潔に記述しなさい。

模範解答　（平成28年度）

【問題１】〔設問１〕

⑴　重量機器のアンカーボルトの施工要領　適切でない部分の改善策を１つ具体的に簡潔に記述する。

①　**適切でない部分**　コンクリート基礎とスラブが一体化していないので適切でない。

改善策　コンクリート基礎は，スラブ又は梁の鉄筋に結束されたアンカーボルトによって十分な強度が確保できるような強固なもので固定する。

②　**適切でない部分**　重量機器であるので，アンカーボルトは箱抜きでは適切でない。

改善策　基礎コンクリートを打設前に，J形アンカーボルトを基礎鉄筋に結束又は埋め込んでおく。

③　**適切でない部分**　機器のアンカーボルトがダブルナットとなっていないので適切でない。

改善策　機器のアンカーボルトをダブルナットとし，ボルトの先端はナットより３山出す。

⑵　ダクト施工要領　適切でない部分の改善策を１つ具体的に簡潔に記述する。

①　**適切でない部分**　消音エルボの下流側にVD（風量調節ダンパ）があり，VDで発生する騒音のおそれがあり適切でない。

改善策　騒音対策として，VDを消音エルボの上流側に設ける。

⑶　器具排水管と排水横枝管の施工要領　適切でない部分の改善策を１つ具体的に簡潔に記述する。

①　**適切でない部分**　器具排水管が水平より60°で排水横枝管に接続されており適切でなく，通気を阻害するおそれがある。

改善策　器具排水管は水平より45°以内で排水横枝管に接続する。

⑷　防火区画を貫通する配管の施工要領　適切でない部分の改善策を１つ具体的に簡潔に記述する。

①　**適切でない部分**　VP100Aの排水管が１時間耐火構造の床を直接貫通しており，防火上適切でない。

改善策　床上・下１mを一回り大きい鋼管でスリーブ貫通とし，その中にVP排水管を敷設する又は，VPを防火区画等が貫通できる「耐火二層管」に変更する。

解　説　VP100Aは，外径114mm，厚さ（最小）6.6mmであるので，下表より１時間耐火構造の床を直接貫通できない。また，厚さ0.5mm以上の鉄板で覆われている場合には，直接貫通できる（**図３・62**）。

建築基準法第百二十九条の二の四（給水，排水その他の配管設備の設置及び構造）　建

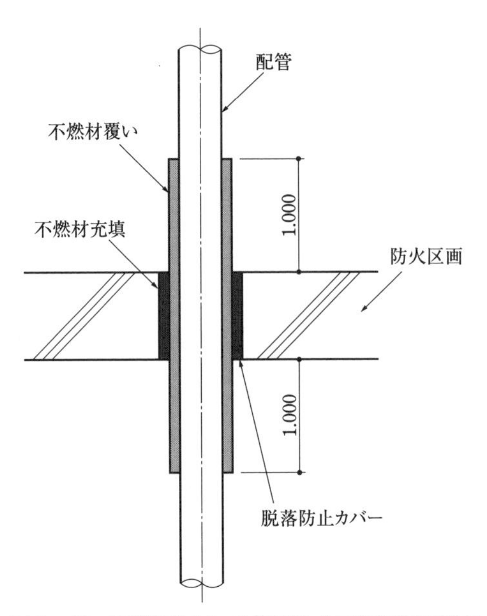

図3・62 硬質塩化ビニル管の防火区画貫通要領図

築物に設ける給水，排水その他の配管設備の設置及び構造は，次に定めるところによらなければならない。

七 給水管，配電管その他の管が，第百十二条第20項の準耐火構造の防火区画，第百十三条第１項の防火壁若しくは防火床，第百十四条第１項の界壁，同条第２項の間仕切壁又は同条第３項若しくは第４項の隔壁（ハにおいて「防火区画等」という。）を貫通する場合においては，これらの管の構造は，次のイからハまでのいずれかに適合するものとすること。ただし，１時間準耐火基準に適合する準耐火構造の床若しくは壁又は特定防火設備で建築物の他の部分と区画されたパイプシャフト，パイプダクトその他これらに類するものの中にある部分については，この限りでない。

イ 給水管，配電管その他の管の貫通する部分及び当該貫通する部分からそれぞれ両側に１m 以内の距離にある部分を不燃材料で造ること。

ロ 給水管，配電管その他の管の外径が，当該管の用途，材質その他の事項に応じて国土交通大臣が定める数値未満であること。

準耐火構造の防火区画等を貫通する給水管，配電管その他の管の外径を定める件

平成12年５月31日，建設省告示第1422号

建築基準法施行令第百二十九条の二の四第１項第七号ロの規定に基づき国土交通大臣が定める準耐火構造の防火区画等を貫通する給水管，配電管その他の管の外径は，給水管等の用途，覆いの有無，材質，肉厚及び当該給水管等が貫通する床，壁，柱又ははり等の構造区分に応じ，それぞれ次の表に掲げる数値とする。

給水管等の用途	覆いの有無	材質	肉厚	給水管等の外径			
				給水管等が貫通する床，壁，柱又ははり等の構造区分			
				防火構造	30分耐火構造	1時間耐火構造	2時間耐火構造
給水管		難燃材料又は硬質塩化ビニル	5.5mm 以上	90mm	90mm	90mm	90mm
			6.6mm 以上	115mm	115mm	115mm	90mm
配電管		難燃材料又は硬質塩化ビニル	5.5mm 以上	90mm	90mm	90mm	90mm
排水管及び排水管に附属する通気管	覆いのない場合	難燃材料又は硬質塩化ビニル	4.1mm 以上	61mm	61mm	61mm	61mm
			5.5mm 以上	90mm	90mm	90mm	61mm
			6.6mm 以上	115mm	115mm	90mm	61mm
	厚さ0.5mm以上の鉄板で覆われている場合	難燃材料又は硬質塩化ビニル	5.5mm 以上	90mm	90mm	90mm	61mm
			6.6mm 以上	115mm	115mm	115mm	61mm
			7mm 以上	141mm	141mm	115mm	90mm

一　この表において，30分耐火構造，1時間耐火構造及び2時間耐火構造とは，通常の火災時の加熱にそれぞれ30分，1時間及び2時間耐える性能を有する構造をいう。

二　給水管等が貫通する令第百十二条第10項ただし書の場合における同項　ただし書の　ひさし，床，そで壁その他これらに類するものは，30分耐火構造とみなす。

三　内部に電線等を挿入していない予備配管にあっては，当該管の先端を密閉してあること。

〔設問 2〕

⑸　ダイレクトリターン方式の配管図を，リバースリターン方式となるように図を変更する。

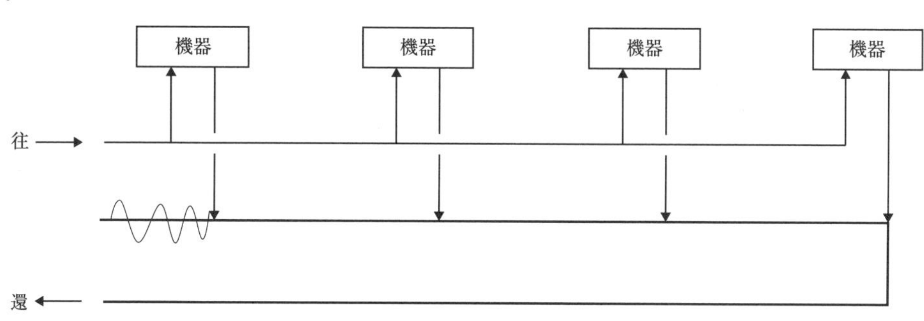

図 3・63　リバースリターン方式

ダイレクトリターン方式と比較した場合のリバースリターン方式の長所：

リバースリターン方式は，各機器への往き管と還り管の長さの和を等しくし，各機器に対する配管摩擦損失を等しくすることで，各機器に対する流量が均等となる配管方式である（**図 3・63**）。

【問題２】 直だきの吸収冷温水機について，据付けにおける施工上の留意事項，単体試運転調整における確認・調整事項を，４つ具体的かつ簡潔に記述する。

❶ 据付けにおける施工上の留意事項

① コンクリート基礎は，スラブ又は梁の鉄筋に結束されたアンカーボルトによって十分な強度が確保できるような強固なもので固定する。

② コンクリート基礎は，予期せぬ出水を考慮して，高さ150mm 以上とする。

③ コンクリート基礎の表面は，フラットに仕上げる。

④ コンクリート基礎に予め設けておいたアンカーボルトに直だきの吸収冷温水機を堅固に取り付ける。

❷ 単体試運転調整における確認・調整事項

① 必要書類（ばい煙発生施設，危険物関係，条例に伴う届出など）の確認

② 施工検査記録の確認

・冷温水発生機（本体の据付状況，ポンプの回転方向）

・溶液・冷媒注入状況（汚れ，サンプリング）

・配管系統（冷水，温水，冷却水，ポンプ，バルブ開閉札）

・燃料系統（ガス管，油管）

・抽気系統（抽気ポンプ）

・電気系統（電源，配線，絶縁抵抗測定）

③ メーカーの出荷前検査の記録（工場試験検査記録）確認

④ 機内真空引き（抽気ポンプ試運転）

⑤ 燃焼調整

【問題３】 高置タンク方式の給水設備について，揚水用渦巻ポンプの単体試運転調整における確認・調整事項を，４つ具体的かつ簡潔に記述する。

① 準備作業（設計図書との照合（特に名板），給水・電源供給などの状況，外観及び据付状態（防振・着脱装置含む），機器本体及び周辺の清掃，関係水槽の水張り，関係水槽の制御水位レベル等の確認）

② ポンプを手で回して回転ムラがないか点検する。

③ カップリングの水平度を確認する。

④ ポンプを瞬時運転にて回転方向を確認する。

⑤ ポンプを全閉起動させ，徐々にバルブを開き，配管内に水を充満させる。

⑥ 所定の水量となるように吐出弁開度を調整，機器成績表と実際の電流値，流量などを照合する。

⑦ 防振装置付きの場合，ポンプ運転中は，ポンプが水平となっていることを確認する。

⑧　運転中，水漏れや異常振動などがないか点検する。

⑨　停止後，軸受部温度を点検し，圧力を確認する。

【問題４】

〔設問１〕　クリティカルパス（作業名を矢印でつなぐ形式で表示）：

C→F→G→I

解　説　図３・64　ネットワーク工程表による。

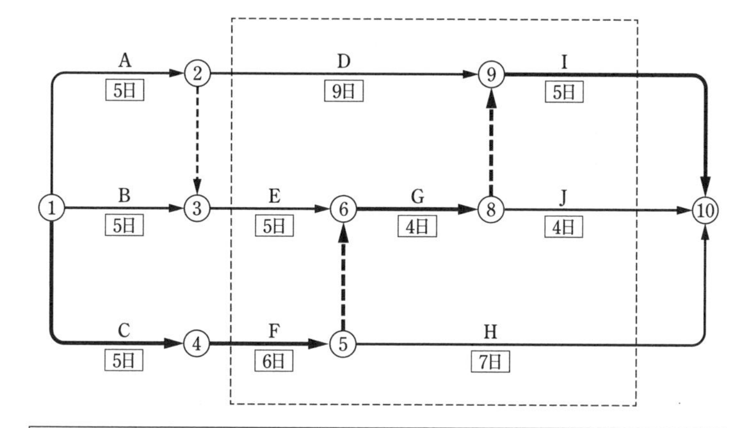

①→②→③→⑥→⑧→⑨→⑩	：5+5+4+5=19
①→②→③→⑥→⑧→⑩	：5+5+4+4=18
①→②→⑨→⑩	：5+9+5=19
①→③→⑥→⑧→⑨→⑩	：5+5+4+5=19
①→③→⑥→⑧→⑩	：5+5+4+4=18
①→④→⑤→⑥→⑧→⑨→⑩	：5+6+4+5=20
①→④→⑤→⑥→⑧→⑩	：5+6+4+4=19
①→④→⑤→⑩	：5+6+7=18

図3・64　ネットワーク工程表

〔設問2〕　変更後のネットワーク工程表は下図の通り（**図3・65**）。

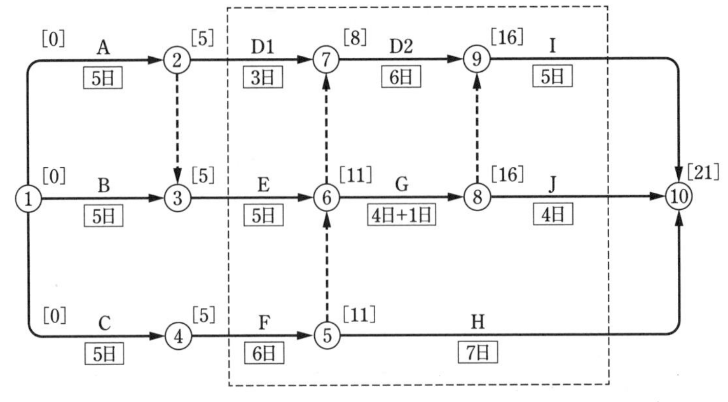

①→②→③→⑥→⑦→⑨→⑩	：5+5+6+5=21
①→②→③→⑥→⑧→⑩	：5+5+5+4=19
①→②→⑦→⑨→⑩	：5+3+6+5=19
①→③→⑥→⑦→⑨→⑩	：5+5+6+5=21
①→③→⑥→⑧→⑩	：5+5+5+4=19
①→④→⑤→⑥→⑦→⑨→⑩	：5+6+6+5=22
①→④→⑤→⑥→⑧→⑨→⑩	：5+6+5+5=21
①→④→⑤→⑥→⑧→⑩	：5+6+5+4=20
①→④→⑤→⑩	：5+6+7=18

図3・65　ネットワーク工程表（[　] 内は最早開始時刻）

〔設問3〕　変更後のイベント⑨の最早開始時刻（EST）：16日

解　説　**図3・65**作業内容A~Jの左上の［　］内に，最早開始時刻を記入する（**表3・15**）。

表3・15　最早開始時刻の計算

イベント	作業内容	アクティビティ	計算	最早開始時刻
①				0
②	A	①→②	0+5=5	5
③	B ダミー	①→③ ②⇢③	0+5=5 5+0=5　} 5	5
④	C	①→④	0+5=5	5
⑤	F	④→⑤	5+6=11	11
⑥	E ダミー	③→⑥ ⑤⇢⑥	5+5=10 11+0=11　} 11>10	11
⑦	D1	②→⑦	5+3=8	8
⑧	G	⑥→⑧	11+5=16	16
⑨	D2 ダミー	⑦→⑨ ⑧⇢⑨	8+6=14 16+0=16　} 16>14	16
⑩	H J I	⑤→⑩ ⑧→⑩ ⑨→⑩	11+7=18 16+4=20 16+5=21　} 21>20>18	21

〔設問4〕 変更後の所要工期：22日

〔設問5〕 変更後の工期を従来の工期で完了させるためには，どの作業を何日短縮：作業日数を短縮する作業内容の数が最小となる短縮パターンは，H 作業を1日短縮する。

解 説 1日短縮する必要がある組み合わせを**表3・16**に示す。

表3・16 1日短縮する必要がある組み合わせ

短縮パターン（短縮する作業：短縮する日数）	結果（条件による可否）
F：1日	開始5日目以降なので短縮できない
H：1日	短縮できる

したがって，作業日数を短縮する作業内容の数が最小となる短縮パターンは，H 作業を1日短縮するパターンが該当する。

【問題5】

〔設問1〕

(1) 事業者は，常時50人以上の労働者を使用する事業場において，安全委員会，衛生委員会又は安全衛生委員会を毎月1回以上開催し，その議事で重要なものに係る記録を作成して，これを［A：3］年間保存しなければならない。

解 説 **施行令第八条（安全委員会を設けるべき事業場）** 法第十七条第1項の政令で定める業種及び規模の事業場は，次の各号に掲げる業種の区分に応じ，常時当該各号に掲げる数以上の労働者を使用する事業場とする。

一 林業，鉱業，建設業，製造業のうち木材・木製品製造業，化学工業，鉄鋼業，金属製品製造業及び輸送用機械器具製造業，運送業のうち道路貨物運送業及び港湾運送業，自動車整備業，機械修理業並びに清掃業 50人

施行令第九条（衛生委員会を設けるべき事業場） 法第十八条第1項の政令で定める規模の事業場は，常時50人以上の労働者を使用する事業場とする。

規則第二十三条（委員会の会議） 事業者は，安全委員会，衛生委員会又は安全衛生委員会（以下「委員会」という。）を毎月1回以上開催するようにしなければならない。

3 事業者は，委員会の開催の都度，遅滞なく，委員会における議事の概要を次に掲げるいずれかの方法によって労働者に周知させなければならない。

4 事業者は，委員会の開催の都度，次に掲げる事項を記録し，これを3年間保存しなければならない。

⑵　統括安全衛生責任者を選任した事業者は，厚生労働省令で定める資格を有する者のうちから，［B：元方安全衛生管理者］を選任し，その者に統括安全衛生責任者が統括管理すべき事項のうち，技術的事項を管理させなければならない。

解　説　**法第十五条の二（元方安全衛生管理者）**　前条第１項又は第３項の規定により統括安全衛生責任者を選任した事業者で，建設業その他政令で定める業種に属する事業を行うものは，厚生労働省令で定める資格を有する者のうちから，厚生労働省令で定めるところにより，元方安全衛生管理者を選任し，その者に第三十条第１項各号の事項のうち技術的事項を管理させなければならない。

⑶　事業者は，排水管の敷設において，掘削面の高さが３mとなる地山の掘削作業をする場合，その作業の方法を決定し，作業を直接指揮させるために，［C：地山の掘削作業主任者］を選任しなければならない。

解　説　**規則第十六条（作業主任者の選任）**　法第十四条の規定による作業主任者の選任は，別表第一の上欄に掲げる作業の区分に応じて，同表の中欄に掲げる資格を有する者のうちから行なうものとし，その作業主任者の名称は，同表の下欄に掲げるとおりとする。

別表第一（第十六条，第十七条関係）

令第六条第九号の作業	地山の掘削及び土止め支保工作業主任者技能講習を修了した者	地山の掘削作業主任者

⑷　足場（一側足場を除く）における高さが３mの作業場所の作業床は，つり足場の場合を除き，その幅は40cm以上とし，床材間のすき間は［D：3］cm以下としなければならない。

解　説　**規則第五百六十三条（作業床）**　事業者は，足場（一側足場を除く。）における高さ２m以上の作業場所には，次に定めるところにより，作業床を設けなければならない。

二　つり足場の場合を除き，幅，床材間の隙間及び床材と建地との隙間は，次に定めるところによること。

イ　幅は，40cm以上とすること。

ロ　床材間の隙間は，３cm以下とすること。

ハ　床材と建地との隙間は，12cm未満とすること。

〔設問２〕

濃度を測定しなければならない気体の名称：酸素，硫化水素

解　説　**酸素欠乏症等防止規則第三条（作業環境測定等）**　事業者は，令第二十一条第九号に掲げる作業場について，その日の作業を開始する前に，当該作業場における空

受験のガイダンス
第1章　傾向分析
第2章　基礎知識
第3章　試験問題
第4章　経験記述

気中の酸素（第二種酸素欠乏危険作業に係る作業場にあつては，酸素及び硫化水素）の濃度を測定しなければならない。

2　事業者は，前項の規定による測定を行つたときは，そのつど，次の事項を記録して，これを３年間保存しなければならない。

【問題６】

第４章　施工経験した管工事の記述　を参照されたい。

3・9　平成27年度　実地試験　試験問題

問題1は必須問題です。必ず解答してください。解答は**解答用紙**に記述してください。

【No.1】 次の設問1及び設問2の答えを解答欄に記入しなさい。

〔設問1〕 ⑴に示す図において，⑴及び⑵の答えを解答欄に記述しなさい。

⑴ 図－1において，多量の排水が排水立て管を流れる時，器具Aの排水トラップに発生するおそれのある現象を記述しなさい。

⑵ 図－2において，器具Cからの排水により，排水横主管の①部が瞬間的に満流状態になった時に，②部から多量の排水が落下した場合，器具Bの排水トラップに発生するおそれのある現象を記述しなさい。

⑴ 排水状況図（図－1及び図－2）

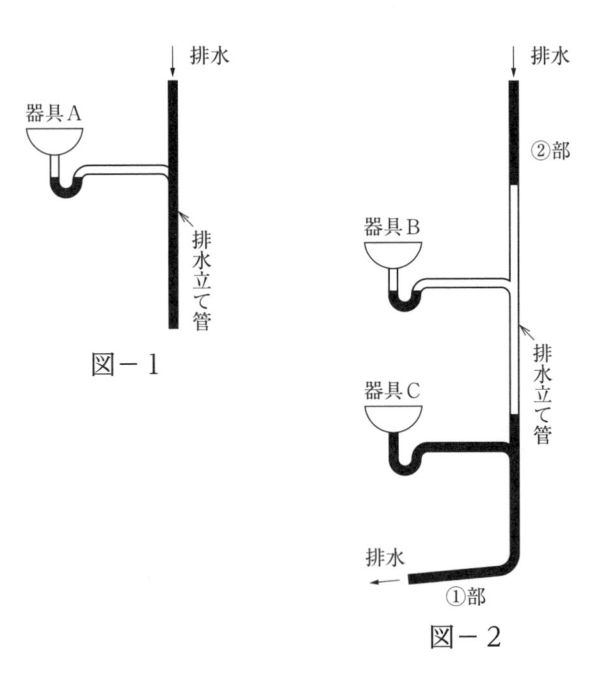

図－1　　図－2

〔設問２〕 (2)~(5)に示す各図において，**適切でない部分の改善策**を具体的かつ簡潔に解答欄に記述しなさい。

(2)　建物エキスパンションジョイント部の配管要領　(3)　給水タンクまわり状況図

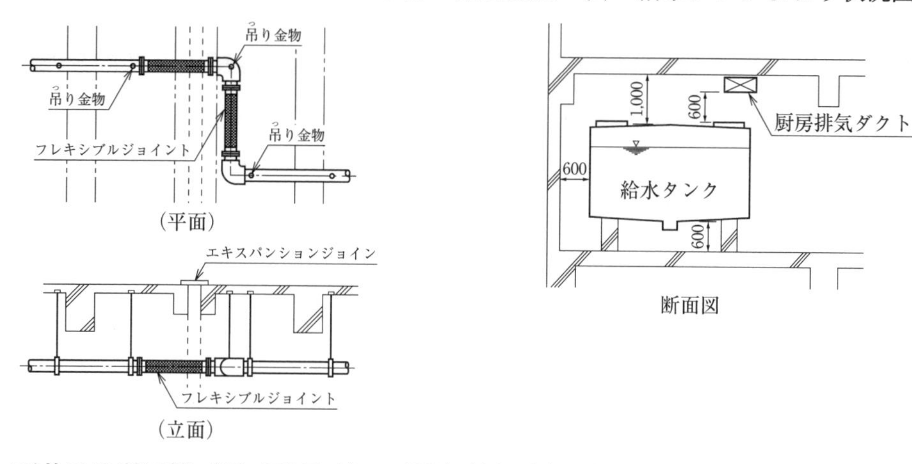

(4)　天井吊り送風機（呼び番号４）の設置要領　(5)　排気チャンバーまわり状況図

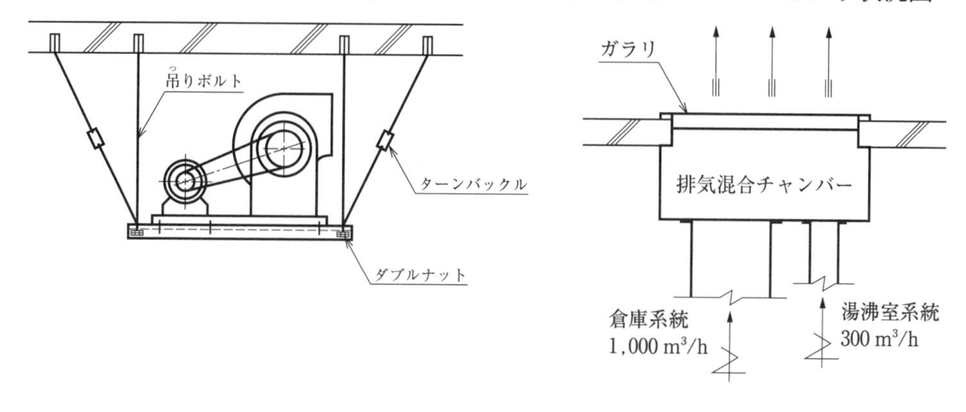

問題２と問題３の２問題のうちから１問題を選択し，解答は**解答用紙**に記述してください。選択した問題は，解答用紙の**選択欄に○印**を記入してください。

【No. 2】 マルチパッケージ形空気調和機における冷媒配管の施工上の留意事項を，４つ解答欄に具体的かつ簡潔に記述しなさい。ただし，工程管理及び安全管理に関する事項は除く。

【No. 3】 飲料用の高置タンクを据え付ける場合の施工上の留意事項を，４つ解答欄に具体的かつ簡潔に記述しなさい。ただし，搬入，工程管理及び安全管理に関する事項は除く。

問題４と問題５の２問題のうちから１問題を選択し，解答は**解答用紙**に記述してください。選択した問題は，解答用紙の**選択欄に○印**を記入してください。

【No.4】　図－１に示すネットワーク工程表において，次の設問１～設問５の答えを解答欄に記入しなさい。

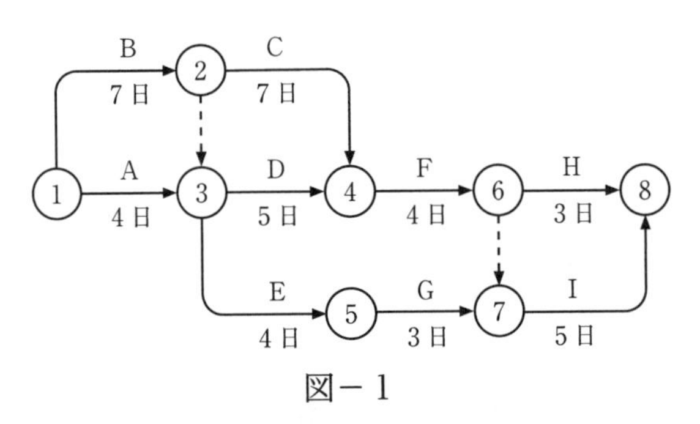

図－１

〔設問１〕　クリティカルパスと所要工期を示しなさい。

〔設問２〕　図－１に示したネットワーク工程表をもとに，最早計画（すべての作業を，最早開始時刻で開始して最早完了時刻で終了する。）でのタイムスケール表示形式の工程表を，図－２を参考に完成させなさい。この際，矢線は作業日を実線，非作業日を波線で明確に区分して示しなさい。

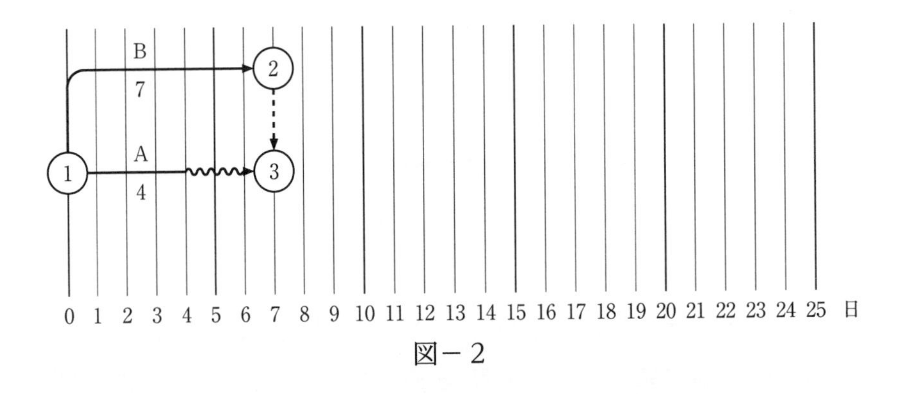

図－２

〔設問３〕　最早計画とした，図－２の作業Aにおける矢線の右側に表われる波線部分のフロートの名称を記述しなさい。

〔設問４〕 作業開始後に工程を検討したところ，作業Ｆにさらに２日必要なことが判明した。その他の作業は予定どおり進行する場合，フォローアップ後の所要工期を示しなさい。

〔設問５〕 タイムスケール表示形式のネットワーク工程表の工程管理上の利点を記述しなさい。

【No. 5】 次の建設工事における労働安全衛生に関する文中，［　　］内に当てはまる「労働安全衛生法」上に**定められている用語又は数値**を解答欄に記入しなさい。

(1) 事業者は，石綿等を取り扱う作業をする場合は，労働者の健康障害を予防するための措置を担当させるために，［ A ］技能講習を修了した者のうちから，［ A ］を選任しなければならない。

(2) 作業床の高さが［ B ］m 以上の高所作業車の運転（道路上を走行させる運転を除く。）の業務は，当該業務に関わる技能講習を修了した者に行わせなければならない。

(3) 事業者は，つり上げ荷重が１トン未満のクレーン，移動式クレーン又はデリックの玉掛けの業務に労働者をつかせるときは，当該労働者に対し，当該業務に関する安全のための［ C ］を行わなければならない。

(4) 特定元方事業者は，その労働者及び関係請負人の労働者の作業が同一の場所において行われることによって生じる労働災害を防止するために行う作業場所の巡視は，［ D ］に少なくとも１回，これを行わなければならない。

(5) 建設業においては，常時使用する労働者が100人以上の事業場ごとに，［ E ］を選任し，その者に安全衛生に関する事項を統括管理させなければならない。

問題６は必須問題です。必ず解答してください。解答は**解答用紙**に記述してください。

【No. 6】 あなたが経験した**管工事**のうちから，**代表的な工事を１つ選び**，次の設問１～設問３の答えを解答欄に記述しなさい。

〔設問１〕 その工事につき，次の事項について記述しなさい。

(1) 工事名〔例：◎◎ビル□□設備工事〕

(2) 工事場所〔例：◎◎県◇◇市〕

(3) 設備工事概要〔例：工事種目，工事内容，主要機器の能力・台数等〕

(4)　現場での施工管理上のあなたの立場又は役割

〔設問２〕　上記工事を施工するにあたり，「**工程管理**」上，あなたが特に重要と考えた事項をあげ，それについてとった措置又は対策を簡潔に記述しなさい。

〔設問３〕　上記工事の「**材料・機器の受入検査**」において，あなたが特に重要と考えて実施した検査内容を簡潔に記述しなさい。

模範解答 

【No. 1】

〔設問 1〕

(1)(イ)　器具Aの排水トラップに発生するおそれのある現象は，誘導サイホン作用（吸出し作用）である。

解　説　**誘導サイホン作用（吸出し作用）**

排水管内では，排水の流下に伴って排水管内の圧力が変動する。伸頂通気方式の場合は，上層階で負圧，低層階で正圧となるような垂直分布を示す。そのときに，管内圧力変動に対し，各階の排水トラップの水位は応答して変動する。

排水管に排水が流れれば，排水している器具以外の排水トラップはすべて，圧力の影響を受ける。このことが，誘導サイホン作用が封水損失現象の中で最も重要とされているゆえんである。**図 3・66**のように，排水管が充満されていると，管内圧力が負圧となり（上層階の方が起きやすい），封水は排水管に吸い出されて直接的に損失する。

(ロ)　器具Cからの排水により，排水横主管の①部が瞬間的に満流状態になったときに，②部から多量の排水が落下した場合，器具Bの排水トラップに発生するおそれのある現象は，誘導サイホン作用（跳ね出し作用）である。

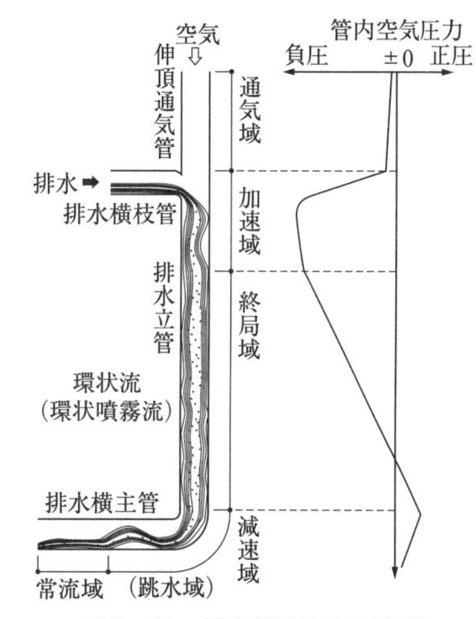

図 3・66　排水管内の圧力変動

解　説　**誘導サイホン作用（跳ね出し作用）**

(イ)の逆で，①部が満流状態で，上から排水が流れてくるので，排水管内は正圧となり，器具側に封水が上昇し，逆圧が作用し，跳ね出すことになる。最下階で起きやすい。一般に，10階建て以上の建物では，上階からの排水の同時使用を想定すると，1階部分の排水管内は，誘導サイホン作用で正圧400Paを超えるおそれがあり，封水が跳ね出すことになるので，標準的には1階を別系統にする。

〔設問２〕

(2)　建物エキスパンション部の配管要領　適切でない部分の改善策を１つ具体的に簡潔に記す。

①　**適切でない部分**　建物エキスパンション部の左右の配管がすべて吊り支持となっており適切でなく，フレキシブルジョイントが地震動に対して上手く働かない。

改善策　建物エキスパンション部に近い左右の吊りボルト（フレキシブルジョイント間の吊り支持は除く）を，それぞれのスラブより堅固に固定支持する（**図３・67**）。

解　説

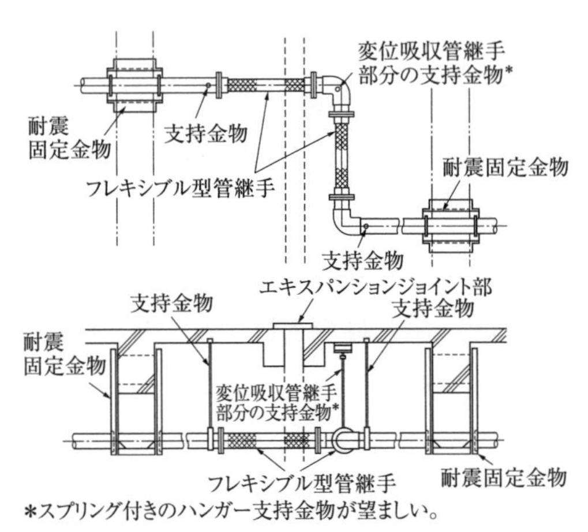

図３・67　建物エキスパンション部の配管要領（フレキシブル型管継手）

解　説　**建物のエキスパンジョン部**

本棟と別棟のような，基盤の異なる建物とか，Ｌ字型の建物等の結合部のことを「エキスパンション部」という。エキスパンションとは膨張・拡大という意味であるが，鉄筋コンクリート建物は，季節や昼夜の温度差で膨張・収縮を繰り返したり，地震のときにもそれぞれが異なった揺れとなるが，建物はそれらに追随できるように工夫されている。配管はエキスパンション部をできるだけ避けるようにしたいが，やむをえない場合は，エキスパンジョン継手のような，変異吸収措置を講じて設置する。

(3)　給水タンクまわり状況図　適切でない部分の改善策を１つ具体的に簡潔に記す。

①　**適切でない部分**　厨房排気ダクトがタンクのマンホールの直上にあり，ダクトからの油脂分の落下のおそれがあり適切でなく，不衛生となる。

改善策　厨房排気ダクトを平面的に給水タンクよりずらす又はダクト直下にマンホール点検スペース450mm 以上を確保した油脂受け皿を設ける。

解　説　**建築物に設ける飲料水の配管設備及び排水のための配管設備の構造方法を定める件**

建築基準法施行令第百二十九条の二の五第２項第六号及び第３項第五号の規定に基づき，建築物に設ける飲料水の配管設備及び排水のための配管設備を安全上及び衛生上支障のない構造とするための構造方法を次のように定める。

第一　飲料水の配管設備の構造は，次に定めるところによらなければならない。

一　給水管

イ　ウォータハンマが生ずるおそれがある場合においては，エアチャンバを設ける等有効なウォータハンマ防止のための措置を講ずること。

ロ　給水立て主管からの各階への分岐管等主要な分岐管には，分岐点に近接した部分で，かつ，操作を容易に行うことができる部分に止水弁を設けること。

二　給水タンク及び貯水タンク

イ　建築物の内部，屋上又は最下階の床下に設ける場合においては，次に定めるところによること。

⑴　外部から給水タンク又は貯水タンク（給水タンク等）の天井，底又は周壁の保守点検を容易かつ安全に行うことができるように設けること。

⑵　給水タンク等の天井，底又は周壁は，建築物の他の部分と兼用しないこと。

⑶　内部には，飲料水の配管設備以外の配管設備を設けないこと。

⑷　内部の保守点検を容易かつ安全に行うことができる位置に，次に定める構造としたマンホールを設けること。ただし，給水タンク等の天井がふたを兼ねる場合においては，この限りでない。

(い)　内部が常時加圧される構造の給水タンク等（圧力タンク等）に設ける場合を除き，ほこりその他衛生上有害なものが入らないように有効に立ち上げること。

(ろ)　直径60cm以上の円が内接することができるものとすること。ただし，外部から内部の保守点検を容易かつ安全に行うことができる小規模な給水タンク等にあっては，この限りでない。

⑸　⑷のほか，水抜管を設ける等内部の保守点検を容易に行うことができる構造とすること。

⑹　圧力タンク等を除き，ほこりその他衛生上有害なものが入らない構造のオーバフロー管を有効に設けること。

⑺　最下階の床下その他浸水によりオーバフロー管から水が逆流するおそれのある場所に給水タンク等を設置する場合にあっては，浸水を容易に覚知することができるよう浸水を検知し警報する装置の設置その他の措置を講ずること。

⑻　圧力タンク等を除き，ほこりその他衛生上有害なものが入らない構造の通気のための装置を有効に設けること。ただし，有効容量が2 m^3 未満の給水タンク等については，この限りでない。

⑼　給水タンク等の上にポンプ，ボイラ，空気調和機等の機器を設ける場合にお

いては，飲料水を汚染することのないように衛生上必要な措置を講ずること。

給水タンクまわり

厨房排気ダクトの下部にマンホールがあり，スペース1,000mm 以上が確保できていないが，給排水設備技術基準・同解説には，マンホール等の点検に支障がない場合のスペースは450mm 以上とあるので，この部分は適切である。

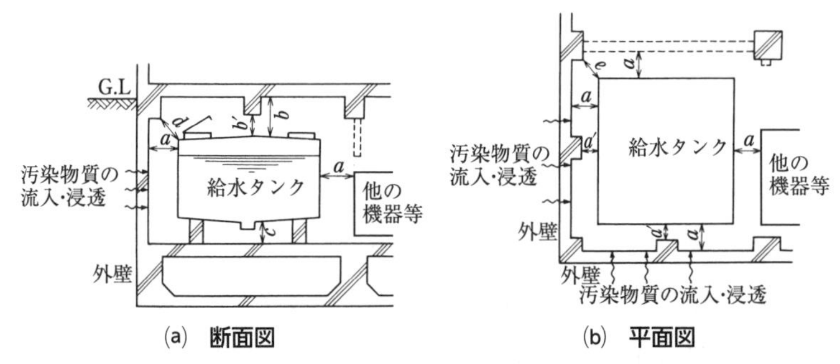

a，b，c のいずれも保守点検が容易に行い得る距離とする。（標準的には a，c ≧ 60cm，b ≧100cm）。また，梁・柱等がマンホールの出入りに支障となる位置としてはならず，a´，b´，d，e は保守点検に支障のない距離とする（標準的には a´，b´，d，e ≧45cm）。

図３・68　受水槽の設置位置の例（給排水設備技術基準・同解説　2006年版）

(4)　天井吊り送風機（呼び番号＃4）の設置要領　適切でない部分の改善策を１つ具体的に簡潔に記す。

①　**適切でない部分**　呼び番号＃４の送風機は，斜め材を施した吊り支持では耐震上適切でない。

改善策　ラーメン構造（構造形式の１つで，長方形に組まれた骨組み（部材）の各接合箇所を剛接合したものをいう。）の鋼製架台をスラブに固定し，その架台上に送風機を据え付ける（**図３・69**）。

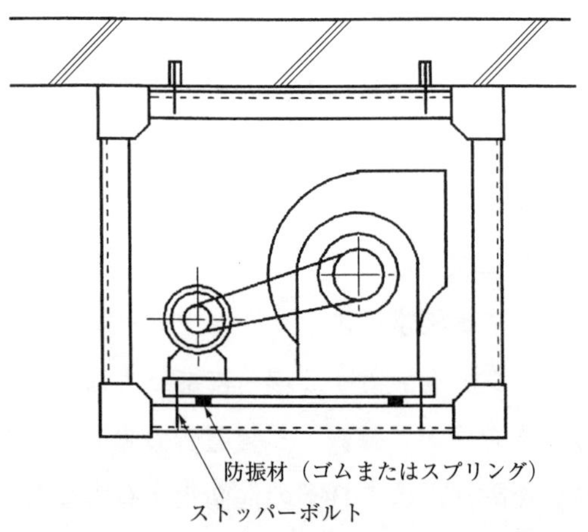

図３・69　送風機の吊り据付け要領図（呼び番号＃２以上）

(5)　排気チャンバまわり状況図　適切でない部分の改善策を１つ具体的に簡潔に記す。

①　**適切でない部分**　排気混合チャンバ内でミックスし抵抗が相当増加する。また，い

ずれかが停止していると逆流が生じるので適切でない。

改善策　排気混合チャンバ内に隔壁を設けてセパレートするか又はそれぞれのダクトに，CD（逆流防止ダンパ）を設ける。

【No. 2】　マルチパッケージ形空気調和機における冷媒配管の施工上の留意事項　4つ具体的に簡潔に記す。

①　冷媒用銅管の切断は，チップソー，金切鋸，パイプカッタなどで管軸に直角に切断する。

②　曲がり部の施工は，ベンダを用いる。

③　防火区画貫通箇所は，国土交通大臣認定の工法を採用する。

④　逆鳥居配管とならないように敷設する。

⑤　ろう付け時は，冷媒管内に窒素充満させ，かつ流しながら行う。

⑥　冷媒管の横引き配管は，冷媒管の伸縮対策の固定点を除き，冷媒管断熱材の上から支持し，断熱材の厚みを圧縮させない保護プレート（トレー），保温材増貼り又は幅広樹脂バンドなどで支持する（**図 3・70**）。

図 3・70　冷媒管の保護プレート（トレー）支持

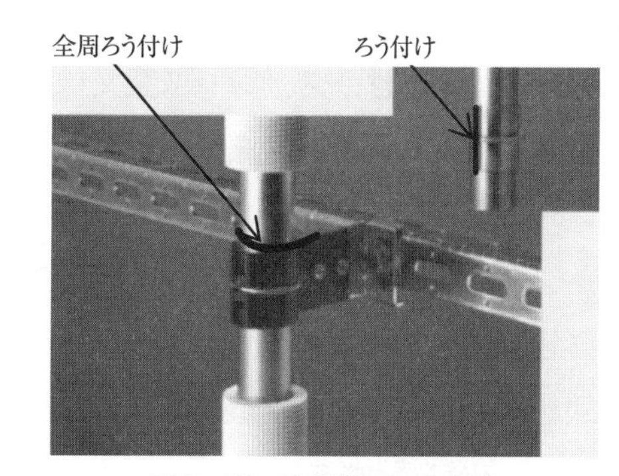

図 3・71　冷媒管の固定支持

⑦　冷媒管の立て配管の伸縮固定箇所は，専用の固定金具を用いて支持鋼材に固定し，固定金具と銅管をろう付けする（**図 3・71**）。その後，断熱施工する。

⑧　冷媒管の試験は，水圧試験ができないので窒素ガスによる気密・耐圧試験を行う。気密・耐圧試験では，急激に圧力を上昇させると危険なので，試験圧力まで段階的に徐々に圧力を上昇させる。

⑨　試験圧力まで到達したら，管継手まわりを触手，耳で聞く又は石鹸水・エアコンチェッカでチェックし，漏洩のないことで合格とする。

⑩　気密・耐圧試験後は，安全を考慮して，かつ異物を混入させないために約0.2MPa程度に圧力を下げ，機器接続まで保持する。

【No.３】 飲料用の高置タンクを据え付ける場合の施工上の留意事項　４つ具体的に簡潔に記す。

① タンクの設置位置は，最高位にある衛生器具や水栓に十分な最低必要圧力（流動時）が確保できる高さとする（**表３・17**）。

表３・17　器具の最低必要圧力

器具	最低必要圧力（流動時）［kPa］
一般水栓	30
大便器洗浄弁（タンクレス便器も同じ）	70
小便器洗浄弁	70
シャワー	70

② コンクリート基礎は，保守点検のために底部からスラブまで離隔距離が600mm 確保できる高さとする。

③ 基礎はタンクが移動・転倒しないように設ける。重量物の据え付けであるので，スラブと一体化したゲタ基礎が望ましい。

④ アンカーボルトは，ステンレス製又は溶融亜鉛めっき製など防錆性のあるものとし，タンクを設置する鋼製架台を堅固にダブルナットで固定する。

⑤ タンクと鋼製架台を堅固にボツト・ナットで固定する。

解　説　**建築物に設ける飲料水の配管設備及び排水のための配管設備の構造方法を定める件**（建設省告示第1597号）

第１　飲料水の配管設備の構造は，次に定めるところによらなければならない。

2．給水タンク及び貯水タンク

イ．建築物の内部，屋上又は下階の床下に設ける場合においては，次に定めるところによること。

⑴ 外部から給水タンク又は貯水タンク（以下「給水タンク等」という。）の天井，底又は周壁の保守点検を容易かつ安全に行うことができるように設けること（**図３・72**）。

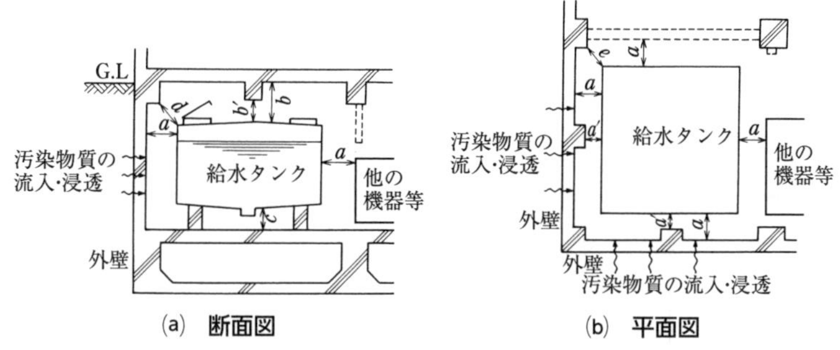

(a)　断面図　　　(b)　平面図

a，b，cのいずれも保守点検が容易に行い得る距離とする。(標準的にはa，c≧60cm，b≧100cm)。また，梁・柱等がマンホールの出入りに支障となる位置としてはならず，a′，b′，d，eは保守点検に支障のない距離とする（標準的にはa′，b′，d，e≧45cm)。

図3・72　受水槽の設置位置の例（給排水設備技術基準・同解説　2006年版）

【No. 4】

〔設問1〕　クリティカルパス（作業名を矢印でつなぐ形式で表示)：

B→C→F→I

所要工期は：23日である。

解　説　クリティカルパスを太矢印で示す（**図3・73**)。

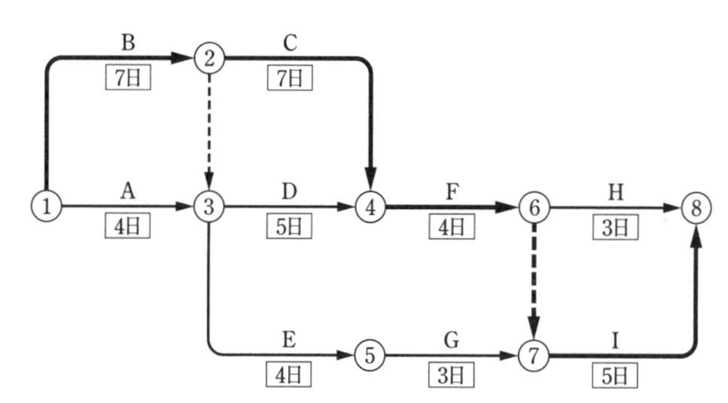

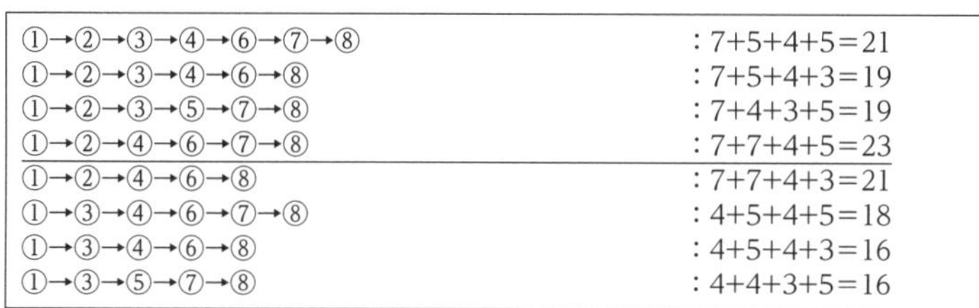

①→②→③→④→⑥→⑦→⑧　：7+5+4+5=21
①→②→③→④→⑥→⑧　：7+5+4+3=19
①→②→③→⑤→⑦→⑧　：7+4+3+5=19
①→②→④→⑥→⑦→⑧　：7+7+4+5=23
①→②→④→⑥→⑧　：7+7+4+3=21
①→③→④→⑥→⑦→⑧　：4+5+4+5=18
①→③→④→⑥→⑧　：4+5+4+3=16
①→③→⑤→⑦→⑧　：4+4+3+5=16

図3・73　ネットワーク工程表

〔設問２〕　最早計画でのタイムスケール表示形式の工程表を完成させる（図３・74）。

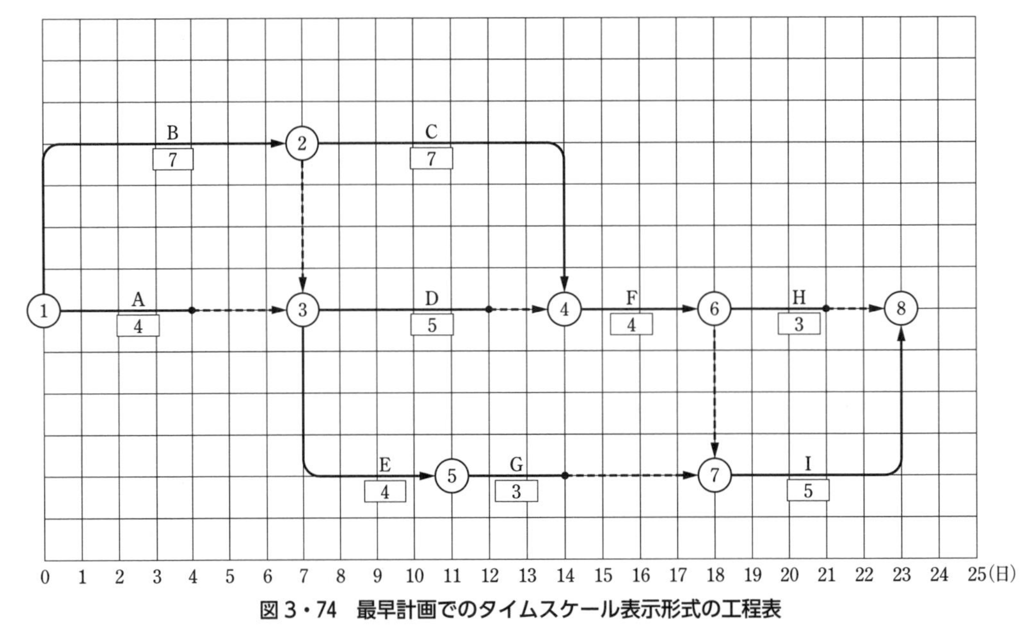

図３・74　最早計画でのタイムスケール表示形式の工程表

〔設問３〕　矢線の右側に表われる波線部分のフロートの名称：フリーフロート

解　説　**フリーフロート**（FF：Free Float）

作業の中で自由に使っても，後続作業に影響を与えない時間をフリーフロート又は自由余裕時間という。

フリーフロート＝後続イベントの最早開始時刻―（先行イベントの最早開始時刻＋作業時間）

〔設問4〕　フォローアップ後の所要工期は：25日である。

解　説　クリティカルパスを太矢印で示す（**図3・75**）。

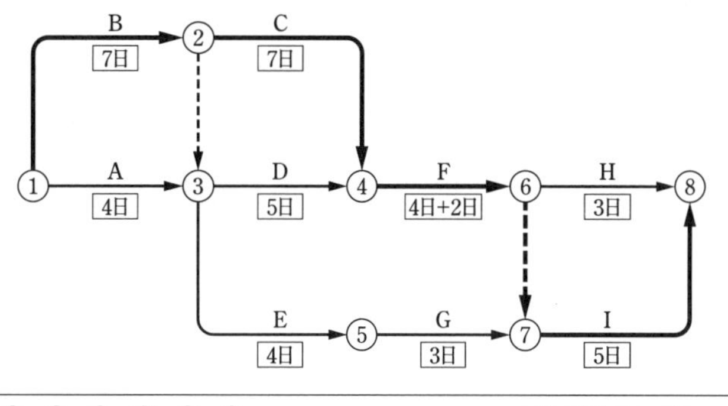

①→②→③→④→⑥→⑦→⑧	：7+5+6+5=23
①→②→③→④→⑥→⑧	：7+5+6+3=21
①→②→③→⑤→⑦→⑧	：7+4+3+5=19
①→②→④→⑥→⑦→⑧	：7+7+6+5=25
①→②→④→⑥→⑧	：7+7+6+3=23
①→③→④→⑥→⑦→⑧	：4+5+6+5=20
①→③→④→⑥→⑧	：4+5+6+3=18
①→③→⑤→⑦→⑧	：4+4+3+5=16

図3・75　ネットワーク工程表

〔設問5〕　タイムスケール表示形式のネットワーク工程表の工程管理上の利点：

①　タイムスケール表示形式となっているので暦日上で，工程の検討がしやすい。

②　余裕日数が破線で示されるので，山積み，山崩しの時の作業のスライドが検討しやすい。

【No.5】

(1)　事業者は，石綿等を取り扱う作業をする場合は，労働者の健康障害を予防するための措置を担当させるために，［A：石綿作業主任者］技能講習を修了した者のうちから，［A：石綿作業主任者］を選任しなければならない。

解　説　**石綿障害予防規則第十九条（石綿作業主任者の選任）**　事業者は，令第六条第二十三号に掲げる作業については，石綿作業主任者技能講習を修了した者のうちから，石綿作業主任者を選任しなければならない。

令第六条（作業主任者を選任すべき作業）　法第十四条の政令で定める作業は，次のとおりとする。

二十三　石綿若しくは石綿をその重量の0.1％を超えて含有する製剤その他の物（以下「石綿等」という。）を取り扱う作業（試験研究のため取り扱う作業を除く。）又は石綿等を試験研究のため製造する作業若しくは第十六条第1項第四号イからハまでに掲げる石綿で同号の厚生労働省令で定めるもの若しくはこれらの石綿をその重

量の0.1％を超えて含有する製剤その他の物（以下「石綿分析用試料等」という。）を製造する作業

(2) 作業床の高さが B：10 m以上の高所作業車の運転（道路上を走行させる運転を除く。）の業務は，当該業務に関わる技能講習を修了した者に行わせなければならない。

解 説 **法第六十一条（就業制限）** 事業者は，クレーンの運転その他の業務で，政令で定めるものについては，都道府県労働局長の当該業務に係る免許を受けた者又は都道府県労働局長の登録を受けた者が行う当該業務に係る技能講習を修了した者その他厚生労働省令で定める資格を有する者でなければ，当該業務に就かせてはならない。

令第二十条（就業制限に係る業務） 法第六十一条第１項の政令で定める業務は，次のとおりとする。

二 制限荷重が５トン以上の揚貨装置の運転の業務

三 ボイラー（小型ボイラーを除く。）の取扱いの業務

四 前号のボイラー又は第一種圧力容器（小型圧力容器を除く。）の溶接（自動溶接機による溶接，管の周継手の溶接及び圧縮応力以外の応力を生じない部分の溶接を除く。）の業務

五 ボイラー（小型ボイラー及び次に掲げるボイラーを除く。）又は第六条第十七号の第一種圧力容器の整備の業務

六 つり上げ荷重が５トン以上のクレーン（跨線テルハを除く。）の運転の業務

七 つり上げ荷重が１トン以上の移動式クレーンの運転（道路上を走行させる運転を除く。）の業務

八 つり上げ荷重が５トン以上のデリックの運転の業務

十 可燃性ガス及び酸素を用いて行なう金属の溶接，溶断又は加熱の業務

十一 最大荷重が１トン以上のフオークリフトの運転（道路上を走行させる運転を除く。）の業務

十五 作業床の高さが10メートル以上の高所作業車の運転（道路上を走行させる運転を除く。）の業務

十六 制限荷重が１トン以上の揚貨装置又はつり上げ荷重が１トン以上のクレーン，移動式クレーン若しくはデリックの玉掛けの業務

(3) 事業者は，つり上げ荷重が１トン未満のクレーン，移動式クレーン又はデリックの玉掛けの業務に労働者をつかせるときは，当該労働者に対し，当該業務に関する安全のための C：特別の教育 を行わなければならない。

解 説

法第五十九条（安全衛生教育） 事業者は，労働者を雇い入れたときは，当該労働者に対し，厚生労働省令で定めるところにより，その従事する業務に関する安全又は衛生の

ための教育を行なわなければならない。

2　前項の規定は，労働者の作業内容を変更したときについて準用する。

3　事業者は，危険又は有害な業務で，厚生労働省令で定めるものに労働者をつかせるときは，厚生労働省令で定めるところにより，当該業務に関する安全又は衛生のための特別の教育を行なわなければならない。

規則第三十六条（特別教育を必要とする業務）　法第五十九条第３項の厚生労働省令で定める危険又は有害な業務は，次のとおりとする。

一　研削といしの取替え又は取替え時の試運転の業務

二　動力により駆動されるプレス機械の金型，シャーの刃部又はプレス機械若しくはシャーの安全装置若しくは安全囲いの取付け，取外し又は調整の業務

三　アーク溶接機を用いて行う金属の溶接，溶断等の業務

五の二　最大荷重１トン未満のショベルローダー又はフオークローダーの運転（道路上を走行させる運転を除く。）の業務

六　制限荷重５トン未満の揚貨装置の運転の業務

十の四　建設工事の作業を行う場合における，ジャッキ式つり上げ機械の調整又は運転の業務

十の五　作業床の高さが10m 未満の高所作業車の運転（道路上を走行させる運転を除く。）の業務

十一　動力により駆動される巻上げ機（電気ホイスト，エヤーホイスト及びこれら以外の巻上げ機でゴンドラに係るものを除く。）の運転の業務

十四　小型ボイラーの取扱いの業務

十五　次に掲げるクレーン（移動式クレーンを除く。以下同じ。）の運転の業務

イ　つり上げ荷重が５トン未満のクレーン

ロ　つり上げ荷重が５トン以上の跨線テルハ

十六　つり上げ荷重が１トン未満の移動式クレーンの運転（道路上を走行させる運転を除く。）の業務

十七　つり上げ荷重が５トン未満のデリックの運転の業務

十八　建設用リフトの運転の業務

十九　つり上げ荷重が１トン未満のクレーン，移動式クレーン又はデリックの玉掛けの業務

二十　ゴンドラの操作の業務

二十九　粉じん障害防止規則第二条第１項第三号の特定粉じん作業に係る業務

三十七　石綿障害予防規則第四条第１項に掲げる作業に係る業務

三十九　足場の組立て，解体又は変更の作業に係る業務（地上又は堅固な床上におけ

る補助作業の業務を除く。)

四十　高さが2m以上の箇所であつて作業床を設けることが困難なところにおいて，昇降器具を用いて，労働者が当該昇降器具により身体を保持しつつ行う作業（40度未満の斜面における作業を除く。ロープ高所作業）に係る業務

四十一　高さが2m以上の箇所であつて作業床を設けることが困難なところにおいて，墜落制止用器具のうちフルハーネス型のものを用いて行う作業に係る業務

(4)　特定元方事業者は，その労働者及び関係請負人の労働者の作業が同一の場所において行われることによって生じる労働災害を防止するために行う作業場所の巡視は，D：毎作業日 に少なくとも1回，これを行わなければならない。

解　説　**法第三十条（特定元方事業者等の講ずべき措置）**　特定元方事業者は，その労働者及び関係請負人の労働者の作業が同一の場所において行われることによって生ずる労働災害を防止するため，次の事項に関する必要な措置を講じなければならない。

一　協議組織の設置及び運営を行うこと。

二　作業間の連絡及び調整を行うこと。

三　作業場所を巡視すること。

四　関係請負人が行う労働者の安全又は衛生のための教育に対する指導及び援助を行うこと。

規則第六百三十七条（作業場所の巡視）　特定元方事業者は，法第三十条第1項第三号の規定による巡視については，毎作業日に少なくとも1回，これを行なわなければならない。

(5)　建設業においては，常時使用する労働者が100人以上の事業場ごとに，E：総括安全衛生管理者 を選任し，その者に安全衛生に関する事項を統括管理させなければならない。

解　説　**法第十条（総括安全衛生管理者）**　事業者は，政令で定める規模の事業場ごとに，厚生労働省令で定めるところにより，総括安全衛生管理者を選任し，その者に安全管理者，衛生管理者又は第二十五条の二第2項の規定により技術的事項を管理する者の指揮をさせるとともに，次の業務を統括管理させなければならない。

一　労働者の危険又は健康障害を防止するための措置に関すること。

二　労働者の安全又は衛生のための教育の実施に関すること。

三　健康診断の実施その他健康の保持増進のための措置に関すること。

四　労働災害の原因の調査及び再発防止対策に関すること。

五　前各号に掲げるもののほか，労働災害を防止するため必要な業務で，厚生労働省令で定めるもの

令第二条（総括安全衛生管理者を選任すべき事業場）　労働安全衛生法第十条第1項の

政令で定める規模の事業場は，次の各号に掲げる業種の区分に応じ，常時当該各号に掲げる数以上の労働者を使用する事業場とする。

一　林業，鉱業，建設業，運送業及び清掃業　100人

二　製造業（物の加工業を含む。），電気業，ガス業，熱供給業，水道業，通信業，各種商品卸売業，家具・建具・じゅう器等卸売業，各種商品小売業，家具・建具・じゅう器小売業，燃料小売業，旅館業，ゴルフ場業，自動車整備業及び機械修理業　300人

三　その他の業種　1000

【No. 6】

第４章　施工経験した管工事の記述　を参照されたい。

3・10 平成26年度 実地試験 試験問題

問題１は必須問題です。必ず解答してください。解答は**解答用紙**に記述してください。

【No.１】 次の設問１～設問３の答えを解答欄に記入しなさい。

〔設問１〕 (1)に示す図に，防火設備上，適切なダンパーを凡例により記入しなさい。

〔設問２〕 (2)に示す図について，(イ)及び(ロ)の答えを解答欄に記入しなさい。

(イ) 逃がし配管を実線で図中に記入しなさい。

(ロ) (イ)の逃がし配管を設ける目的を，簡潔に記述しなさい。

(1) 換気ダクト系統図

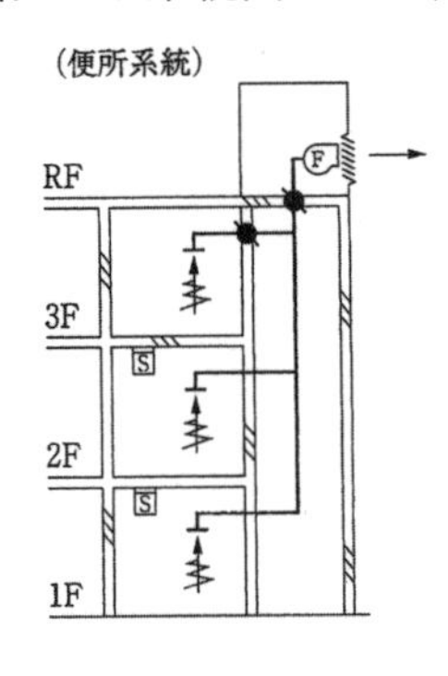

凡例
- 防煙ダンパー（SD）
- 防火ダンパー（FD）
- 吸込口
- S 煙感知器
- F 排気用送風機
- 耐火構造等の防火区画

(2) 屋内消火栓設備の加圧送水装置まわり図

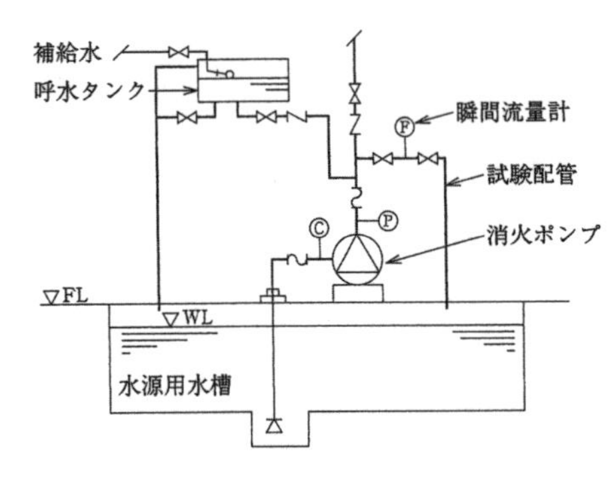

〔設問３〕 (3)から(5)に示す各図において，**適切でない部分の改善策**を具体的かつ簡潔に記述しなさい。

(3) 単式伸縮管継手の取付け要領図

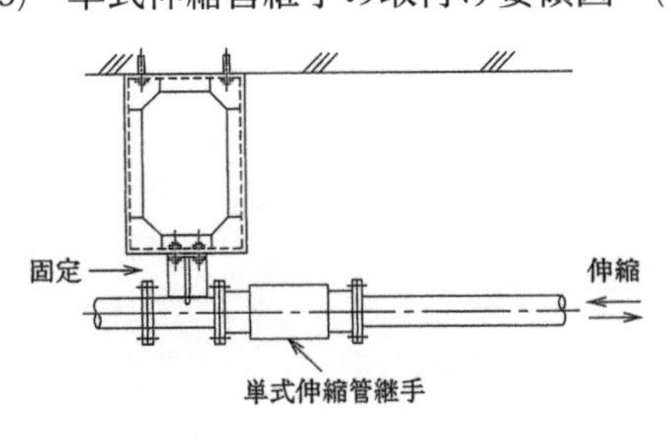

(4) 機器据付け完了後の防振架台

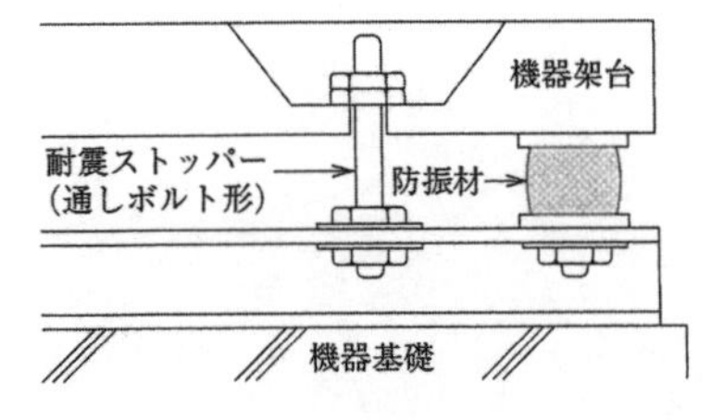

(5) 排水・通気配管系統図

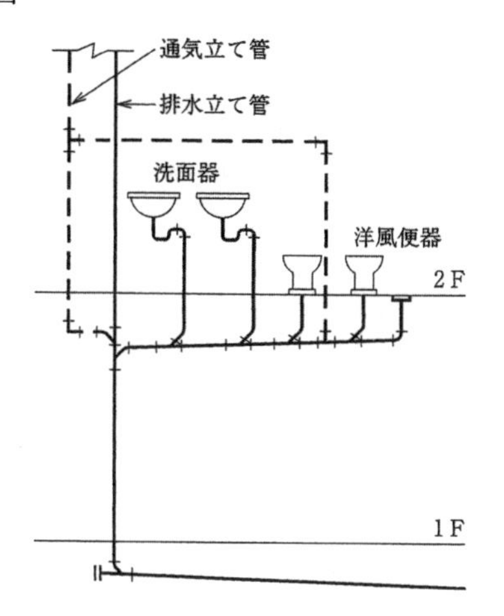

問題2と問題3の2問題のうちから1問題を選択し，解答は解答用紙に記述してください。選択した問題は，解答用紙の選択欄に○印を記入してください。

【No.2】 事務所ビルの屋上機械室に，呼び番号4の片吸込み多翼送風機を据え付ける場合の留意事項を，4つ解答欄に具体的かつ簡潔に記述しなさい。ただし，コンクリート基礎，工程管理及び安全管理に関する事項は除く。

【No.3】 強制循環式給湯設備の給湯管を施工する場合の留意事項を，4つ解答欄に具体的かつ簡潔に記述しなさい。ただし，管材の選定，保温，工程管理及び安全管理に関する事項は除く。

問題4と問題5の2問題のうちから1問題を選択し，解答は解答用紙に記述してください。選択した問題は，解答用紙の選択欄に○印を記入してください。

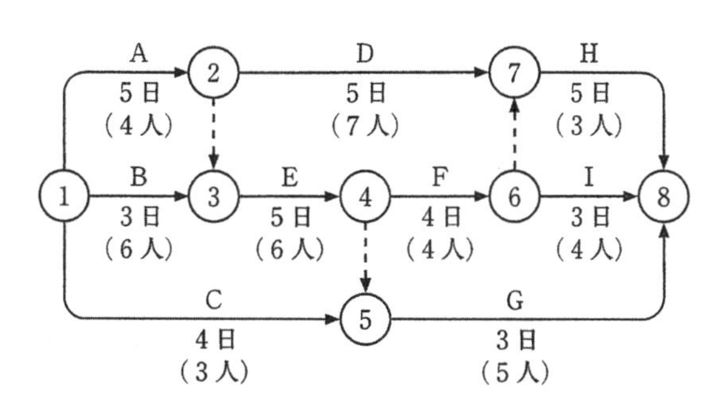

受験のガイダンス
第1章 傾向分析
第2章 基礎知識
第3章 試験問題
第4章 経験記述

【No. 4】 図（前ページ下）に示すネットワーク工程表において，設問1～設問5の答えを解答欄に記入しなさい。

〔設問1〕 クリティカルパスを，作業名で記入しなさい。

〔設問2〕 イベント⑤の最早開始時刻（EST）は何日か。

〔設問3〕 イベント⑤の最遅完了時刻（LFT）は何日か。

〔設問4〕 各イベントにおける最早開始時刻（EST）と最遅完了時刻（LFT）を計算することは，工程管理上，どのような目的があるか記述しなさい。

〔設問5〕最早開始時刻（EST）による山積み図を完成させなさい。

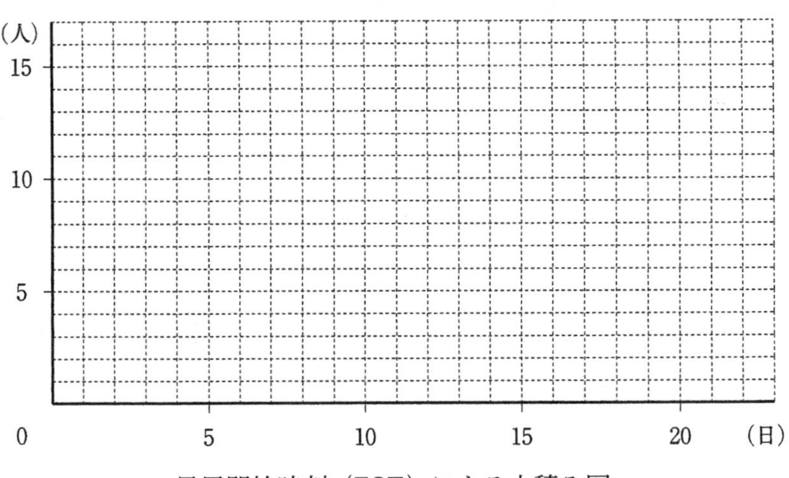

最早開始時刻（EST）による山積み図

【No. 5】 次の設問1及び設問2の答えを解答欄に記入しなさい。

〔設問1〕 労働安全衛生に関する文中，［　　］内に当てはまる「労働安全衛生法」上に**定められている数値又は用語**を解答欄に記入しなさい。

(1) 事業者は，常時50人以上の労働者を使用する建設業の事業場にあっては，［　A　］を選任し，その者に労働者の危険防止，安全教育，労働災害再発防止対策等の安全に係る技術的事項を管理させなければならない。

(2) 事業者は，安全委員会，衛生委員会又は安全衛生委員会における議事で重要なものに係る記録を作成して，これを［　B　］年間保存しなければならない。

(3)　事業者は，ガス溶接等の業務に使用するガス等の容器は，転倒のおそれがないように保持し，容器の温度を［　C　］度以下に保たなければならない。

(4)　事業者は，第一種酸素欠乏危険作業に係る業務に労働者を就かせるときは，当該労働者に対し，酸素欠乏の発生の原因，酸素欠乏症の症状等の科目について［　D　］を行わなければならない。

〔設問２〕　建設現場で行う，掘削面の高さが３ｍの地山の掘削作業，土止め支保工の切りばりの取付け作業，アセチレン溶接装置を用いて行う金属の溶接作業において，「労働安全衛生」法上，事業者が選任しなければならない**作業主任者の名称**を２つ解答欄に記入しなさい。

問題６は必須問題です。必ず解答してください。解答は**解答用紙**に記述してください。

【No. 6】　あなたが経験した**管工事**のうちから，**代表的な工事を１つ選び**，次の設問１～設問３の答えを解答欄に記述しなさい。

〔設問１〕　その工事につき，次の事項について記述しなさい。

(1)　工事名〔例：◎◎ビル□□設備工事〕

(2)　工事場所〔例：◎◎県◇◇市〕

(3)　設備工事概要〔例：工事種目，工事内容，主要機器の能力・台数等〕

(4)　現場での施工管理上のあなたの立場又は役割

〔設問２〕　上記工事を施工するにあたり，「**工程管理**」上，あなたが特に重要と考えた事項をあげ，それについてとった措置又は対策を簡潔に記述しなさい。

〔設問３〕　上記工事の「**総合的な試運転調整**」又は「**完成に伴う自主検査**」において，あなたが特に重要と考えた事項をあげ，それについてとった措置を簡潔に記述しなさい。

模範解答 (平成26年度)

【No. 1】〔設問1〕

(1) 防火設備上，適切なダンパ：1・2階の壁貫通箇所に防煙ダンパ（SD）をそれぞれ取り付ける（**図3・76**）。

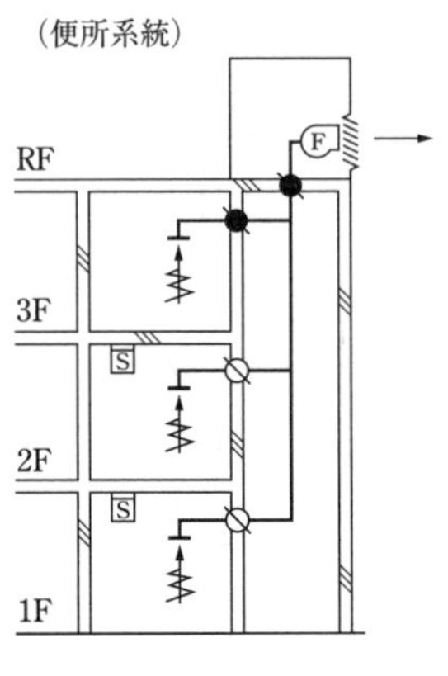

図3・76 防煙ダンパを設ける箇所

解 説 **火災により煙が発生した場合又は火災により温度が急激に上昇した場合に自動的に閉鎖するダンパの基準の制定について（抜粋）**

昭和56年6月15日，建設省住指発第165号

1．火災により煙が発生した場合に自動的に閉鎖する構造のダンパとすべき場合は，風道がいわゆる竪穴区画又は異種用途区画を貫通する場合及び風道そのものが竪穴的な構造である場合とした。これは火災時に煙が他の階又は建築物の異る用途の部分へ，伝播，拡散することを防止する趣旨で定めたものである。

また，第1項1号本文の括弧書については，建築物又は風道の形態等によっては，煙の他の階への流出のおそれが少ない等避難上及び防火上支障がないと認められる場合もあることから設けた規定であり，次の点に留意の上，柔軟に運用することとされたい。なお，**図3・77**に掲げた例は，いずれも適法妥当なものであるので参考とされたい。

(1) 煙は基本的には上方にのみ伝播するものであり，特に最上階に設けるダンパには，煙感知器連動とする必要のないものがあること。

(2) 火災時に送風機が停止しない構造のものにあっては，煙の下方への伝播も考えられうることから，空調のシステムを総合的に検討する必要があること。

(3)　同一系統の風道において換気口等が1の階にのみ設けられている場合にあっては，必ずしも煙感知器運動ダンパとする必要のないものがあること。

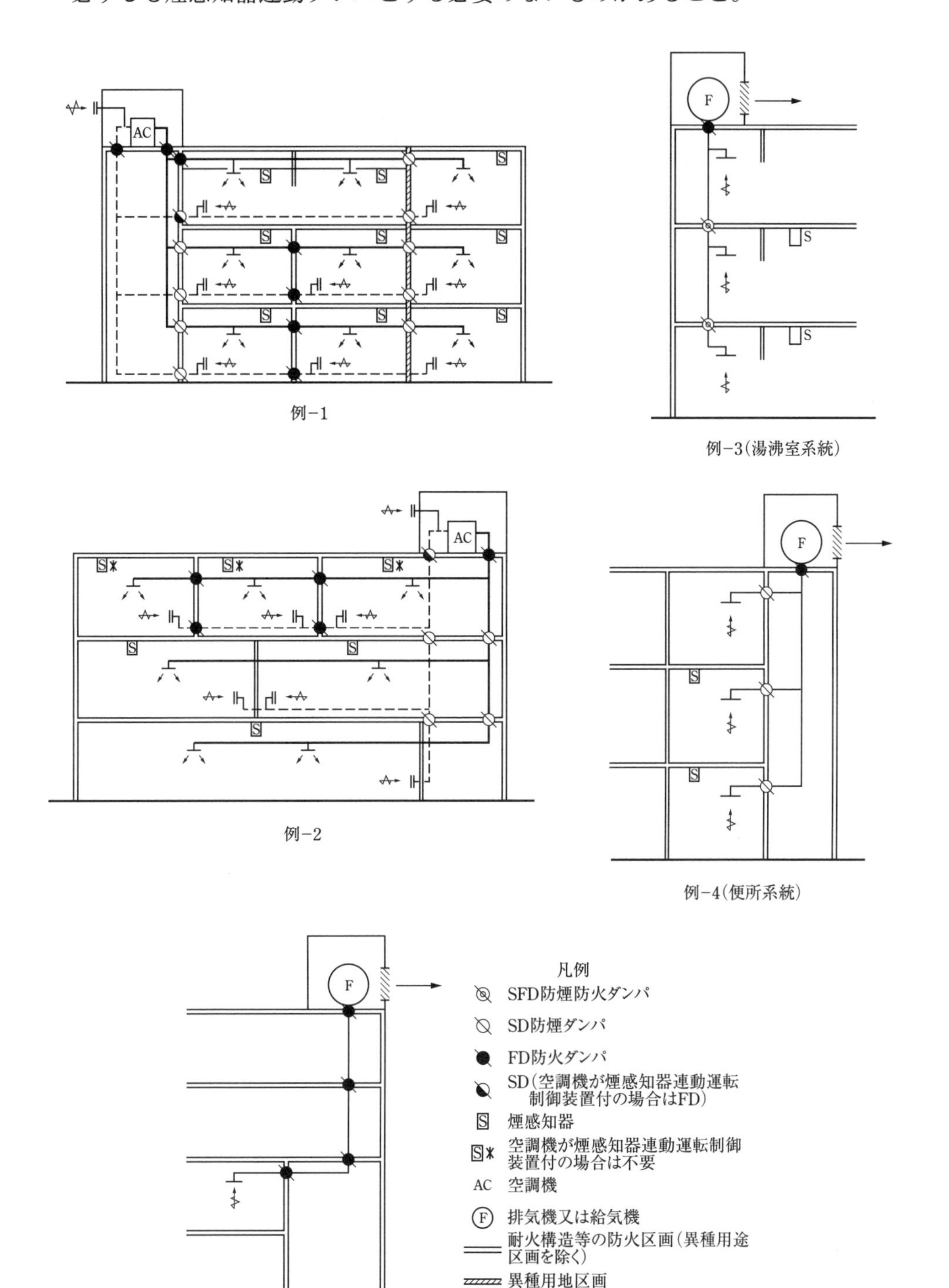

図3・77　ダンパの設置基準

2．火災により煙が発生した場合に自動的に閉鎖するダンパの構造基準及び火災により温度が急激に上昇した場合に自動的に閉鎖するダンパの構造基準については，従来と同様，昭和48年建設省告示第2563号に準じて定めたものであるが，次の点が異なっているので注意されたい。

⑴　第１第１号により設けるダンパの煙感知器は，当該ダンパに係る風道の換気口等がある間仕切壁等（防煙壁を含む。）で区画された場所ごとに設けることが必要であり，第１第２号により設けるダンパの煙感知器と設置場所が異なっていること。

⑵　温度ヒューズは，当該温度ヒューズに連動して閉鎖するダンパに近接した場所で風道の内部に設けることとした。

〔設問２〕

⑵(イ)　逃がし配管を実線で図中に記入する。

呼水タンクの給水管を逆止弁以降で分岐し，途中に仕切弁，オリフィスを設け，呼水タンクへ導く。

(ロ)　(イ)の逃がし配管を設ける目的：消火活動中にあっては一旦ポンプが起動したら事故等でポンプ停止させてはならない。しかし，消火栓等で放水がない状態が長く続く場合，ポンプが締め切り運転となり，水温が上昇，圧力が異常に高くなり配管等が破損するおそれがあるので，逃がし配管を設ける（図３・78）。

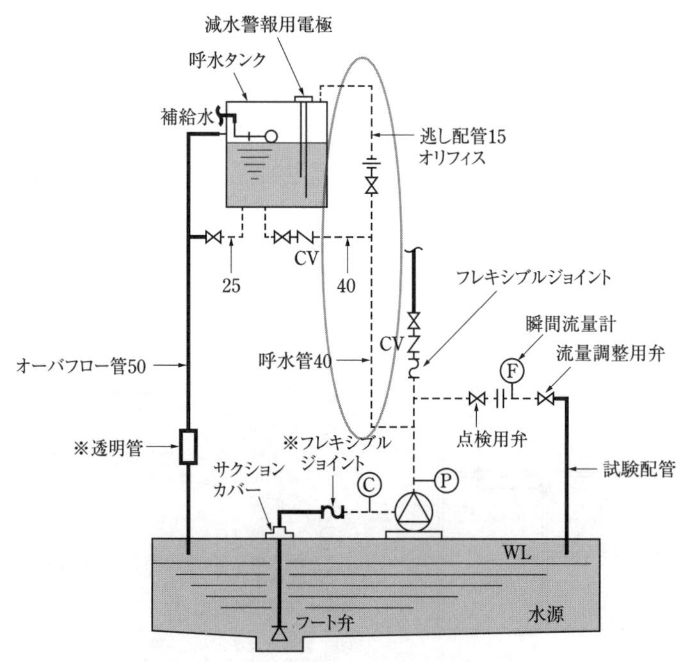

図３・78　消火ポンプ回りの納まり

解　説　**消防法施行規則第十二条（屋内消火栓設備に関する基準の細目）**　屋内消火栓設備の設置及び維持に関する技術上の基準の細目は，次のとおりとする。

七・ハ　ポンプを用いる加圧送水装置は，次の(イ)から(チ)までに定めるところによること。

(ハ)　ポンプの吐出量が定格吐出量の150％である場合における全揚程は，定格全揚程の65％以上のものであること。

(ニ)　ポンプは，専用とすること。ただし，他の消火設備と併用又は兼用する場合において，それぞれの消火設備の性能に支障を生じないものにあっては，この限りでない。

(ホ)　ポンプには，その吐出側に圧力計，吸込側に連成計を設けること。

(ヘ)　加圧送水装置には，定格負荷運転時のポンプの性能を試験するための配管設備を設けること。

(ト)　加圧送水装置には，締切運転時における水温上昇防止のための逃し配管を設けること。

(チ)　原動機は，電動機によるものとすること。

〔設問3〕

(3)　単式伸縮管継手の取付け要領図　適切でない部分の改善策を１つ具体的に簡潔に記す。

①　**適切でない部分**　単式伸縮管継手の右手に伸縮用のガイドがなく適切でなく，配管が座屈するおそれがある。

改善策　単式伸縮管継手の右手に床から固定された座屈防止用のガイドを設ける（**図３・79**）。

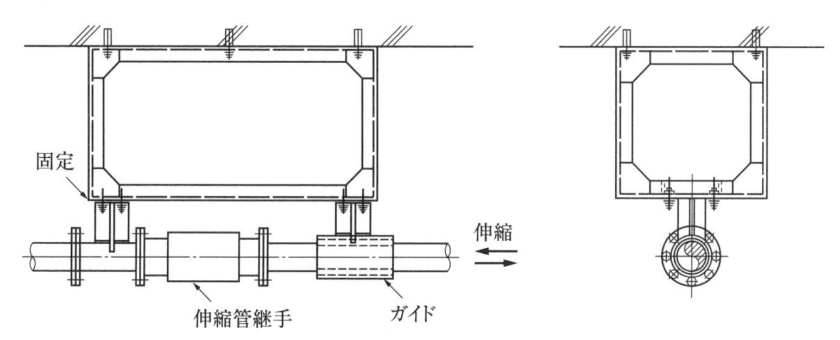

図３・79　単式伸縮管継手の要領図

(4)　機器据付け完了後の防振架台　適切でない部分の改善策を１つ具体的に簡潔に記す。

①　**適切でない部分**　耐震ストッパーボルトがダブルナットで防振架台を堅固に固定されているので，防振材の防振性能が発揮できないので適切でない。

改善策　耐震ストッパーボルトの役割は，平常時には防振性能が確保でき，地震時には防振基礎を移動・転倒させないことである。すなわち，耐震ストッパーボルトのダブルナットと防振架台とのすき間を2～3mm開けるか又はゴムブッシュを介してナットを緩く締めつける（**図3・80**）。

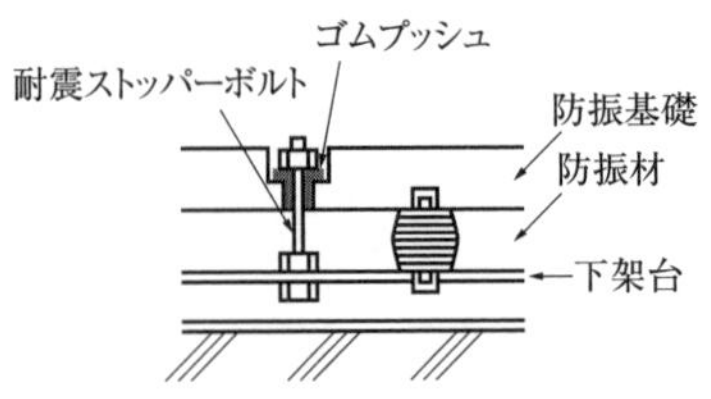

図3・80　耐震ストッパーの取付け

(5)　排水・通気配管系統図　適切でない部分の改善策を1つ具体的に簡潔に記す。

①　**適切でない部分**　通気立て管の始点位置が適切でなく，取り出し箇所が排水で洗浄されにくいので詰まるおそれがある。

改善策　排水立て管に最下階の2階の横枝管が接続された箇所から下側に通気立て管の始点を設ける（**図3・81**）。

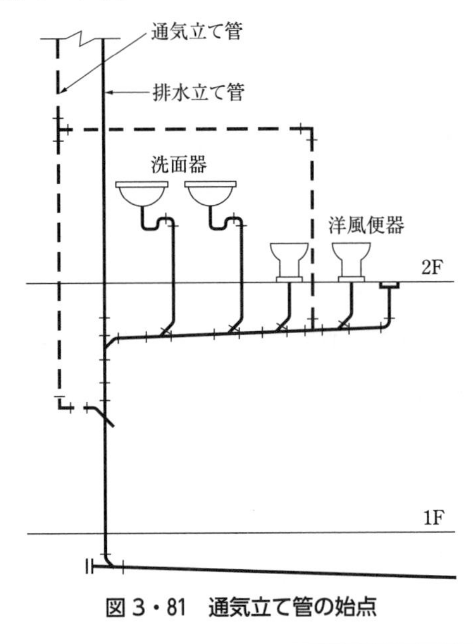

図3・81　通気立て管の始点

【No. 2】　事務所ビルの屋上機械室に，呼び番号4の片吸込み多翼送風機を据え付ける場合の留意事項（工程管理及び安全管理に関する事項は除く。）　4つ具体的に簡潔に記す。

①　基礎コンクリートの大きさは，基礎が十分乗るだけの広さをとり，非常時の出水等を考慮して，床部分より一段高くする。

②　送風機は，Vベルト交換等の作業スペースを確保した位置に配置する。

③　メンテナンスを考慮し基礎表面は，モルタル塗り又は金ゴテ押さえとし，据え付け面は水平に仕上げる。

④　コンクリート基礎は，スラブ又は梁の鉄筋に結束されたアンカーボルトによって十

分な強度が確保できるような強固なもので固定する。

⑤　送風機は基礎に設けたＪ形アンカーボルトに送風機の防振架台をダブルナットで締め付ける。

⑥　送風機の振動が建物に影響を及ぼすおそれがあるので，適切な防振装置を設ける。

⑦　送風機運転時に送風機が水平となるように防振装置の位置を調整する。

⑧　耐震ストッパーボルトは，送風機架台から２～３mmのすき間を設けてダブルナットで締め付ける。

【No.３】　強制循環式給湯設備の給湯管を施工する場合の留意事項（ただし，管材の選定，保温，工程管理及び安全管理に関する事項は除く。）　４つ具体的に簡潔に記す。

①　強制循環式給湯設備の場合には，設定した給湯温度を保持する目的で，一般に給湯返管の貯湯槽直近に給湯循環ポンプを設ける。

②　強制循環式給湯設備の下向き配管方式における給湯横主管は，1/200以上の下りこう配とする。

③　配管内の空気や水が容易に抜けるように逆鳥居配管とはしない。やむを得ず逆鳥居配管となる場合は，水抜きのための仕切弁を設ける。

④　配管の最上部又は鳥居配管など空気が溜まりやすい箇所には，空気抜き弁を設ける。

⑤　強制循環式給湯配管においては，リバースリターン方式を採用しなくてよいが，レジオネラ属菌感染症対策として，配管内を55℃以上に保つためには，配管系統全体を，まんべんなく循環させる必要があり，給湯返管に定流量弁を設置して，返湯量を均等化させる方法もある。

⑥　給湯配管の熱伸縮量を吸収させるため配管形状は，可とう性を持たせ，長い直線配管には伸縮管継手を設ける。一般に，ステンレス鋼鋼管・銅管の場合の単式の伸縮管継手の設置間隔は20m程度，ライニング鋼管の場合は30m程度とする。

【No.４】

〔設問１〕　クリティカルパス（作業名を矢印でつなぐ形式で表示）：

A → E → F → H

解　説　クリティカルパスを太矢印で示す（図３・82）。

受験のガイダンス
第1章　傾向分析
第2章　基礎知識
第3章　試験問題
第4章　経験記述

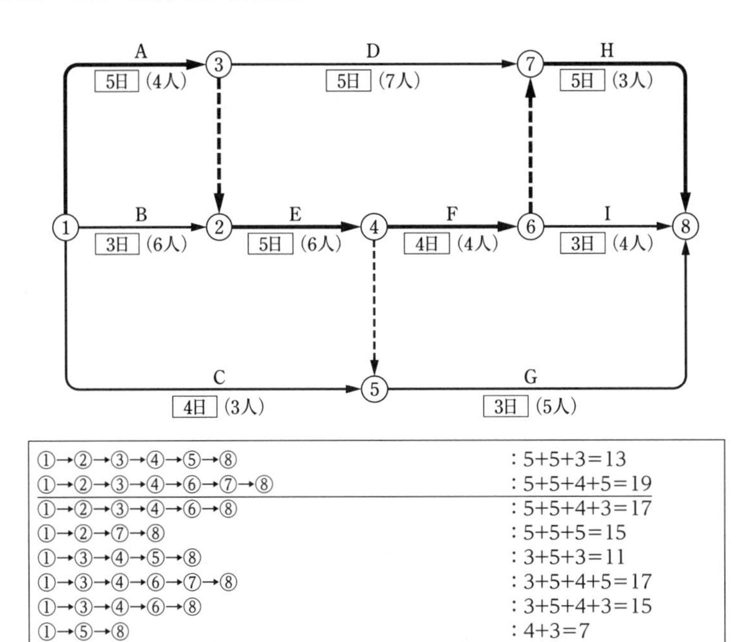

図３・82　ネットワーク工程表

〔設問２〕　イベント⑤の最早開始時刻（EST）：10日

解　説　作業内容 A～J の左上の［　］内に，最早開始時刻を記入する（**表３・18**）。

表３・18　最早開始時刻の計算

イベント	作業内容	アクティビティ	計算	最早開始時刻
①				0
②	A	①→②	0+5=5	5
③	B ダミー	①→③ ②⇢③	0+3=3 5+0=5　} 5>3	5
④	E	③→④	5+5=10	10
⑤	C ダミー	①→⑤ ④⇢⑤	0+4=4 10+0=10　} 10>4	10
⑥	F	④→⑥	10+4=14	14
⑦	D ダミー	②→⑦ ⑥⇢⑦	5+5=10 14+0=14　} 14>10	14
⑧	G H I	⑤→⑧ ⑦→⑧ ⑥→⑧	10+3=13 14+5=19 14+3=17　} 19>17>13	19

〔設問３〕　イベント⑤の最遅完了時刻（LFT）：16日

解　説　最遅完了時刻（LET）（**表3・19**）。

表3・19　最遅完了時刻（LET）の計算

イベント	作業内容	アクティビティ	計算	最遅完了時刻
⑧				19
⑦	H	⑦→⑧	19−5=14	14
⑥	ダミー I	⑥⇢⑦ ⑥→⑧	14−0=14 19−3=16 ｝14<16	14
⑤	G	⑤→⑧	19−3=16	16
④	F ダミー	④→⑥ ④⇢⑤	14−4=10 16−0=16 ｝10<16	10
③	E	③→④	10−5=5	5
②	D ダミー	②→⑦ ②⇢③	14−5=9 5−0=5 ｝5<9	5
①	A B C	①→② ①→③ ①→⑤	5−5=0 5−3=2 16−4=12 ｝0<2<12	0

〔設問4〕　各イベントにおける最早開始時刻（EST）と最遅完了時刻（LFT）を計算することは，工程管理上，どのような目的があるか：

① トータルフロート（最大余裕時間）が求められ，クリティカルパスを特定できる。

② トータルフロート（最大余裕時間）が求められ，遅れを解消できる作業の特定ができる。

解　説　**トータルフロート**

計算式　トータルフロート＝後続イベント最遅完了時刻－（先行イベント最早開始時刻＋作業日数）

〔設問5〕　次ページの図に最早開始時刻（EST）による山積み図を示す（**図3・83**）。

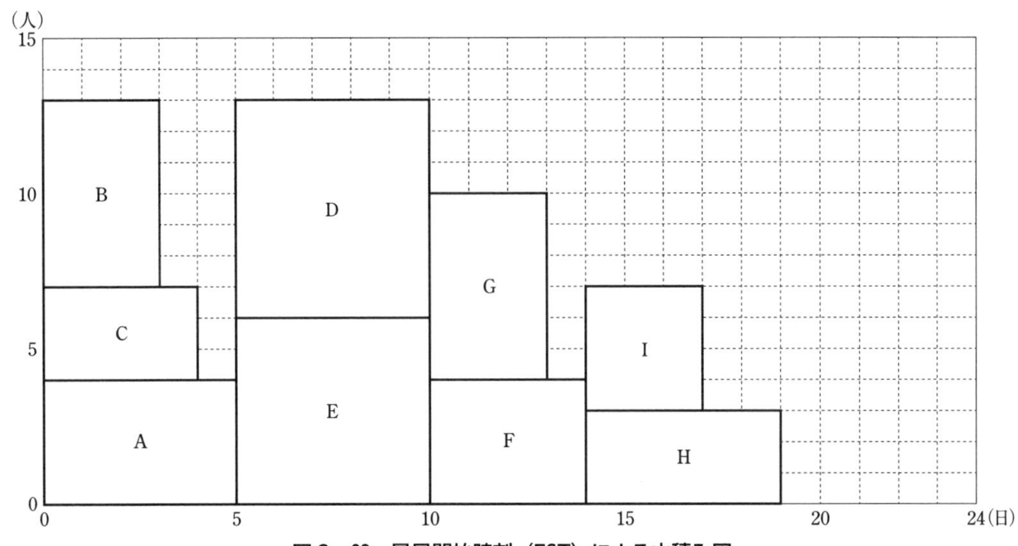

図３・83　最早開始時刻（EST）による山積み図

解説　A→E→F→Hがクリティカルパスである。

【No. 5】

(1)　事業者は，常時50人以上の労働者を使用する建設業の事業場にあっては，A：安全管理者を選任し，その者に労働者の危険防止，安全教育，労働災害再発防止対策等の安全に係る技術的事項を管理させなければならない。

解説　**法第十一条（安全管理者）**　事業者は，政令で定める業種及び規模の事業場ごとに，厚生労働省令で定める資格を有する者のうちから，厚生労働省令で定めるところにより，安全管理者を選任し，その者に前条第１項各号の業務（第二十五条の二第２項の規定により技術的事項を管理する者を選任した場合においては，同条第１項各号の措置に該当するものを除く。）のうち安全に係る技術的事項を管理させなければならない。

法第十条（総括安全衛生管理者）　事業者は，政令で定める規模の事業場ごとに，厚生労働省令で定めるところにより，総括安全衛生管理者を選任し，その者に安全管理者，衛生管理者又は第二十五条の二第２項の規定により技術的事項を管理する者の指揮をさせるとともに，次の業務を統括管理させなければならない。

一　労働者の危険又は健康障害を防止するための措置に関すること。

二　労働者の安全又は衛生のための教育の実施に関すること。

三　健康診断の実施その他健康の保持増進のための措置に関すること。

四　労働災害の原因の調査及び再発防止対策に関すること。

五　前各号に掲げるもののほか，労働災害を防止するため必要な業務で，厚生労働省令で定めるもの

規則第三条（安全管理者を選任すべき事業場）　法第十一条第１項の政令で定める業種及び規模の事業場は，前条第一号又は第二号に掲げる業種の事業場で，常時50人以上の労働者を使用するものとする。

(2)　事業者は，安全委員会，衛生委員会又は安全衛生委員会における議事で重要なものに係る記録を作成して，これを［B：３］年間保存しなければならない。

解　説　**規則第二十三条（委員会の会議）**　事業者は，安全委員会，衛生委員会又は安全衛生委員会を毎月１回以上開催するようにしなければならない。

３　事業者は，委員会の開催の都度，遅滞なく，委員会における議事の概要を次に掲げるいずれかの方法によって労働者に周知させなければならない。

一　常時各作業場の見やすい場所に掲示し，又は備え付けること。

二　書面を労働者に交付すること。

三　磁気テープ，磁気ディスクその他これらに準ずる物に記録し，かつ，各作業場に労働者が当該記録の内容を常時確認できる機器を設置すること。

４　事業者は，委員会の開催の都度，次に掲げる事項を記録し，これを３年間保存しなければならない。

一　委員会の意見及び当該意見を踏まえて講じた措置の内容

二　前号に掲げるもののほか，委員会における議事で重要なもの

(3)　事業者は，ガス溶接等の業務に使用するガス等の容器は，転倒のおそれがないように保持し，容器の温度を［C：40］度以下に保たなければならない。

解　説　**規則第二百六十三条（ガス等の容器の取扱い）**　事業者は，ガス溶接等の業務に使用するガス等の容器については，次に定めるところによらなければならない。

一　次の場所においては，設置し，使用し，貯蔵し，又は放置しないこと。

イ　通風又は換気の不十分な場所

ロ　火気を使用する場所及びその附近

ハ　火薬類，危険物その他の爆発性若しくは発火性の物又は多量の易燃性の物を製造し，又は取り扱う場所及びその附近

二　容器の温度を40℃以下に保つこと。

三　転倒のおそれがないように保持すること。

四　衝撃を与えないこと。

五　運搬するときは，キヤツプを施すこと。

六　使用するときは，容器の口金に付着している油類及びじんあいを除去すること。

七　バルブの開閉は，静かに行なうこと。

八　溶解アセチレンの容器は，立てて置くこと。

九　使用前又は使用中の容器とこれら以外の容器との区別を明らかにしておくこと。

(4)　事業者は，第一種酸素欠乏危険作業に係る業務に労働者を就かせるときは，当該労働者に対し，酸素欠乏の発生の原因，酸素欠乏症の症状等の科目について D：特別の教育 を行わなければならない。

解　説　**法第五十九条（安全衛生教育）**　事業者は，労働者を雇い入れたときは，当該労働者に対し，厚生労働省令で定めるところにより，その従事する業務に関する安全又は衛生のための教育を行なわなければならない。

3　事業者は，危険又は有害な業務で，厚生労働省令で定めるものに労働者をつかせるときは，厚生労働省令で定めるところにより，当該業務に関する安全又は衛生のための特別の教育を行なわなければならない。

〔設問２〕　建設現場で行う，掘削面の高さが３ｍの地山の掘削作業，土止め支保工の切りばりの取付け作業，アセチレン溶接装置を用いて行う金属の溶接作業において，事業者が選任しなければならない作業主任者の名称を２つ記す。

①　地山の掘削作業主任者

②　土止め支保工作業主任者

③　ガス溶接作業主任者

解　説　規則第三百五十九条（地山の掘削作業主任者の選任）事業者は，令第六条第九号の作業については，地山の掘削及び土止め支保工作業主任者技能講習を修了した者のうちから，地山の掘削作業主任者を選任しなければならない。

規則第三百七十四条（土止め支保工作業主任者の選任）　事業者は，令第六条第十号の作業については，地山の掘削及び土止め支保工作業主任者技能講習を修了した者のうちから，土止め支保工作業主任者を選任しなければならない。

規則第三百十四条（ガス溶接作業主任者の選任）　事業者は，令第六条第二号の作業については，ガス溶接作業主任者免許を有する者のうちから，ガス溶接作業主任者を選任しなければならない。

【No.６】

第４章　施工経験した管工事の記述　を参照されたい。

第4章　施工経験した管工事の記述

▼

4・1　心構え …………………………………………………213
4・2　施工経験記述上の留意事項 ………………………………214
4・3　〔設問1〕の「経験した管工事の概要」の書き方……215
4・4　〔設問2〕・〔設問3〕の「経験した施工経験記述」の書き方 …………………………………………………218
4・4・1　〔設問2〕の「施工管理の技術面」に対する記述上の注意点 ………………………………219
4・4・2　〔設問3〕の「施工検査等」に対する記述上の注意点 ………………………………………220
4・5　各施工管理記述上のキーワード例 ……………………221

問題６は必須問題です。必ず解答してください。解答は**解答用紙**に記述してください。

あなたが経験した管工事のうちから，代表的な工事を１つ選び，次の設問１～設問３の答えを解答欄に記述する問題である。令和５年度の問題を参考に，**施工経験を記述する上での重要なポイントをアドバイスする。**

【問題６】 あなたが経験した管工事のうちから，代表的な工事を１つ選び，次の設問１～設問３の答えを解答欄に記述しなさい。

〔設問１〕 その工事につき，次の事項について記述しなさい。

(1) 工事名〔例：◎◎ビル□□設備工事〕

(2) 工事場所〔例：◎◎県◇◇市〕

(3) 設備工事概要〔例：工事種目，工事内容，主要機器の能力・台数等〕

(4) 現場での施工管理上のあなたの立場又は役割

〔設問２〕 上記工事を施工するにあたり，「**安全管理**」上，あなたが特に重要と考えた事項を解答欄の(1)に記述しなさい。また，それについてとった措置又は対策を解答欄の(2)に簡潔に記述しなさい。

〔設問３〕 上記工事の「**材料・機器の現場受入検査**」において，あなたが特に重要と考えて実施した事項を簡潔に記述しなさい。

（令和５年 問題６）

過去10年間の〔**設問２**〕の「施工管理上の課題」と〔**設問３**〕の「施工検査等」の課題の出題分析を次に示す。「施工管理上の課題」では，工程管理と安全管理のいずれかが課題となっている。「施工検査等」では，材料・機器の現場受入検査と総合的な試運転調整又は完成に伴う自主検査のいずれかが課題となっている。

表４・１ 〔設問２〕の「施工管理の技術面」の課題

課題	R5	R4	R3	R2	R1	H30	H29	H28	H27	H26
工程管理		○	○	○		○			○	○
安全管理	○				○		○	○		

表４・２ 〔設問３〕の「施工検査等」の課題

課題	R5	R4	R3	R2	R1	H30	H29	H28	H27	H26
材料・機器の現場受入検査	○	○		○	○		○		○	
総合的な試運転調整又は完成に伴う自主検査			○			○		○		○

4・1　心構え

❶　あなたの施工経験した管工事の中から，１級管工事施工管理技士に相応しく，指導・監督的立場で関与した代表的な１つを選び，その管工事を施工するにあたり施工管理の技術面（**「工程管理」**，**「安全管理」**）と施工検査等（**「材料・機器の現場受入検査」**，**「総合的な試運転調整又は完成に伴う自主検査」**）で，あなたが特に重要と考えた事項とそれについて採った措置又は対策に関する経験を，記述上の制約条件を加味し，４つの組み合わせすべてに関して，試験前までに記述する文章を作成しておくのがよい。試験会場で，場当たり的に解答するのは感心しない。

❷　作成した文章は，上職者等の添削を受けスパイラルアップさせ，丸暗記するくらい覚えて試験に臨むのがよい。

❸　くれぐれも自分自身の施工経験を記述することが必須で，諸先輩方の施工経験をコピーすること又は受験生同士で，施工経験を共有することも一切許されないので（採点の対象外となる），肝に銘じておくのがよい。

4・2　施工経験記述上の留意事項

施工経験記述で高い評価を得るためには，施工管理の技術面において総合的に指導・監督した経験を的確に，かつ簡潔に記述することである。技術的内容でない施工の説明や論点がずれた内容では高い評価を得ることができない。

施工経験記述の書き方は，文章，構成，論点において，次の**表４・３**に示した内容に留意する。

表４・３　施工経験記述での共通の留意事項

記述項目	留意事項
文章	①　文字は大小がないように，解答欄の行高さに合わせた文字の大きさで書く。１行は45字程度とする。 ②　崩し字，略字は使用せず，字が下手であっても読みやすくするために丁寧に書く。 ③　専門用語は，誤字・脱字には注意して漢字で正確に書く。漢字を忘れた場合はひらがなで書く。 ④　文章は短文又は長文にならないようにして，「話し言葉調」ではなく標準語を使って指定行数内の文字数とする。
構成	①　指定行数の記述スペースをすべて埋めることが望ましいが，左右にスペースを設けず，少なくとも８割以上は埋める。 ②　文章の書き出しは，１文字分あけると読みやすい。 ③　文章の終わりには「。」を付け，途中区切りで読みやすくする箇所には「，」を付ける。 ④　技術文章であるので，「である調」で記述する。 ⑤　経験した工事であるので，過去形で記述する。 ⑥　論点を明確にする上で，箇条書きを使用すると効果的な場合もある。例えば，①，②・・・
論点	①「特に重要と考えた事項」は，代表的な１つに絞り，複数設定しない。 ②「特に重要と考えた事項」は，「とった措置又は対策」と密接な関連があり，内容が一貫して論じられ「物語風」であり，かつ解決したテーマとするのがよい。 ③「とった措置又は対策」には，「特に重要と考えた事項」に記述していない内容は，記述しない。 ④　施工者側の施工不良や失敗事例は，ネガティブで好ましくないので「特に重要と考えた事項」としないのがよい。 ⑤　特殊な施工条件や特徴がある工事の場合，「特に重要と考えた事項」のテーマが設定しやすいので検討する。

4・3 〔設問1〕の「経験した管工事の概要」の書き方

(1) 「工事名」の書き方

工事名は，作業所の略称ではなく，管工事であることが一目で判断でき，工事が特定できるように簡潔に，指定行数内（1行程度）で記述する。

例えば，○○○○ビル新築工事　給排水衛生設備工事　配管工事　等

解　説　「実務経験として認められる管工事」

1級管工事の施工経験記述に関しては，記述内容が優秀な成績でも，実務経験として認められる管工事でなければ高い評価を得ることができない。

管工事の実務経験として認められるか否かは，試験機関である「一般財団法人全国建設研修センター」の「受験の手引」に記載されている「管工事施工管理に関する実務経験として認められる工事種別・工事内容等（**表4・4**）」，「管工事施工管理に関する実務経験とは認められない工事・業務・作業等（**表4・5**）」に照らし合わせて確認する。

表4・4　管工事施工管理に関する実務経験として認められる工事種別・工事内容等

工事種別	工事内容
冷暖房設備工事	冷温熱源機器据付及び配管工事，ダクト工事，冷媒配管工事，冷温水配管工事，蒸気配管工事，燃料配管工事，TES機器据付及び配管工事，冷暖房機器据付工事，圧縮空気管設備工事，熱供給設備配管工事，ボイラー据付工事，コージェネレーション設備工事
冷凍冷蔵設備工事	冷凍冷蔵機器据付及び冷媒配管工事，冷却水配管工事，エアー配管工事，自動計装工事
空気調和設備工事	冷温熱源機器据付工事，空気調和機器据付工事，ダクト工事，冷温水配管工事，自動計装工事，クリーンルーム設備工事
換気設備工事	送風機据付工事，ダクト工事，排煙設備工事
給排水・給湯設備工事	給排水ポンプ据付工事，給排水配管工事，給湯器据付工事，給湯配管工事，専用水道工事，ゴルフ場散水配管工事，散水消雪設備工事，プール施設配管工事，噴水施設配管工事，ろ過器設備工事，受水槽又は高置水槽据付工事，さく井工事
厨房設備工事	厨房機器据付及び配管工事
衛生器具設備工事	衛生器具取付工事
浄化槽設備工事	浄化槽設置工事，農業集落排水設備工事　※終末処理場等は除く
ガス配管設備工事	都市ガス配管工事，プロパンガス（LPG）配管工事，LNG配管工事，液化ガス供給配管工事，医療ガス設備工事　※公道下の本管工事を含む
管内更生工事	給水管ライニング更生工事，排水管ライニング更生工事　※公道下等の下水道の管内更生工事は除く
消火設備工事	屋内消火栓設備工事，屋外消火栓設備工事，スプリンクラー設備工事，不活性ガス消火設備工事，泡消火設備
上水道配管工事	給水装置の分岐を有する配水小管工事，本管からの引込工事（給水装置）
下水道配管工事	施設の敷地内の配管工事，本管から公設桝までの接続工事　※公道下の本管工事は除く
（注）上記の工事は，新築・増築・改修・補修工事である。	

表4・5　管工事施工管理に関する実務経験とは認められない工事・業務・作業等

工事種別	工事内容
管工事	管工事，配管工事，管工事施工，施工管理　等 (いずれも具体的な工事内容が不明のもの)
建築一式工事（ビル・マンション等）	型枠工事，鉄筋工事，内装仕上工事，建具取付工事，防水工事　等
土木一式工事	管渠工事，暗渠工事，取水堰工事，用水路工事，灌漑工事，しゅんせつ工事　等
機械器具設置工事	トンネルの給排気機器設置工事，内燃力発電設備工事，集塵機器設置工事，揚排水機器設置工事，生産設備（ライン）内の配管工事　等
上水道工事	公道下の上水道配水管敷設工事，上水道の取水・浄水・配水等施設設置工事　等
下水道工事	公道下の下水道本管路敷設工事，下水処理場（終末処理場）内の処理設備設置工事，ポンプ場設置工事　等
電気工事	照明設備工事，引込線工事，送配電線工事，構内電気設備工事，変電設備工事，発電設備工事　等
電気通信工事	通信ケーブル工事，衛星通信設備工事，LAN 設備工事，監視カメラ設備工事　等
その他	船舶の配管工事，航空機の配管工事，工場での配管プレハブ加工，気送管（エアシューター）設備工事　等
業務・作業等	①工事着工以前における設計者としての基本設計・実施設計のみの業務
	②調査（点検含む），設計（積算含む），保守・維持・メンテナンス等の業務
	③工事現場の事務，営業等の業務
	④官公庁における行政及び行政指導，研究所，学校（大学院等），訓練所等における研究，教育及び指導等の業務
	⑤アルバイトによる作業員としての経験
	⑥工程管理，品質管理，安全管理等を含まない雑役務のみの業務，単純な労務作業等
	⑦入社後の研修期間（工事現場の施工管理になりません）

⑵ 「工事場所」の書き方

工事場所は，正式な住所の書き方とし，都道府県から市町村，番地まで，指定行数内（1行程度）で記述する。

例えば，○○県△△市□□町　1-3

⑶ 「設備工事概要」の書き方

①，②を合わせて，指定行数内（1～2行程度）で記述する。1級管工事施工管理技士としてふさわしい規模と内容であることがわかるように記述する。

① 建物の延べ床面積，階数などの主要な概要を1行で記述する。特に，「特に重要と考えた事項」のテーマに関連する概要の記述がポイントである。

例えば，延べ床面積4,500m^2，地下1階・地上6階　等

② 工事名で記入した工事の施工数量を1行で記述する。特に，「特に重要と考えた事項」のテーマに関連する工事の施工数量がポイントである。

例えば，受水槽50m^3，給水配管　延べ540m　等

⑷ 「現場でのあなたの立場又は役割」の書き方

施工管理における指導・監督的な立場又は役割を，指定行数内（1行程度）で記述する。会社の役職や作業主任者（作業員の資格であるので）などの資格名は記述してはならない。

例えば，次のような記述とする。

① 施工管理（請負者の立場での現場管理業務）：

イ．工事係，ロ．工事主任，ハ．主任技術者（請負者の立場での現場管理業務），ニ．現場代理人，ホ．施工監督，ヘ．施工管理係

ト．配管工（指導・監督的実務経験の立場としては認められない）

② 施工監督（発注者の立場での工事管理業務）：

チ．発注者側監督員，リ．監督員補助

③ 設計監理（設計者の立場での工事監理業務）：

ヌ．工事監理者，ル．工事監理者補助　※設計監理業務を一括で受注している場合，その業務のうち，工事監理業務期間のみ認められる。

4・4　〔設問２〕・〔設問３〕の「経験した施工経験記述」の書き方

(1)　記述する事項

①〔**設問２**〕の施工管理の技術面（「**工程管理**」，「**安全管理**」）のうちの１つが指定されるので，設問として指定された「施工管理の技術面」の技術的な内容を記述する。指定されたもの以外の記述は，内容が充実していても採点の対象外となるので注意したい。

②〔**設問３**〕の施工検査等（「**材料・機器の現場受入検査**」，「**総合的な試運転調整又は完成に伴う自主検査**」）のうち，１つが指定されるので，設問として指定された「施工検査等」の技術的な内容を記述する。指定されたもの以外の記述は，内容が充実していても採点の対象外となるので注意したい。

(2)　「特に重要と考えた事項」の書き方

①　管工事の概要と課題に関連する原因を物語風に関連づけて明確に記述できる「特に重要と考えた事項」を設定する。

②　指定行数内（２行程度）で，「特に重要と考えた事項」を主に，「重要な事項を選んだ理由」を従として具体的，かつ簡潔に記述する。

③　設問で指定された「施工管理の技術面」の１つに，適した内容とする。
　例えば，「○○的に・・・△△で特殊性があるので，□□を特に重要と考えた。」等

(3)　「とった措置又は対策」の書き方

①　前述した「特に重要と考えた事項」に対しての「とった措置又は対策」であることが，物語風に関連づけられて明確にわかるように記述する。

②　指定行数内（３行程度）で，「とった措置又は対策」を，具体的，かつ簡潔に記述する。

③　設問で指定された「施工管理の技術面」又は「施工検査等」の結果で，かつ「特に重要と考えた事項」と関連づけができていることを記述する。

④　十分に，確実に，配慮するなどのあいまいな表現は用いないで，必ず具体的な結果を記述する。

⑤　「とった措置又は対策」を行ったことで最終的にテーマが解決できたことを，「上記の結果○○ができた。」などと具体的に最後の行に過去形で記述する。
　例えば，「○○を・・・して△△で実施したので，上記の結果□□が当初の計画通りにできた。」 等

4・4・1 〔設問２〕の「施工管理の技術面」に対する記述上の注意点

(1) 工程管理

① 工程管理とは，自然現象，施工上の避けられない手戻り工事及び他社の遅れによる工程上の遅れを，事前に防止あるいは途中での工程短縮，さらに建築や他の設備との調整により，工期内に完成させることであるので，意義を十分に理解して，テーマに取り入れること。

② 施工不良による手戻りや事故発生による遅れをテーマの原因としてはいけない。

③ 課題と結果には，「○○日の短縮が必要で，・・・」，「○○日間の短縮を行った。」のように日数を明記するとわかりやすくなる。

④ 他工事との関係，他業者と同一の場所で施工が行われる場合の調整による工程の確保や短縮は，具体的な方法ではないので，例えば，「調整により○○日の待ちが発生した。」などとテーマの原因として記述し，その短縮方法を実施した内容として記述する。

⑤ 最後文末には，例えば，「○○によって，○○日間の工期短縮ができた。」と記述する。

(2) 安全管理

① 安全管理は，事故を事前に予測して予防し，安全を確保することであるので，意義を十分に理解して，課題に取り入れること。

② 事故発生後の緊急対応や救急設備の準備は，安全管理ではないので記述しない。

③ テーマの設定では，複数の事故を設定しないで，現場の特徴の中で重要度が高いと予想される事故を１つ設定する。

④ 総花的な字句である「第三者災害」，「重機災害」，「墜落災害」などでは記述不足で，現場の状況が判断できる。例えば，「公道での歩行者への接触事故・・・」，「空調機搬入時のクレーンの転倒による作業員への接触事故・・・」，「高さ３m の足場からの墜落・・・」などと具体的にテーマを設定する。

⑤ 最後文末には，例えば，「□□ができたので，○○事故を未然に防止することができた。」と過去形で記述する。

4・4・2 〔設問３〕の「施工検査等」に対する記述上の注意点

(1) 材料・機器の現場受入れ検査

① 材料・機器の現場受入検査は，現場に納品された材料・機器に対して，注文書通りの仕様と数量で合っているか等の納品書及び実物と照合する施工検査であるので，意義を十分に理解して，テーマに取り入れること。

② 現場に納品された材料・機器の搬入時の破損，過不足に対する処置等は，ネガティブな事項となるので，テーマに設定しないのがよい。

③ 品質管理を行う上で，現場に納入されたものが正規のものであれば手戻りもないので，材料・機器を具体的にテーマとすると記述しやすい。例えば，「○○のために，バルブの受入検査を特に重要と考えた。」

④ 最後文末には，例えば，「○○を実施したので，バルブの現場受入れ検査ができ予定通り受入ができた。」と過去形で記述する。

(2) 総合的な試運転調整又は完成に伴う自主検査

① 完成検査時に行う総合的な試運転調整は，施工した設備が設計仕様を満足していることを検証することで，機器，搬送設備，自動制御等の関連を含め設備全体の最終調整として大事な品質管理の項目であるので，意義を十分に理解して，テーマに取り入れること。

② 完成に伴う自主検査は，発注者の完成検査を受けるに当たって，事前に受注者（施工者）が自主的に行う検査であるので，意義を十分に理解して，テーマに取り入れること。

③ 総合的な試運転調整との施工検査等であるが，機器単体の試運転調整でもよい。関係者が複数人登場する試運転調整の機器等を具体的にテーマとすると記述しやすい。例えば，「○○のために，△△の試運転調整を特に重要と考えた。」

④ 完成に伴う自主検査は，竣工後に不具合に直結しやすい事項の検査とすると記述しやすい。

⑤ 最後の文末には，例えば，「○○のために，□□を実施したので△△の試運転調整が計画通りにできた。」と過去形で記述する。

⑥ 最後文末には，例えば，「○○のために，□□を実施したので△△の自主検査が計画通りにできた。」と過去形で記述する。

4・5 各施工管理記述上のキーワード例

各施工管理記述上のキーワードを**表4・6**に示すので，参考とされたい。

表4・6　各施工管理記述上のキーワード例

(1) 工程管理

【特に重要と考えた事項】	【とった措置又は対策】
例：「○○のために，当初の工程が遅れないようにすることを特に重要と考えた。」	例：「□□を実施したので，当初の工期どおりに工事が完成できた。」
○○のために，・・・ ①突貫工事等で着工時から無理な工程のために， ②発注者による設計変更が想定されるために， ③仕様変更に伴う機材の納期遅延のおそれがあるために， ④台風等の天候不良が予測できるために ⑤クリティカルパス作業が多く手戻り作業をなくしたいために，	□□を実施したので，・・・ ①関連工事を含め作業の順番を変更したので ②新工法や施工方法を変更したので， ③先行工事を導入したので， ⑤早期に着工できるようにしたので， ⑥工区割りして並行作業ができるようにしたので， ⑦施工班を増やしたので， ⑧仕様の早期決定を依頼したので， ⑨重量機器を早期に発注したので， ⑩工場プレハブ・モジュール化を推進したので， ⑪共同作業チーム（多能工）を編成したので，

(2) 安全管理

【特に重要と考えた事項】	【とった措置又は対策】
例：「○○のために，△△事故を防止することを特に重要と考えた。」	例：「□□を実施したので，△△事故を防止することができた。」
○○のために，・・・ ①高所作業が長く続くために， ②３m 近く深い掘削があるために， ③ピット内での作業が錯綜するために， ④台風シーズンでの屋上での作業が多かったために， ⑤ねじ切り機など工具類を多く使用していたために， ⑥湿めった地下階機械室での作業が多かったために， ⑦窓が開けられなく密閉した室内での作業が多かったために， ⑧外構での作業が多かったために，	□□を実施したので，・・・ ①安全管理体制を強化したので， ②安全パトロールを徹底したので， ③作業員の安全教育を実施したので， ④作業員の受入れ教育を実施したので， ⑤安全ポスターを掲示し周知徹底を図ったので， ⑥工具類の使用前点検を100％実施したので， ⑦作業終了時の整理整頓のため作業場所の清掃をルーチン化させたので，
△△事故・・・ ①作業員の墜落　②土砂崩壊・倒壊　③酸素欠乏　④資材・工具の飛来落下 ⑤ねじ切り機等の回転機器による巻き込み　⑥感電　⑦熱中症　⑧搬入車両との接触	

(3)　総合的な試運転調整

【特に重要と考えた事項】	【とった措置又は対策・実施した事項】
例：「○○のために，△△の試運転調整を特に重要と考えた。」	例：「□□を実施したので，△△の試運転調整が計画どおりにできた。」
○○のために，・・・ ①手狭な機械室なので試運転調整が錯綜するために， ②空気の温熱環境の目標値が厳しい要求のために， ③省エネルギービルであるために， ④増圧給水方式を採用した高層ビルであるために， ⑤臭気を嫌う部屋があるために， ⑥排水用水中ポンプを採用したために，	□□を実施したので，・・・ ①試運転調整日や調整法方法を考慮した工程表を作成しておいたので， ②温湿度の計測計画書を作成しておいたので， ③風量・水量の調整手順書を作成しておいたので， ④給水の同時使用量確認手順書を作成しておいたので， ⑤排水トラップの水封状態の確認手順書を作成しておいたので， ⑥瞬時起動による回転方向の確認手順書を作成しておいたので，
△△の調整が・・・ ①空調設備の単体及び総合試運転　②給排水設備の単体及び総合試運転 ③搬送機器の単体及び総合試運転　④配管系の流量調整　⑤ダクトの風量調整 ⑤給水ポンプの総合試運転　⑥排水の通水試運転　⑦排水用水中ポンプの流量調整 ⑧吹出し口の吹出し方向調整	

(4)　完成に伴う自主検査

【特に重要と考えた事項】	【とった措置又は対策・実施した事項】
例：「○○のために，△△の自主検査を特に重要と考えた。」	例：「□□を実施したので，△△の自主検査が計画どおりにできた。」
○○のために，・・・ ①静かな環境にあるビルで，屋上に送風機が設置されるために， ②空気の温熱環境の目標値が厳しい要求のある部屋があるために， ③24時間稼働のビルであるために， ④増圧給水方式を採用した高層ビルであるために， ⑤臭気を嫌う部屋があるために，	□□を実施したので，・・・ ①隣地境界線上の騒音規制値の確認と騒音測定 ②温湿度の目標値の確認と計測 ③風量・水量の設定値の確認と計測 ④増圧給水装置の運転パターンの確認と実作動の確認 ⑤排水トラップの水封状態の確認
△△の自主検査・・・ ①送風機の運転騒音　②空調機の性能・機能　③空調設備の作動 ④搬送系の風量・水量　⑤増圧給水装置の作動及び追随運転　⑤排水・通気	

⑸　現場受入れ検査

【特に重要と考えた事項】	【とった措置又は対策・実施した事項】
例：「○○のために，△△の現場受入れ検査を特に重要と考えた。」	例：「□□を実施したので，△△の現場受入れ検査が計画どおりにできた。」
○○のために，・・・ ①意匠に凝った建物で，きれいな仕上がりとするために， ②型番の違う空調機を多く採用しているので， ③空調機が分割搬入であるために， ④吹出し口の塗装色が指定されているために， ⑤冷温水管は工場プレハブ管としていたために， ⑥バルブ類は，得意先指定の規格品を使用することになっていたために， ⑦機器製造者が遠距離にあり長距離の機器運搬となるために，	□□を実施したので，・・・ ①合否の判定基準を作成 ②型番ごとの数量リスト，確認方法を作成したので， ③分割部材の組み立て手順の確認 ④塗装色見本のサンプルを作成したので， ⑤プレハブ管に背番号を付け，仕様・サイズ・数量・納入日リストを作成したので， ⑥バルブ等のメーカー指定リストを作成したので， ⑦運搬時における損傷や破損等をチェック
△△の現場受入れ検査・・・ ①大便器等衛生陶器の形状・出来栄え照合　②メーカー名と仕様を照合 ③機器製造者の製作図と照合　④注文書とプレハブ管の仕様・サイズ・数量の照合 ⑤塗装色の照合　⑥現物の状態確認	

［著　者］横手　幸伸（よこて　ゆきのぶ）

〔略歴〕
1972年　関西大学工学部機械工学科卒業
現　在　㈱建物診断センター　シニアアドバイザー
（元 清水建設）

中村　勉（なかむら　つとむ）

〔略歴〕
1975年　大阪府立工業高等専門学校機械工学科卒業
現　在　須賀工業㈱

令和６年度版（2024）
新版　１級管工事施工管理技士
実戦セミナー　第二次検定

2024年６月20日　初版印刷
2024年６月28日　初版発行

編著者　横手　幸伸
中村　勉
発行者　澤崎　明治

（印　刷）星野精版印刷　（製　本）ブロケード
（装　丁）加藤三喜　（トレース）丸山図芸社

発行所　株式会社　市ヶ谷出版社
東京都千代田区五番町５番地
電話　03 － 3265 － 3711（代）
FAX　03 － 3265 － 4008
http://www.ichigayashuppan.co.jp

ISBN 978-4-86797-353-0